GOLDMANN
Lesen erleben

Buch

Erfolg, Respekt und Zufriedenheit im Beruf – wer wünscht sich das nicht? Was nach einer Glücksformel klingt, hängt in Wahrheit von einigen simplen Grundregeln ab. Der renommierte Businessexperte Geoffrey James zeigt, wie man seinen Vorgesetzten und sich selbst dauerhaft glücklich machen kann. In seinen 49 Erfolgsgeheimnissen verrät er, wie man sich Ärger im Büro erspart und seine Karrierechancen deutlich verbessert. Mit praktischen Checklisten, handfesten Tipps und jeder Menge Humor.

Autor

Geoffrey James arbeitet als Autor und Journalist. Er schreibt für *Fast Company, Wired, Men's Health, ComputerWorld* und die *New York Times*. Sein preisgekrönter Business-Blog ist auf Inc.com veröffentlicht worden. Der ehemalige Unternehmensberater und erfolgreiche Manager lebt in New Hampshire, USA.

Geoffrey James

Büro ohne Bullshit

49 praxiserprobte Überlebensstrategien

Aus dem Englischen
von Ingrid Exo

GOLDMANN

Alle Ratschläge in diesem Buch wurden vom Autor und vom Verlag sorgfältig erwogen und geprüft. Eine Garantie kann dennoch nicht übernommen werden. Eine Haftung des Autors beziehungsweise des Verlags und seiner Beauftragten für Personen-, Sach- und Vermögensschäden ist daher ausgeschlossen.

Der Verlag weist ausdrücklich darauf hin, dass im Text enthaltene externe Links vom Verlag nur bis zum Zeitpunkt der Buchveröffentlichung eingesehen werden konnten. Auf spätere Veränderungen hat der Verlag keinerlei Einfluss. Eine Haftung des Verlags für externe Links ist stets ausgeschlossen.

MIX
Papier aus verantwortungsvollen Quellen
FSC® C014496
FSC www.fsc.org

Verlagsgruppe Random House FSC® N001967
Das für dieses Buch verwendete FSC®-zertifizierte Papier *Classic 95* liefert Stora Enso, Finnland.

Dieses Buch ist auch als E-Book erhältlich.

1. Auflage
Deutsche Erstausgabe Dezember 2015
Wilhelm Goldmann Verlag, München,
in der Verlagsgruppe Random House GmbH

Originaltitel: *Business Without the Bullshit*
Originalverlag: Business Plus, Hachette Book Group,
Grand Central Publishing, New York
Dieses Werk wurde vermittelt durch
die Literarische Agentur Schlück GmbH, 30827 Garbsen.
Umschlaggestaltung: Uno Werbeagentur, München
Umschlagillustration: David Malan/getty images;
FinePic®, München
Redaktion: Dunja Reulein
Satz: Buch-Werkstatt GmbH, Bad Aibling
Druck und Bindung: GGP Media GmbH, Pößneck
CB · Herstellung: IH
Printed in Germany
ISBN 978-3-442-17554-3
www.goldmann-verlag.de

Besuchen Sie den Goldmann Verlag im Netz

Für Cordelia
und Alexander

Inhalt

Einführung ... 13

Teil 1
Wie Sie mit Ihrem Chef richtig umgehen ... 25
Erfolgsgeheimnis Nr. 1:
Wie Sie mit den zwölf verschiedenen Cheftypen klarkommen ... 28
Erfolgsgeheimnis Nr. 2:
Wie Sie jeden Chef glücklich machen ... 39
Erfolgsgeheimnis Nr. 3:
Wie Ihr Vorgesetzter am meisten für Sie tut ... 45
Erfolgsgeheimnis Nr. 4:
Wie Sie Ihr Mitarbeitergespräch für sich nutzen ... 53
Erfolgsgeheimnis Nr. 5:
Wie Sie eine Gehaltserhöhung verlangen ... 60
Erfolgsgeheimnis Nr. 6:
Wie Sie mit unzumutbaren Anforderungen umgehen ... 73
Erfolgsgeheimnis Nr. 7:
Wie Sie sich einem unbeherrschten Chef gegenüber verhalten ... 77

Teil 2

Wie Sie Ihre Kollegen richtig behandeln 83
Erfolgsgeheimnis Nr. 8:
Wie Sie den Respekt Gleichgestellter erlangen 86
Erfolgsgeheimnis Nr. 9:
Wie Sie eine saubere Büropolitik betreiben 91
Erfolgsgeheimnis Nr. 10:
Wie Sie einen Mentor finden 97
Erfolgsgeheimnis Nr. 11:
Wie Sie die zehn nervigsten Kollegentypen
in den Griff bekommen 101
Erfolgsgeheimnis Nr. 12:
Wie Sie mit der Rechtsabteilung umgehen 110
Erfolgsgeheimnis Nr. 13:
Wie Sie soziale Netzwerke richtig nutzen 115
Erfolgsgeheimnis Nr. 14:
Wie Sie im Meeting glänzen 122

Teil 3

Wie Sie Ihre Mitarbeiter richtig führen 133
Erfolgsgeheimnis Nr. 15:
Welche Glaubenssätze wirklich großartiger
Chefs Sie sich zu eigen machen sollten 136
Erfolgsgeheimnis Nr. 16:
Wie Sie ein besserer Chef werden 141
Erfolgsgeheimnis Nr. 17:
Wie Sie Spitzenkräfte einstellen 148
Erfolgsgeheimnis Nr. 18:
Wie Sie für ein produktives Meeting sorgen 153

Erfolgsgeheimnis Nr. 19:
Wie Sie Kritik äußern ... 157
Erfolgsgeheimnis Nr. 20:
Wie Sie mit Nörglern umgehen ... 163
Erfolgsgeheimnis Nr. 21:
Wie Sie jemanden entlassen ... 169

Teil 4
Wie Sie sich selbst managen ... 173
Erfolgsgeheimnis Nr. 22:
Wie Sie Ihre Karriere absichern ... 176
Erfolgsgeheimnis Nr. 23:
Wie Sie sich genügend Zeit verschaffen ... 182
Erfolgsgeheimnis Nr. 24:
Wie Sie Ihren Traumjob finden ... 188
Erfolgsgeheimnis Nr. 25:
Wie Sie ein Vorstellungsgespräch ergattern ... 195
Erfolgsgeheimnis Nr. 26:
Wie Sie beim Vorstellungsgespräch glänzen ... 201
Erfolgsgeheimnis Nr. 27:
Wie Sie Scheitern unmöglich machen ... 208
Erfolgsgeheimnis Nr. 28:
Wie Sie optimistischer werden ... 214

Teil 5
Wie Sie richtig kommunizieren ... 221
Erfolgsgeheimnis Nr. 29:
Wie Sie die fünf grundsätzlichen Regeln der
Unternehmenskommunikation für sich nutzen ... 224

Erfolgsgeheimnis Nr. 30:
Wie Sie sinnvolle Gespräche führen 231
Erfolgsgeheimnis Nr. 31:
Wie Sie überzeugende E-Mails schreiben 235
Erfolgsgeheimnis Nr. 32:
Wie Sie einprägsame Präsentationen machen 241
Erfolgsgeheimnis Nr. 33:
Wie Sie Konferenzen für Kontakte nutzen 252
Erfolgsgeheimnis Nr. 34:
Wie Sie Vereinbarungen aushandeln 260
Erfolgsgeheimnis Nr. 35:
Wie Sie mit Alarm-Mails umgehen 268

Teil 6
Wie Sie mit Ausnahmezuständen klarkommen 275
Erfolgsgeheimnis Nr. 36:
Wie Sie vorgehen, wenn Sie Ihren Job hassen 278
Erfolgsgeheimnis Nr. 37:
Wie Sie reagieren, wenn Sie etwas vermasselt
haben 284
Erfolgsgeheimnis Nr. 38:
Wie Sie sich in einer schwierigen persönlichen
Situation verhalten 290
Erfolgsgeheimnis Nr. 39:
Wie Sie mit Massenentlassungen umgehen 296
Erfolgsgeheimnis Nr. 40:
Wie Sie Stress abbauen 304
Erfolgsgeheimnis Nr. 41:
Wie Sie mit Sorgen und Ängsten klarkommen 312

Erfolgsgeheimnis Nr. 42:
Wie Sie das Gefühl von Zurückweisung bewältigen ... 316

Teil 7
Wie Sie Missstände in den Griff bekommen 323
Erfolgsgeheimnis Nr. 43:
Wie Sie schmutziger Büropolitik entgegenwirken 326
Erfolgsgeheimnis Nr. 44:
Wie Sie Managementmarotten beikommen 340
Erfolgsgeheimnis Nr. 45:
Wie Sie Lügen im Arbeitskontext aufdecken 354
Erfolgsgeheimnis Nr. 46:
Wie Sie geschönte Zahlen erkennen 361
Erfolgsgeheimnis Nr. 47:
Wie Sie mit den acht häufigsten Lügen der
Chefs umgehen 366
Erfolgsgeheimnis Nr. 48:
Bei welchen sieben Gelegenheiten Sie Ihren
Vorgesetzten belügen dürfen 373
Erfolgsgeheimnis Nr. 49:
Wie Sie gefahrlos Missstände aufdecken 379

Dank 385
Register 388

Einführung

In den letzten 30 Jahren habe ich unentwegt nach geeigneten Tricks Ausschau gehalten und Strategien zusammengetragen, mit denen Sie sich im Büroalltag unnötigen Ballast und Bullshit vom Hals halten und das Tagesgeschäft schneller und leichter erledigen können, als Sie es für möglich halten.

Als Journalist habe ich Hunderte von Führungskräften interviewt, darunter sowohl legendäre Managerpersönlichkeiten als auch unbekannte Inhaber von Start-up-Firmen, die sich noch mit den Anfangsschwierigkeiten der Firmengründung herumschlugen, oder unzählige Verkaufs- und Marketinggurus. Als IT-Systemdesigner und Marketingspezialist war ich Teil eines ungemein produktiven Konzerns und musste – ganz unmittelbar und aus nächster Nähe – mitansehen, wie zwei große Firmen an der Bürde der kollektiven Blödheit im eigenen Unternehmen zugrunde gegangen sind.

In den letzten sieben Jahren hatte ich ein Blog auf den Webseiten von BNET und CBS News und seit Kurzem auf Inc.com. Mit Millionen von Lesern stehe ich in täglichem Austausch zu den Erfolgs- und Überlebensstrategien in der Geschäftswelt.

Büro ohne Bullshit ist das Ergebnis dieser Beobachtungen und Erfahrungen.

Hier geht es nicht um Theorien. Dies ist eine Sammlung

pragmatischer Problemlösungen für die vielen Situationen, die man in jeder Firma tagtäglich erleben kann.

Dem Buch liegt allerdings schon eine bestimmte Haltung zu Bullshit und Blödsinn in der Businesswelt zugrunde. Man kann es auch lesen, ohne diese Philosophie zu kennen, aber für diejenigen, die es gern hintergründig haben, bitte sehr:

Jeder ist ein Freelancer

Früher haben Angestellte für eine bestimmte Firma gearbeitet und sind meist davon ausgegangen, dies auch jahrzehntelang weiter zu tun. Manche Unternehmen brüsteten sich sogar mit dem Grundsatz einer »lebenslangen« Anstellung.

Damals hatten Arbeitgeber und Arbeitnehmer so etwas wie eine unausgesprochene Abmachung. Der Arbeitgeber bot einen sicheren Arbeitsplatz, und der Arbeitnehmer blieb ihm im Gegenzug treu. Arbeitgeber betrachteten Bewerber, die von Job zu Job wechselten, mit Argwohn.

Am untersten Ende der Firmenhierarchie standen Freelancer und Berater, diese Loser, die keinen richtigen Job abgekriegt hatten und deshalb gezwungen waren, unentwegt ihre Haut zu Markte zu tragen.

Die Zeiten sind für immer vorbei. Heute bieten Unternehmen keine Jobgarantien mehr, stattdessen verlagern sie die Arbeitsplätze dorthin, wo die Arbeit billiger ist.

Heutzutage sind alle Freelancer. Selbst wer einen Job mit Sonderzulagen und Bonuszahlungen, bezahltem Urlaub und einem tollen Titel hat, bleibt letztlich doch ein Freelancer.

Wer sich nicht unentwegt selbst verkauft, wird schneller arbeitslos sein, als er schauen kann.

Das bedeutet vor allem, sich immer alle Möglichkeiten offenzuhalten und ständig neue Jobchancen aufzutun. Als Freischaffender müssen Sie immer darauf aus sein, einen neuen Job an Land zu ziehen, und zwar hoffentlich einen, der mehr Spaß macht und besser bezahlt ist als der, den Sie bereits haben.

Sie sind der Boss

Zur überholten Vorstellung eines sicheren Jobs gehört auch die Firmenhierarchie: Sie arbeiten für einen Chef, der für einen Vorgesetzten arbeitet, der für einen noch wichtigeren Chef arbeitet, der für den Hauptgeschäftsführer arbeitet, der für den Vorstand arbeitet, der für die Investoren arbeitet.

In großen Konzernen mögen diese Strukturen weiterhin existieren, aber wenn Sie wie ein Freischaffender arbeiten, hat es keinen Sinn mehr zu denken, man würde von jemandem »geführt«. Ein Chef ist heutzutage mehr so etwas wie ein Kunde oder Auftraggeber, was zur Folge hat, dass Sie diese Beziehung steuern müssen.

Dementsprechend sind auch die überkommenen Vorstellungen davon, was ein Chef zu tun hat, allmählich überholt. Ihre Mitarbeiter werden – zumindest, wenn sie schlau genug sind und begriffen haben, dass sie quasi freie Mitarbeiter sind – nicht allein wegen Ihres Jobtitels tun, was Sie ihnen sagen.

Aber das ist nur der Anfang. Als Freelancer müssen Sie in der Lage sein, sich nicht nur nach oben und unten richtig zu verhalten, sondern auch auf gleicher Ebene. Sie müssen Ihre Kollegen dazu bringen, Sie bei Ihren Vorhaben zu unterstützen, in der Regel dadurch, dass Sie ihnen gleichfalls helfen.

Und schließlich das Wichtigste: Sie müssen lernen, sich selbst zu managen und Ihre Gedanken, Gewohnheiten und Handlungen so zu kontrollieren, dass sie Ihren Zielen dienen.

Sie müssen sich selbst verkaufen

Da Sie nun freischaffend und Ihr eigener Chef sind, sind Sie auch Verkäufer, ob Sie wollen oder nicht.

Wenn Sie sich selbst, Ihre Leistung oder Ideen nicht vermarkten können (oder wollen), können Sie eigentlich gleich aufgeben. Wenn Sie nicht schon arbeitslos sind, werden Sie es bald sein. Und es wahrscheinlich bleiben.

Dessen ungeachtet sträubt sich noch eine erstaunlich große Zahl an Leuten dagegen, das Verkaufen zu lernen, wahrscheinlich, weil dem Verkaufsvorgang üblicherweise Geringschätzung, Ablehnung und Misstrauen entgegengebracht werden.

Verkäufer werden in beinahe jedem Kinofilm, Theaterstück oder Fernsehfilm als aalglatte Schwätzer oder armselige, traurige Typen dargestellt. Dieses Vorurteil reicht bis in den akademischen Bereich hinein, wo nur eine Handvoll von Hochschulen sich in den wirtschaftswissenschaftlichen Fachbereichen dem Vertrieb widmet.

Aber Verkaufsgespräche waren und bleiben das Herzstück des Business. Firmen, die ihre Waren nicht verkaufen können, gehen pleite. Selbst Non-Profit-Unternehmen und staatliche Stellen sind darauf angewiesen, dass *irgendwer* imstande ist, anderen zu vermitteln (zu »verkaufen«), dass die Arbeit oder die Leistungen, die sie zu bieten haben, nützlich und sinnvoll sind.

Wenn Sie berufliche Sicherheit wollen, müssen Sie lernen, sich zu verkaufen.

Mit Klarheit zur Macht

Da Sie damit zu tun haben werden, andere Menschen zu lenken (übergeordnete, untergeordnete und gleichrangige) und Ihren eigenen Wert zu vermitteln, wird Ihre wichtigste Verkäufertugend darin bestehen klarzumachen, was Sie wollen.

In der Vergangenheit hat sich in der Geschäftswelt eine gewisse Vagheit ausgezahlt. Während man von Ingenieuren und Wissenschaftlern erwartete, sich präzise auszudrücken, fand man es in der Wirtschaft oft hilfreich, sein Anliegen zu verschleiern. »Einen Pudding kann man nicht festnageln«, hieß es.

Heutzutage leben wir jedoch in einer Welt des überbordenden Informationsaustauschs. McKinsey zufolge verschickt und empfängt ein durchschnittlicher Angestellter mehr als 100 E-Mails am Tag, eine Tätigkeit, die fast ein Drittel der täglichen Arbeitszeit in Anspruch nimmt. Damit nicht genug: Der unerbittliche Moloch der Globalisierung und der Computerisierung hat das Managen des Büroalltags noch komplizierter gemacht. Infolgedessen haben sich etwaige Vorteile einer schwammigen Ausdrucksweise mittlerweile erübrigt.

In einem Umfeld mit hohem Informationsaufkommen besteht die wahre Herausforderung darin, komplexe Sachverhalte einfach darzustellen, ohne dabei zu vereinfachend zu werden. Wer das beherrscht, besitzt große Macht über diejenigen, die sonst in der endlosen Flut an Informationen untergehen würden.

Der Mensch ist Trumpf

Jahrzehntelang haben Firmen die absurde Auffassung verfochten, dass Technik per se Probleme lösen könne. Sie kann jedoch lediglich die Geschwindigkeit erhöhen, mit der Menschen bestimmte Aufgaben erledigen; diese erhöhte Geschwindigkeit kann Probleme lösen, aber ebenso gut neue schaffen.

Als beispielsweise E-Mails in den Firmen Einzug hielten, sollten sie die Produktivität steigern. Wo es früher eine Stunde gedauert hatte, ein Memo zu tippen und zu verteilen, konnte man das jetzt in ein paar Minuten erledigen.

Während manche Leute die bequeme E-Mail nutzten, um den Zeitaufwand für das Schreiben von Memos zu verringern, nutzen andere sie leider, um die Zahl der verschickten Memos zu erhöhen und so zur Informationsflut beizutragen.

Technisch mögen wir Fortschritte gemacht haben, aber die menschlichen Verhaltensmuster, nämlich Bündnisse zu schließen, sich Mentoren zu suchen, Ideen zu verkaufen und so weiter, sind in modernen Firmen dieselben wie zu allen anderen Zeiten auch.

So wichtig es auch sein mag, mit der heutigen Technik umgehen zu können, entsteht Wertschöpfung doch durch die Fähigkeit, andere zu durchschauen und zu erkennen, was sie motiviert und wie man ihre individuellen Bedürfnisse befriedigt.

Deshalb konzentriere ich mich in diesem Buch mehr auf Menschen und menschliches Verhalten als auf die Technik. Wenn ich mich beispielsweise mit Social Media und E-Mails befasse, liegt mein Schwerpunkt dabei darauf, wie man mit diesen technischen Mitteln andere Menschen beeinflusst.

Mut ist entscheidend

Beim Lesen dieses Buches werden Sie sich manchmal kaum vorstellen können, dass Sie die Ratschläge befolgen oder die vorgeschlagenen Sätze übernehmen werden. Doch gerade wenn Ihnen das komisch vorkommt, ist es ein Zeichen dafür, dass Sie diese Tipps befolgen sollten.

Stellen Sie sich beispielsweise vor, Sie unterbrechen Ihren herumschreienden Chef mit der Bitte, sich Ihnen gegenüber professionell zu verhalten, und verlassen den Raum, wenn er dem nicht nachkommt. Wenn Sie diese Vorstellung beängstigend finden, ist dies ein Zeichen dafür, dass Sie zum Opferverhalten tendieren.

Und weil das so ist, besteht die einzige Chance, nicht wirklich zum Opfer zu werden, darin, etwas zu tun, bei dem Sie sich schon unwohl fühlen, wenn Sie es nur lesen. Dazu braucht man Mut.

Mut ist nicht dasselbe wie Furchtlosigkeit. Nur Narren haben keine Angst. Mut bedeutet, für das, was man erreichen will, Risiken einzugehen. Mut bedeutet, sich der Tatsache zu stellen, dass man seinen Job verlieren kann, wenn man für sich selbst einsteht.

In diesem Buch werde ich Ihnen erklären, wie Sie die Grundlagen dafür schaffen, dass Sie Ihren Job nicht nur behalten, sondern sich auch dauerhaft für einen noch besseren positionieren. Doch der beste Rat der Welt nutzt nichts, wenn Sie nicht den Mut aufbringen, ihn zu befolgen.

Glaubenssätze bestimmen das Ergebnis

Mit dem bisher Gesagten möchte ich gängige Auffassungen oder Glaubenssätze hinsichtlich des Arbeitsplatzes, der eigenen Rolle dort und der Art der Arbeitsbeziehungen neu formulieren; zumindest möchte ich, dass Sie sie einmal hinterfragen.

Das mache ich deshalb, weil diese Glaubenssätze darüber bestimmen, ob Sie beruflich erfolgreich sein werden oder überhaupt sein können. Um Erfolg zu haben, muss man zwischen Fakten und Annahmen unterscheiden, wobei Fakten ein Teil der Realität sind, Ihre Annahmen oder Überzeugungen hingegen nur Ihre Interpretationen der Realität darstellen.

Ihre Überzeugungen, Ihre Glaubenssätze, und nicht die Fakten entscheiden darüber, wie gut (oder wie schlecht) Sie eine Situation meistern. Nehmen wir zur Verdeutlichung einmal an, die Wirtschaft wächst sehr langsam. Die Wirtschaft ist faktisch gegeben. Ihre Glaubenssätze kommen ins Spiel, wenn Sie entscheiden, was diese Tatsache für Sie bedeutet.

Für den einen kann das schwache Wirtschaftswachstum beispielsweise die Bedeutung haben: »Es wird nahezu unmöglich sein, einen Job zu finden.« Das ist eine Annahme. Jemand anderer kommt vielleicht zu der Überzeugung, eine langsam wachsende Wirtschaft bedeutet: »Unternehmen werden meine Hilfe dringender denn je benötigen.« Auch das ist eine Annahme.

Dieselbe Tatsache kann also zu zwei gegensätzlichen Annahmen führen. Welche von beiden ist »wahr«? Das spielt keine Rolle. Entscheidend ist, dass die Person, die überzeugt ist, es sei nahezu unmöglich, einen Job zu finden, auch weniger wahrscheinlich einen finden oder ein gutes Vorstellungsgespräch führen wird als die Person, die überzeugt ist, sie würde mehr denn je gebraucht.

Die Arbeitswelt ist voller Herausforderungen. Manchmal wird ein falsches Spiel gespielt. Manchmal verhalten sich andere Leute seltsam. Manchmal geht etwas schief. Manchmal gehen Ihre Pläne nicht auf.

Na und? So etwas passiert. Sie werden sich aber mit größerer Wahrscheinlichkeit wieder aufraffen, es noch einmal versuchen und schließlich erfolgreich sein, wenn Sie zu Überzeugungen gelangen, durch die Sie optimistisch, begeisterungsfähig und positiv eingestellt bleiben.

Das soll nun nicht heißen, sich vor der Realität zu verschließen oder die Welt durch die rosarote Brille zu sehen. Es heißt lediglich, zu Deutungen der Realität zu gelangen, mit denen Sie Ihre Ziele leichter erreichen.

Wirtschaft ist einfach

Nach landläufiger Meinung ist die Wirtschaft kompliziert, und ihre Prinzipien sind schwer zu durchschauen. Während jedoch jede Branche und jeder Beruf spezielle Kenntnisse erfordern, ist das Arbeiten in der Wirtschafts- und Geschäftswelt ziemlich simpel.

Dummerweise hängt das Einkommen Hunderttausender Unternehmensberater, Branchenanalysten und Seminarleiter davon ab, die Dinge weiterhin kompliziert aussehen zu lassen. Denn wer würde sie noch engagieren, wenn alle wüssten, wie simpel die Wirtschaft funktioniert?

Abgesehen von Ihren eigenen Fachkenntnissen brauchen Sie nur ein paar Tipps und Tricks, um in der freien Wirtschaft wirklich erfolgreich zu sein. Erfolg ist keine Hexerei, sondern zum Greifen nah.

Darum geht es in diesem Buch. Ich habe die erfolgreichsten Strategien, die ich im Lauf meines Lebens entdeckt habe, in diesem Buch zusammengetragen. Und ich habe sie so einfach und leicht verständlich gehalten, wie ich nur konnte.

Zu diesem Buch

Büro ohne Bullshit muss man nicht von vorn bis hinten durchlesen wie einen Roman oder einen konventionellen Businessratgeber. Es enthält vielmehr eine Auflistung von Ratschlägen und Schritt-für-Schritt-Anleitungen für spezielle Situationen. Sie können sich daher jedes beliebige Kapitel (oder Erfolgsgeheimnis, wie ich sie nenne) vornehmen und die empfohlene Vorgehensweise anwenden. Zu jedem Kapitel gehört auch eine »Kurzfassung« – eine kleine Gedächtnisstütze, in der das Erfolgsgeheimnis auf einen Blick zusammengefasst ist.

Sie können sich natürlich jedes Erfolgsgeheimnis einzeln anschauen und anwenden, aber ich habe sie in Gruppen zusammengefasst, sodass artverwandte Erfolgstipps auch beieinanderstehen. Auf »Wie Sie ein Vorstellungsgespräch ergattern« folgt beispielsweise direkt »Wie Sie beim Vorstellungsgespräch glänzen«.

Alles in allem behandelt jeder Teil einen anderen Aspekt Ihres Arbeitslebens, sodass Sie ihn dann lesen und anwenden können, wenn es für den jeweiligen Punkt Ihrer beruflichen Entwicklung am sinnvollsten ist.

Ich beginne damit, den richtigen Umgang mit dem Chef zu erläutern, denn den Kommentaren meiner Blogleser nach zu urteilen ist das der Punkt, der am dringlichsten ist.

Ich komme dann zum Umgang mit Kollegen und Mitarbeitern und dann zu Ihnen selbst, Ihrem Selbstmanagement und Ihrer eigenen Karriere.

Die ersten vier Teile befassen sich daher mit dem, was Sie

wissen müssen, um das Optimum aus denen herauszuholen, mit denen Sie arbeiten, Sie selbst eingeschlossen.

Der fünfte Teil bietet Ihnen Hilfestellungen, die Sie brauchen, um Klarheit zu gewinnen und Ihre Ideen und den Wert Ihrer Leistungen gut zu verkaufen.

Im sechsten und siebten Teil geht es um den richtigen Umgang mit speziellen Situationen, die Sie sonst aus der Bahn werfen könnten.

Und zu guter Letzt: Viele der Erfahrungsschätze in diesem Buch stammen aus den Kommentaren und E-Mails, die ich von den Lesern meines Blogs erhalten habe. Ich möchte daher nicht versäumen, Ihnen Gelegenheit zu geben, mir zu schreiben. Wenn Sie mir eine Frage oder eine Anmerkung schicken (gj@geoffreyjames.com), werde ich garantiert antworten, so gut es mir möglich ist.

Dieses Buch wurde für Sie geschrieben.

Teil 1

Wie Sie mit Ihrem Chef richtig umgehen

Es ist sicher eine hübsche Vorstellung, dass Ihr beruflicher Erfolg sich darauf gründet, wie kompetent Sie in Ihrem Job sind, aber das ist nicht einmal die halbe Wahrheit. Gehaltserhöhungen, Beförderungen und andere Vergünstigungen hängen unmittelbar davon ab, wie gut Sie Ihren Chef im Griff haben.

Wenn sie oder er Sie nicht sympathisch findet oder – noch schlimmer – sich nicht einmal an Sie erinnert, werden Sie wohl kaum die erstklassigen Aufgaben zugeteilt bekommen, die Sie brauchen, um voranzukommen. Und wenn Ihr Vorgesetzter Sie gar nicht mag, stehen Ihnen wirklich harte Zeiten bevor – bis Sie eine andere Position erreichen oder einen anderen Chef bekommen.

Ein wesentlicher Faktor ist, sich seinen Chef nicht als Aufseher oder Oberbefehlshaber vorzustellen. Das ist schon deshalb unpassend, weil Chef und Mitarbeiter in einem symbiotischen Verhältnis zueinander stehen: Wenn Sie Erfolg haben wollen, sind Sie beide aufeinander angewiesen.

Stellen Sie sich lieber vor, dass Ihr Vorgesetzter etwas für Sie tut, damit Sie Ihre Arbeit erledigen können. Er sorgt für die notwendigen Arbeitsmittel, trifft Entscheidungen, wo es Unstimmigkeiten gibt, arbeitet an abteilungsübergreifenden Aufgaben und stellt das Geld für Ihre nächste Gehaltserhöhung bereit.

In diesem Teil des Buches finden Sie alles, was Sie wirklich für das richtige Verhalten nach oben brauchen:

- *Wie Sie mit den zwölf verschiedenen Cheftypen klarkommen* beschreibt die typischen Varianten von Chefs, den jeweiligen Führungsstil und die Prinzipien, nach denen Sie mit ihnen umgehen sollten, damit sie das tun, was Sie möchten.
- *Wie Sie jeden Chef glücklich machen* erläutert, was Vorgesetzte – egal welchen Typs – menschlich von Ihnen erwarten. Es gibt acht Regeln, und die achte ist die wichtigste von allen.
- *Wie Ihr Vorgesetzter am meisten für Sie tut* beschreibt Schritt für Schritt, wie Sie vorgehen müssen, damit Ihr Vorgesetzter auch mitbekommt, was Sie alles leisten, und Sie gleichzeitig ein persönliches Verhältnis zu ihm aufbauen, damit er stets Ihr Wohlergehen im Blick behält.
- *Wie Sie Ihr Mitarbeitergespräch für sich nutzen* zeigt, wie Sie ein normales Mitarbeitergespräch als Gelegenheit nutzen, Ihre Karriere anzuschieben und die Grundlage für die nächste Gehaltserhöhung oder Beförderung zu schaffen.
- *Wie Sie eine Gehaltserhöhung verlangen* baut auf dem vorangegangenen Erfolgsgeheimnis auf, sodass Sie sich der Aufgabe, mehr Geld zu verlangen, in einer Art und Weise stellen können, die es Ihrem Chef so selbstverständlich wie unvermeidlich erscheinen lässt, Sie besser zu bezahlen als bisher.
- *Wie Sie mit unzumutbaren Anforderungen umgehen* hilft Ihnen, die unangenehme Situation zu bewältigen, wenn Ihr Vorgesetzter mehr von Ihnen verlangt, als Sie wahrscheinlich leisten können, oder möchte, dass Sie etwas tun, das Ihrer Karriere schaden könnte.

- *Wie Sie sich einem unbeherrschten Chef gegenüber verhalten* erklärt detailliert, wie Sie Chefs in Schach halten, die sich übergriffig und unprofessionell verhalten. Das wird Ihnen hoffentlich nicht oft passieren, aber es kann nicht schaden zu wissen, was dann zu tun ist.

Erfolgsgeheimnis Nr. 1: Wie Sie mit den zwölf verschiedenen Cheftypen klarkommen

Im Lauf Ihres Berufslebens werden Sie mit und für viele verschiedene Chefs arbeiten. Damit die Zusammenarbeit gut klappt, sollten Sie in etwa wissen, wo der jeweilige Vorgesetzte in Bezug auf seinen Führungsstil »zu verorten ist«.

Mit den Jahren habe ich Dutzende von Chefs kennengelernt und mit ihnen zusammengearbeitet (und Klagen über weitere Tausende gehört). Eines wurde mir dabei klar: Es gibt zwölf verschiedene Typen von Vorgesetzten, von denen jeder ein klein wenig anders behandelt werden muss.

Dieses Erfolgsgeheimnis dient als Orientierungshilfe zum besseren Verständnis der Cheftypen, die Ihnen begegnen werden, und als grundlegende Strategie, wie man am besten mit ihnen umgeht. Weiter hinten in diesem Abschnitt werde ich Ihnen genauer erläutern, wie man diese Strategien im Detail umsetzt.

1. Der Visionär

Visionäre sind stärker an der Zukunft interessiert als an dem, was im Hier und Jetzt geschieht. Ihr Führungsstil besteht darin, die Wahrnehmung der Welt zu verändern oder es zumindest zu versuchen – mit anderen Worten: das seit Steve Jobs legendäre *Reality Distortion Field* zu schaffen, das andere dazu bringt, an ihre Visionen zu glauben, und ihr Team dazu zu bringen, das Unmögliche möglich zu machen.

Viele der Visionärtypen haben den seligen Steve Jobs zum Vorbild, und das ist das Problem. Wie Jobs selbst können sie intolerant, überkritisch oder unfair sein und Wutanfälle bekommen, wenn etwas nicht nach ihrem Willen läuft.

Es überrascht nicht, dass man die Visionäre vor allem in Hightech- und Biotech-Firmen findet. Selbst wenn sie gelegentlich in andere Branchen wechseln, kehren sie für gewöhnlich doch auf ihr angestammtes Terrain zurück.

Wenn Sie für einen Visionär arbeiten, sollten Sie bereit sein, die bittere Pille zu schlucken, absurd lang zu arbeiten und sich endlose Variationen des Themas »Dieses Produkt wird die *Welt* verändern« anzuhören. Wenn das Ihr Ding ist, können Sie mit so einem Chef viel Spaß haben, Tobsuchtsanfälle inbegriffen.

2. Der Aufsteiger

Aufsteigern geht es nur darum, wie sie selbst vorankommen. Sie sind an Ihnen als Angestelltem im Allgemeinen nur insofern interessiert, wie Sie ihrem Aufstieg in die höheren Etagen förderlich oder hinderlich sind.

Aufsteiger sind vorbildliche Politiker. Sie haben keine Kollegen, nur Mitbewerber. Sie verwenden endlos viel Zeit und Energie darauf herauszufinden, wie sie an Status gewinnen, ihre Verdienste herausstellen und Seilschaften knüpfen können.

Bei Aufsteigern muss Ihnen klar sein, dass Loyalität einfach nicht zu ihrem Beziehungsmuster gehört und Sie schneller abserviert sein werden als gammeliger Fisch, sobald Sie den Aufsteiger irgendwie schlecht dastehen lassen.

Demnach sollten Sie als Mitarbeiter eines Aufsteigers alles tun, um ihn gut aussehen zu lassen, und – besonders wichtig – ihm Rückendeckung geben, wenn einer der Mit-Aufsteiger versucht, ihn abzuschießen.

3. Der Bürokrat

Bürokraten glauben, ihre Position und Bedeutung lägen in der Fähigkeit, alles nach Plan ablaufen zu lassen. Sie sind veränderungsresistent, weil sie die gegenwärtige Situation (die sie ja an die Macht gebracht hat) als die bestmögliche ansehen, die es gibt.

In früheren Zeiten waren endlose Seiten Papierkram für

Bürokraten das Schönste. Heute sind endlose Seiten von Online-Formularen ihr Liebstes. Meetings finden sie auch ganz toll, und zwar am meisten solche, in denen man die Leistungen anderer begutachtet und diskutiert.

Bürokraten gedeihen am besten an Orten, die sie selbst gern »große Unternehmen« nennen. In kleinen Firmen schwächeln sie, weil es mangels Masse an anderen Leuten zu offensichtlich wird, dass sie im Grunde nicht viel tun.

Bürokraten sind durchschaubar und leicht zufriedenzustellen. Dokumentieren Sie alles detailliert und beschränken Sie sich darauf, etwas so zu erledigen, wie es immer schon gemacht wurde, auch wenn es so nicht mehr funktioniert. Vorsicht: Ein Bürokrat als Vorgesetzter kann Ihre Kreativität vollkommen zunichtemachen.

4. Der Techie

Wenn Ingenieure in die Führungsebenen gelangen, bringen sie eine technisch orientierte Weltsicht ein. Das muss nicht schlecht sein, aber es bedeutet, dass Sie ausschließlich an Ihrem technischen Verständnis gemessen werden.

Als Vorgesetzter bevorzugt der Techie Angestellte, die auf irgendeinem technischen Gebiet Experten sind – je abgefahrener, desto besser. Alle weniger technisch Orientierten (wie etwa Diplomkaufleute) halten sie von vorneherein für dumm und überflüssig.

Nehmen Sie es ihm nicht übel, wenn der Techie-Chef vorrangig per E-Mail mit Ihnen kommuniziert, selbst wenn sich sein Arbeitsplatz im Großraumbüro nur ein paar Arbeitsnischen weiter befindet. Techies gehen menschlichen Belangen lieber aus dem Weg. Die beste Art, einen Techie für sich zu gewinnen, ist die, sich gut in der Nerd-Kultur auszukennen. Veranschaulichen Sie Ihre betriebswirtschaftlichen Standpunkte, wenn es geht, mit Zitaten aus *Star Trek* oder *Star Wars*.

5. Der Kauz

Diesen Cheftyp gibt es schon seit der Zeit, als »Sekretärinnen« (wer immer das war) noch »Schreibmaschinen« (was immer das war) benutzten. Diese kauzigen Typen waren einerseits weise Kenner der Weltläufe, gleichzeitig aber ahnungslos, was wirklich vor sich geht.

Ein Kauz, der kurz vor der Rente steht, ist oft recht jovial und gelassen. Diejenigen, die noch weiterarbeiten müssen, weil sie es sich noch nicht leisten können, in Rente zu gehen, können fieser sein als ein magenkrankes Wiesel.

Um für einen Kauz zu arbeiten, braucht man die Geduld, sich zigmal dieselben »Kriegsgeschichten« anzuhören. Glauben Sie jedoch nicht, der alte Trottel sei blöde. So ein Kauz kann ganz schön gerissen sein, besonders, wenn es um machtpolitisches Gerangel geht.

Ein Kauz will vor allem zweierlei: Respekt vom Jungvolk und die Bestätigung, noch gebraucht zu werden. Sie geben großartige Mentoren ab, denn sie gehen großzügig mit ihrem Rat und ihrer Zeit um.

6. Der Jungspund

Das Gegenstück zum alten Kauz ist der Draufgänger, der gerade mal die Uni absolviert hat und dem nun die Leitung einer Gruppe erfahrener Mitarbeiter übertragen wurde. Jungspunde sind energiegeladen, voller Begeisterung und haben insgeheim Angst, dass keiner sie ernst nimmt.

Da ihre Unsicherheit so groß ist, sollten Sie zwei wesentliche Regeln befolgen, wenn Sie für Jungspunde arbeiten: 1. Reagieren Sie positiv auf die Energie, die sie in ihren Job einbringen, und 2. Weisen Sie sie auf gar keinen Fall auf ihre relative Unerfahrenheit hin.

Unnötig zu erwähnen, dass Sie womöglich viel Zeit damit verschwenden werden, die Fehler auszubügeln, die durch die Unerfahrenheit des Jungspunds entstanden sind! Das ist schon in Ordnung, aber vergessen Sie nicht, dabei auch *begeistert* zu sein! Je nachdem, wie es um Ihre Toleranz hinsichtlich der Lernerfahrung des Grünschnabels bestellt ist, sollten Sie vielleicht darüber nachdenken, den Arbeitsplatz zu wechseln.

7. Der Dirigent des sozialen Miteinanders

Der Sozialdirigent sieht seine Führungsaufgabe in einem gemeinschaftsbildenden Prozess. Er erachtet jegliches persönliche Miteinander am Arbeitsplatz als genauso wichtig wie die eigentliche Arbeit (und manchmal sogar als wichtiger).

Der Sozialdirigent versucht stets, Konsens zu erzielen. Er beruft *viele* Meetings ein und verbringt *viel* Zeit damit, andere ihre Meinungen und Vorstellungen äußern zu lassen. Er schreckt davor zurück, Entscheidungen zu treffen, von denen ein Teammitglied »enttäuscht« sein könnte.

Wer für einen Sozialdirigenten arbeitet, muss unentwegt für Allianzen und Unterstützer sorgen. Wenn Sie eine Entscheidung wollen, müssen Sie jeden Einzelnen im Team dazu bringen, sie öffentlich zu befürworten.

Doch Vorsicht: Wenn es um ihre eigenen Gefühle geht, können Sozialdirigenten die reinsten Dampfkochtöpfe sein. Entweder lassen sie in einer Reihe von Wutanfällen Dampf ab, oder sie explodieren unvorhergesehen. In letzterem Fall sollten Sie besser nicht dabei sein.

8. Der Diktator

Dieser Chef ist der klassische Vertreter der Devise: »Es wird so gemacht, wie ich das sage, oder Sie können gehen!« Die meisten finden diese Art von Führungsstil ziemlich ätzend, aber für einen Diktator zu arbeiten hat seine Vorteile. Er trifft seine Entscheidung schnell und effizient, ohne die Dinge allzu lange zu analysieren.

Ein weiterer Vorzug der Arbeit mit einem Diktator ist der, dass man immer genau weiß, woran man ist. Wieso sollte Ihr Chef einen Gedanken daran verschwenden, Sie hintenrum kaltzumachen, wenn es für ihn viel bequemer ist, Sie ganz offen ins Messer laufen zu lassen?

Leider neigt der Diktator dazu, unempfänglich für Meinungen von außen zu sein und spröde, wenn es um Veränderungen geht. Wenn er scheitert (und sie scheitern am Ende alle), dann in wahrhaft epischem Ausmaß.

Wenn man für einen Diktator arbeitet, bestehen die Tricks darin, 1. die Anweisungen zu befolgen, 2. die Anweisungen zu befolgen, und 3. darauf vorbereitet zu sein, den Job zu wechseln, wenn Sie sehen, dass der Diktator mit der Firma (oder Ihrer Abteilung) auf den Abgrund zusteuert.

9. Das Verkaufstalent

Verkaufen gehört zu jedem Job, und jeder Chef sollte in der Lage sein, seine Vorstellungen durch alle Führungsetagen an den Mann zu bringen. Das Problem an diesem Vorgesetztentyp ist, dass Verkaufen das Einzige ist, was er wirklich gut beherrscht.

Zu dieser Art von Chef kommt es meist dann, wenn Spitzenverkaufsprofis zu Managern gemacht werden. Das geschieht ziemlich häufig, ungeachtet der Tatsache, dass Führungsaufgaben andere Fähigkeiten erfordern, als Kunden irgendwelche Waren zu verkaufen.

Die Verkaufstalente unter den Chefs haben eine hohe Eigenmotivation, sind aggressiv, gut darin, Beziehungen aufzubauen, Bedürfnisse zu verstehen und brauchbare Lösungen zu entwickeln. Eben weil sie Verkäufer sind.

Daher lebt es sich mit den Verkaufstalenten am besten, wenn man sie zum Verkaufen ermuntert! Bringen Sie sie in

Situationen, in denen ein Deal geschlossen werden muss oder Bedingungen auszuhandeln sind. Sie machen sich sowieso viel lieber die Hände schmutzig (sozusagen), als Mitarbeiter zu führen.

10. Der knallharte Sanierer

Den Sanierer (oder die Sanierein) wird ins Unternehmen geholt, um so schnell wie möglich Leute zu entlassen – in der Regel, um das Unternehmen dadurch für Investoren attraktiver zu machen oder um sich für eine Firmenübernahme in eine gute Position zu bringen.

Es liegt in der Natur der Sache, dass diese Art von Chef nicht gerade von der Milch der frommen Denkungsart erfüllt ist. Da es sich aber auch bei ihnen um menschliche Wesen handelt, können sie nicht anders, als Euphemismen zu verwenden, die ihre Tätigkeit in positiverem Licht erscheinen lassen (wie zum Beispiel *Firmensichtung* oder *Freisetzung von Mitarbeitern*).

Für diejenigen, die für einen Sanierer arbeiten, stehen nur zwei Posten zur Verfügung: Henker oder Opfer. Die scheinbar bessere Besetzung, die des Henkers, ist auch nur befristet: Letztlich werden auch sie oft gekündigt.

Die beste Art, einem Sanierer zu begegnen, ist die, lange schon nicht mehr da zu sein, ehe er kommt. Das erfordert Wachsamkeit für mögliche Vorzeichen. Sollten Sie beispielsweise in einem internen Memo Dinge wie *private equity investment* lesen, ist es an der Zeit, sich einen neuen Job zu suchen (siehe auch »Erfolgsgeheimnis Nr. 39: Wie sie mit Massenentlassungen umgehen«).

11. Der Verängstigte

Manchmal gelangen Leute ohne jegliches Managementtalent auf verantwortungsvolle Posten. Das passiert in der Regel dann, wenn ein Manager plötzlich geht und die Unternehmensleitung den Laden erst mal am Laufen halten muss, bis ein Ersatz gefunden ist.

Den Verängstigten fällt nichts Besseres ein, als mit denselben Richtlinien und Strategien weiterzumachen, die bisher gegolten haben. Sie wissen, dass sie nur Platzhalter sind, und es graut ihnen vor allem, was man ihnen vorhalten könnte, wenn sie wieder in Reih und Glied verwiesen werden.

Was diese Chefs wollen, ist, dass Sie Ihre Projekte weiter voranbringen, ohne dass sie *irgendeine* schwierige Entscheidung zu treffen haben. Sie sind jedoch gern bereit, kleinere Entscheidungen zu Ihren Gunsten zu treffen, um Sie bei Laune zu halten.

Bei den Verängstigten besteht die größte Gefahr darin, dass sie durch Sie am Ende zu erfolgreich werden und die Unternehmensleitung deshalb zu dem Schluss kommt, die kommissarische Leitung zu einer dauerhaften zu machen. Dann sind Sie für die nächste Zukunft mit der Totlast des Verängstigten befrachtet.

12. Der Held

Es gibt tatsächlich Männer und Frauen auf dieser Welt, die durch Persönlichkeit und Charakter befähigt sind zu führen. Es sind die legendären »geborenen Führungspersönlichkeiten«, und sie sind so selten wie ein Sechser im Lotto.

Die Helden coachen lieber andere, als die Dinge selbst zu erledigen. Sie haben ein Händchen dafür herauszufinden, was ihre Mitarbeiter brauchen, um Spitzenarbeit zu leisten, und wie sie selbst dafür sorgen können, es ihnen zu verschaffen.

Helden schenken ihren Teams Anerkennung für die Siege, aber übernehmen persönliche Verantwortung für die Niederlagen. Ihre Devise lautet »Führung verpflichtet« statt »Den Letzten beißen die Hunde«.

Zweierlei ist problematisch, wenn man für einen Helden arbeitet. Das Erste ist, dass ein Held wahrscheinlich befördert oder abgeworben wird. Das Zweite ist, dass es Ihnen nie wieder möglich sein wird, für einen Deppen zu arbeiten, wenn Sie erst einmal für einen Helden gearbeitet haben.

Kurzfassung

Die zwölf Cheftypen

- Der Visionär
- Der Aufsteiger
- Der Bürokrat
- Der Techie

- Der Kauz
- Der Jungspund
- Der Dirigent des sozialen Miteinanders
- Der Diktator
- Das Verkaufstalent
- Der knallharte Sanierer
- Der Verängstigte
- Der Held

Erfolgsgeheimnis Nr. 2: Wie Sie jeden Chef glücklich machen

Egal, mit welcher Art von Chef Sie arbeiten, sie alle wollen und brauchen dieselben Dinge. Leider sind Vorgesetzte nicht immer so gut darin, diese Bedürfnisse zu artikulieren, deshalb liste ich sie hier auf, damit Sie wissen, was von Ihnen erwartet wird.

1. Halten Sie Ihre Zusagen ein

Ihr Chef möchte Ihnen vertrauen können. Ihr Chef möchte sich darauf verlassen können, dass Sie Ihre Arbeit erledigen, sodass niemand (auch er nicht) irgendwann auf dem

Schlauch steht. Solches Vertrauen ist aber nur möglich, wenn Sie Ihre Zusagen einhalten.

Bringen Sie also die Aufgabe, die Sie übernehmen, mit heiligem, ja fanatischem Ernst zu Ende. Tun Sie auch, was Sie sagen. Übernehmen Sie sich nicht und verschanzen Sie sich nicht hinter vagen Aussagen wie »Ich versuche es« oder »vielleicht«.

Mehr als alles andere muss Ihnen daran gelegen sein, dass Ihr Chef Sie für zuverlässig hält. Wenn man auf Ihr Wort zählen kann, entlasten Sie Ihren Vorgesetzten erheblich und machen ihm den Job dadurch viel leichter.

2. Bereiten Sie ihm keine Überraschungen

Was jeden Chef um den Schlaf bringt, ist die heimliche Angst, dass die Mitarbeiter etwas verbocken, aber nichts davon sagen, weil sie hoffen, dass sich der Schlamassel in Wohlgefallen auflöst, ehe es zur totalen Katastrophe kommt.

Warten Sie nicht bis zur letzten Minute, bis Sie eine schlechte Nachricht überbringen, selbst wenn Sie Angst haben, dass Ihr Chef sauer wird. (Achten Sie aber auch darauf, wie weiter unten ausgeführt wird, dass Sie immer auch Ihren besten Lösungsvorschlag präsentieren, wenn Sie ihm Bescheid geben.)

Folgende Regel ist unverzichtbar, wenn Sie es mit der Art von Vorgesetztem zu tun haben, die gern den Überbringer schlechter Nachrichten einen Kopf kürzer macht. Um zu verhindern, dass Sie »dran glauben müssen«, sollten Sie Ihren

Chef regelmäßig über Ihre Projekte auf dem Laufenden halten, bevor sich irgendetwas zu einem Riesenproblem auswächst.

3. Nehmen Sie Ihren Job ernst

Ihr Chef erwartet von Ihnen nicht, dass Sie perfekt sind, aber Chefs wissen Mitarbeiter zu schätzen, die das, was sie tun, wirklich mit Sorgfalt erledigen und sich gern die Zeit nehmen, eine Arbeit gut und gründlich zu machen.

Es gibt kaum etwas, das Vorgesetzte mehr stört, als wenn Mitarbeiter ihrer Arbeit gegenüber eine zu flapsige Haltung an den Tag legen. Probleme mit Humor zu nehmen ist eine gute Sache, schnoddrige Bemerkungen sind es nicht.

Was Chefs besonders irritiert, sind Mitarbeiter, die ihre Arbeit als Verlängerung ihres Privatlebens ansehen. Ich hörte kürzlich von einer Praktikantin, die es für passend hielt, ihren Freund mit ins Büro zu bringen, damit er ihr Gesellschaft leisten und während der Arbeit mit ihr schwatzen konnte. Autsch!

4. Seien Sie Ratgeber, aber ein folgsamer

Wenn Ihr Chef eine Entscheidung treffen muss, ist er auf Ihre Einschätzung und Sicht der Dinge angewiesen, vor allem in Belangen, die in Ihrem Zuständigkeitsbereich liegen. Mit einer Empfehlung leisten Sie den besten Beitrag für eine optimale Entscheidung.

Wenn Sie sehen, dass Ihr Chef im Begriff ist, eine dumme Entscheidung zu treffen, ist es ebenfalls Ihre Pflicht zu versuchen, ihn oder sie von einer besseren zu überzeugen. Stellen Sie die Sachlage so gut dar, wie Sie können, und drücken Sie sich klar aus.

Wenn Ihr Vorgesetzter jedoch einmal eine Entscheidung getroffen hat, sollten Sie nicht länger daran herummäkeln, sondern sie so gut wie möglich umsetzen – egal, ob Sie diese Entscheidung für die bestmögliche halten oder nicht. Vielleicht weiß Ihr Chef mehr als Sie.

5. Liefern Sie Lösungsvorschläge statt Beschwerden

Nichts ist für Chefs nervtötender (und langweiliger), als sich das ständige Genörgel wegen Dingen anzuhören, die sie nicht ändern wollen oder können.

Generell gilt die Regel: Kommen Sie nicht mit einem Problem an, solange Sie keine Lösung dafür vorschlagen können oder von Ihrem Chef keinen Rat dazu hören wollen. Im letzteren Fall sollten Sie auf den Rat dann kein »Ja aber …«-Argument folgen lassen.

Wenn Sie einen Lösungsvorschlag haben, wird es Ihrem Vorgesetzten weitaus lieber sein, wenn es sich um etwas handelt, was Sie *selbst* zu tun vorhaben, statt dass Sie von ihm erwarten, etwas für Sie zu tun. Chefs hassen es, wenn Angestellte etwas »nach oben delegieren«.

6. Kommunizieren Sie klar und deutlich

Chefs haben weder Zeit noch Lust, sich durch ein Dickicht an Businessfloskeln, Phrasen oder Fachchinesisch zu arbeiten. Das gilt auch dann, wenn sie selbst nicht in der Lage sind, sich ohne diese verbalen Krücken auszudrücken.

Schreiben und sprechen Sie im Umgang mit Ihrem Vorgesetzten in kurzen Sätzen, benutzen Sie so wenige Worte wie möglich, um ein Argument vorzubringen, und machen Sie diesen Punkt so leicht verständlich wie möglich (siehe »Erfolgsgeheimnis Nr. 29: Wie sie die fünf grundsätzlichen Regeln der Unternehmenskommunikation für sich nutzen«).

Wenn Sie klar kommunizieren, erleichtern Sie Ihrem Chef nicht nur die Arbeit, sondern Sie machen es ihm auch leichter, anderen Entscheidern, etwa dem Geschäftsführer, klarzumachen, was Sie tun (und warum).

7. Leisten Sie ganze Arbeit

Chefs erwarten, dass Sie Ihr Allerbestes geben, egal, was Sie in Angriff nehmen. Sie erwarten von Ihnen, dass Sie Schwierigkeiten und Hindernisse überwinden, die die meisten anderen daran hindern würden, in ihrem Job erfolgreich zu sein.

Glücklicherweise ist es in Ihrem eigenen Interesse, in Ihrem Job zu brillieren, denn das spricht sich schnell herum. In der heutigen hypervernetzten Businesswelt wird jeder innerhalb (und außerhalb) der Firma irgendwann wissen, wie gut Sie Ihren Job machen.

So wie die Qualität eines Produkts das Markenimage des Produkts bestimmt, macht die Qualität Ihrer Arbeit Ihre Reputation aus. Und was noch wichtiger ist: Diese Reputation wird Ihnen nun – verewigt im Netz – für immer folgen.

8. Machen Sie Ihren Chef erfolgreich

Egal, was genau in Ihrer Jobbeschreibung steht, *Ihr wirklicher Job besteht darin, Ihren Chef erfolgreich zu machen.* Es spielt keine Rolle, für welche Art von Chef Sie arbeiten, seien Sie versichert, dass es keine Ausnahmen von dieser Regel gibt.

Kurzfassung

Wie Sie Ihren Chef glücklich machen

- Tun Sie, was Sie zu tun zugesagt haben.
- Halten Sie Ihren Chef auf dem Laufenden.
- Leisten Sie gute Arbeit.
- Akzeptieren Sie einmal getroffene Entscheidungen.
- Lösen Sie Probleme, ohne zu jammern.
- Seien Sie klar und präzise.
- Geben Sie stets Ihr Bestes.
- Wichtig: Machen Sie Ihren Chef erfolgreich.

Erfolgsgeheimnis Nr. 3: Wie Ihr Vorgesetzter am meisten für Sie tut

Da Sie nun wissen, was Ihr Chef von Ihnen erwartet, wollen wir uns jetzt einmal genauer ansehen, wie Sie ihn dazu bringen, etwas für Sie zu tun – nämlich Ihre Karriere anzuschieben und Ihre Interessen im Blick zu behalten.

1. Klären Sie, welcher Führungsstil Ihnen am liebsten ist

Irgendwann im Lauf der ersten Gespräche mit Ihrem Chef (und zwar idealerweise bevor Sie anfangen, für ihn zu arbeiten) sollten Sie sich klarmachen, welche Art von Führungsstil für Sie persönlich am besten ist.

Um das sagen zu können, bedarf es einiger Selbstreflexion. Wenn Sie einen Arbeitsplatz schon eine Weile innehaben, werden Sie auch schon eine Reihe von Führungsstilen erlebt haben. In diesem Fall können Sie sich noch einmal vergegenwärtigen, welches Verhalten seitens der Vorgesetzten bei Ihnen zu den besten Arbeitsergebnissen geführt hat.

Gehen Sie als Berufsanfänger von Ihren Ausbildungserfahrungen aus. Welche Ihrer Lehrer konnten Sie wirklich für etwas begeistern und wie? Bei welchen fiel es Ihnen schwer, etwas zu lernen?

Eine andere Möglichkeit, etwas über Ihre Vorlieben auf

diesem Gebiet herauszufinden, besteht darin, sich ein paar Fragen zu stellen:

- Mögen Sie es, vor allen anderen gelobt zu werden, oder ist Ihnen das unangenehm?
- Verletzt Sie Kritik, oder nehmen Sie das gelassen?
- Wollen Sie lieber gesagt bekommen, was Sie richtig oder was Sie falsch gemacht haben?

Ihr Ziel sollte sein, genug über sich und Ihre Bedürfnisse herauszufinden, sodass Sie klar formulieren können, welches Verhalten Sie sich wünschen. Wenn Sie es nicht tun, werden Sie unweigerlich die Einheitsbehandlung erfahren, die Ihr Chef am unkompliziertesten findet.

Der beste Zeitpunkt, dem Vorgesetzten Ihre Vorlieben mitzuteilen, ist das erste Gespräch mit ihm. Wenn Sie bereits für ihn arbeiten, ist das nächste Gespräch unter vier Augen die beste Gelegenheit. Schieben Sie es nicht auf die lange Bank! Je klarer Sie kommunizieren, was Sie brauchen, desto besser wird Ihr Verhältnis zum Chef sein – und das zum größten Nutzen beider Seiten!

2. Bereiten Sie Meetings mehr als gründlich vor

Die meisten Chefs leben in steter Sorge, sie könnten irgendwann von der Inkompetenz ihrer Mitarbeiter kalt erwischt werden. Um sich selbst zu beruhigen, picken sie sich gern einen Aspekt aus dem Tätigkeitsfeld eines Mitarbeiters heraus und stellen aufs Geratewohl Fragen nach irgendwelchen Details.

Sollten Sie in einem solchen Fall das Gefühl haben, geprüft zu werden, dann deshalb, weil es so ist. Beantworten Sie diese Nachfragen mit Haltung und Selbstbewusstsein, wird Ihr Chef davon ausgehen, dass Sie kompetent sind. Zögern Sie oder weichen Sie aus, wird er annehmen, dass Sie Ihre Arbeit schludrig machen.

Da Sie nicht im Vorhinein wissen können, welche Fragen Ihr Chef vielleicht stellt, sollten Sie sich auf jede Eventualität vorbereiten. Rechnen Sie für jede Stunde mit Ihrem unmittelbaren Vorgesetzten eine Stunde an Vorbereitung ein, zwei Stunden Vorbereitung für jede Stunde mit dessen Chef und entsprechend mehr die Führungsebenen hinauf.

3. Bringen Sie Ihrem Chef Ihren Wert in Erinnerung

Selbst die besten Vorgesetzten vergessen gern mal was. Sie haben in der Regel eine Menge im Kopf und wissen vielleicht nicht genau, woran Sie gerade arbeiten, und erst recht nicht, wie großartig Sie das machen.

Im schlimmsten Fall könnte das Versäumnis, dies zu kommunizieren, dazu führen, dass Sie Dinge und Zielvorgaben anstreben, die gar nicht mehr zu den Prioritäten Ihres Chefs gehören. Wenn das passiert, wird die harte Arbeit, die Sie geleistet haben, eher als Zeitverschwendung angesehen denn als Leistung anerkannt werden.

Um das zu vermeiden, sollten Sie sich eine »Kernaussage«

zurechtlegen, mit der Sie den Chef wissen lassen, was Sie gerade tun, und diese Botschaft in jedes Gespräch mit ihm einbauen, auch wenn es nur ein kurzer Schwatz auf dem Flur ist.

Beispiele:

- *Bei dem Recruiting-Programm, das ich aufgesetzt habe, haben wir zu einigen sehr qualifizierten Bewerbern Kontakt aufgenommen.*
- *Wir haben mein Power-Management-Modul gerade einer Reihe von Genauigkeits- und Belastungstests unterzogen.*
- *Meine Verhandlungen mit der Meyer AG werden noch ein wenig dauern, aber ich denke, ich kann die günstigen Bedingungen durchsetzen, die wir wollten.*

4. Pflegen Sie gute Kontakte zur Chefetage

Sie *glauben* vielleicht, Sie hätten zu Ihrem Chef eine Eins-zu-eins-Beziehung, tatsächlich sind Sie aber nur einer unter vielen – angefangen von Ihren Kollegen über die Kunden bis hin zu jenen, die die Entscheidungen Ihres Chefs beeinflussen.

Wenn es darum geht, Ihre Arbeitsleistung zu bewerten, wird Ihr Vorgesetzter die Meinung anderer in der Firma berücksichtigen. Daher reicht es nicht, nur ihn darüber in Kenntnis zu setzen, was Sie tun. Wenn Sie Ihre Karriere und Ihre persönlichen Pläne voranbringen wollen, sind Sie darauf angewiesen, dass sich herumspricht, wie gut Sie sind.

Machen Sie eine Liste von Leuten, die Einfluss auf Ihren Chef haben, und formulieren Sie für jeden Einzelnen Variationen Ihrer Kernaussage über sich.

Nehmen wir zum Beispiel an, Sie arbeiten in einem Marketingteam, das mit der Entwicklung von Verkaufskanälen befasst ist (wo es also um Leute geht, die nicht für Ihre Firma arbeiten, aber Ihr Produkt verkaufen). Ihre Message könnte folgendermaßen lauten:

Beispiele:

- Für Ihren Chef (Leiter Marketing): *Ich entwickle ein Konzept für Vertriebswege, mit dem wir neue Wiederverkäufer gewinnen werden.* (Das ist Ihre Kernbotschaft.)
- Für den Leiter Entwicklung: *Mein Vertriebskonzept wird Ihre Produkte zu neuen Kunden bringen.*
- Für den Leiter Produktion: *Mit dem Vertriebskonzept, das ich erarbeite, werden wir in der Lage sein, genauere Prognosen zu machen, wie viele Stückzahlen Sie herstellen müssen.*
- Für den Leiter Personalwesen: *Das Vertriebskonzept, das ich entwickle, wird eine Erhöhung der Einnahmen ermöglichen, ohne dass dafür mehr Leute angestellt werden müssen.*
- Für den Leiter Finanzwesen: *Mit dem Vertriebskonzept, das ich entwickle, werden wir eine um 20 Prozent höhere Bruttomarge erzielen als über den Direktverkauf.*
- Für den Firmenchef: *Mein Chef, Herr XY, hat mich mit*

der Entwicklung eines Vertriebskonzepts betraut, das unsere Gesamtrentabilität um einige Prozentpunkte steigern könnte.

5. Zeigen Sie Interesse an der Karriere Ihres Vorgesetzten

Wenn Sie Ihren Chef erst mal von Ihrer Kompetenz überzeugt haben, ist es an der Zeit, sich unverzichtbar zu machen. Dazu müssen Sie liefern, was Ihr Chef möchte – und zwar noch bevor er weiß, dass er es will.

Mit der Zeit können Sie das durch Beobachtung herausfinden, aber es ist klüger, die Dinge schneller in Bewegung zu setzen, indem Sie Fragen stellen, durch die Sie besser begreifen, wie Ihr Chef tickt. Dass er sich vielleicht durch Ihr Interesse geschmeichelt fühlt, ist ein willkommener Nebeneffekt.

Nutzen Sie das Internet, den »Flurfunk« und die Assistenten des Chefs, um mehr über die bisherige Karriere Ihres Vorgesetzten zu erfahren. Wenn es passt, können Sie auch Gelegenheiten wie das Mittagessen oder Meetings außerhalb der Firma dazu nutzen, gesunde Neugier und Interesse an den Erfahrungen Ihres Chefs zu zeigen.

Abgesehen davon, dass die meisten Leute gern über sich selbst reden, finden die meisten Vorgesetzten solche Nachfragen durchaus hilfreich, weil es ihnen die Möglichkeit gibt, die innere Logik ihres Entscheidungsfindungsprozesses darzulegen.

Beispiele:

- *Im Internet habe ich mich mit unserer Branche befasst und dabei festgestellt, dass Sie auf der Veranstaltung XY einen Vortrag gehalten haben. Mich würde interessieren: Was für Reaktionen haben Sie erhalten?*
- *Ihre Assistentin erwähnte, dass Sie für Firma XY gearbeitet haben. Mich würde interessieren: Welches ist die wichtigste Erfahrung, die Sie dort gemacht haben?*
- *Ich hörte, Sie haben in der XY-Branche gearbeitet. Mich würde interessieren: Was sind die wesentlichen Unterschiede zwischen dieser Branche und unserer?*

6. Kultivieren Sie ähnliche persönliche Interessen

Im Idealfall haben Sie einen Chef, der auch in schwierigen Zeiten auf Ihre Interessen achtet. Diese Fürsorglichkeit wird bestärkt, wenn er Sie nicht nur für kompetent hält, sondern für einen Gleichgesinnten.

Wenn Sie also an einem besseren Draht zu Ihrem Vorgesetzten interessiert sind, kann es daher nicht schaden, wenn Sie ein Interesse für etwas kultivieren (vielleicht sogar mit Begeisterung), das ihn ebenfalls interessiert. Idealerweise sollte es ein Interesse oder eine Aktivität sein, die eine nette Anbindung ans Arbeitsleben hat.

Wenn Ihr Chef zum Beispiel gern beim Golf über die Arbeit spricht, sollten Sie Golfspielen lernen. Wenn Sie mitbekommen haben, dass er eine bestimmte Autorin besonders mag, sollten Sie auch etwas von ihr lesen und bei passender Gelegenheit über deren Bücher plaudern. Wenn Sie mal darüber nachdenken, tun Sie das doch auch die ganze Zeit für Ihre anderen Beziehungen. Wieso also nicht für den Vorgesetzten?

Ihr Ziel ist es, Ihren Chef kennenzulernen, ohne aufdringlich oder kriecherisch zu wirken. Es hilft, wenn Sie sich ins Gedächtnis rufen, dass Chefs auch nur Menschen sind und deshalb ein Interesse daran haben, Sie wissen zu lassen, wie sie gestrickt sind.

Kurzfassung

Wie Ihr Chef etwas für Sie tut

- Kommunizieren Sie, was Sie brauchen, um Ihr Bestes zu geben.
- Halten Sie Ihren Vorgesetzten über Ihre Fortschritte auf dem Laufenden.
- Legen Sie dar, dass Sie nützliche Arbeit leisten.
- Seien Sie über die Ziele und Wünsche Ihres Chefs im Bilde.
- Finden und pflegen Sie ein gemeinsames Interesse.

Erfolgsgeheimnis Nr. 4: Wie Sie Ihr Mitarbeitergespräch für sich nutzen

Die meisten Leute verfahren mit Mitarbeitergesprächen und Leistungsbeurteilungen so wie Schüler mit ihren Zeugnissen: Sie dienen ihnen dazu zu sehen, wie gut sie waren – dann, wenn es bereits zu spät ist, noch etwas daran zu ändern.

Wenn man richtig damit umgeht (wie im Folgenden noch zu sehen sein wird), wird der Teil »Beurteilung« in diesem Vorgang entweder zu einer Formalität oder zu einem Instrument. Denn dann nutzen Sie das Mitarbeitergespräch, um die Erwartungen für die Zukunft zu formulieren und Zusagen zu bekommen, die Ihrer Karriere förderlich sind.

1. Fragen Sie, nach welchen Kriterien Sie Boni erhalten

Jedes Mal, wenn Sie einen neuen Chef bekommen, oder gleich nachdem Sie dies gelesen haben, sollten Sie sich schnellstmöglich einen Termin für ein Gespräch unter vier Augen mit Ihrem Vorgesetzten geben lassen. Stellen Sie folgende Fragen:

1. Welche Erwartungen haben Sie an mich für das kommende Jahr?

2. Woran messen Sie, ob ich sie erfüllt habe?
3. Was bekomme ich, wenn ich diese Vorgaben übertreffe?

Ihr Ziel sollte sein, Ihren Chef dazu zu bringen, sich in allen drei Punkten möglichst klar zu äußern. Wenn Sie diese Unterhaltung nicht führen, wird das nächste Mitarbeitergespräch für Sie zu einer Überraschungsnummer, denn Sie konnten nur raten, was von Ihnen erwartet wurde, und nur Vermutungen anstellen, was für Boni Sie erhalten würden.

Wenn Ihr Chef Ihnen etwas verspricht, achten Sie genau darauf, wie er es sagt. Es ist eine Sache, zu sagen: »Tun Sie dies oder jenes, und ich werde Sie befördern« (was selten vorkommt), und eine andere: »Tun Sie dies oder jenes, dann *könnte* eine Beförderung drin sein.«

Wann immer Sie bei dem, was in Aussicht gestellt wird, eine gewisse Vagheit wahrnehmen, sollten Sie so nachfragen, dass diese Unklarheit mit einer ernsthaften Antwort ausgeräumt wird.

Beispiel:

Chef: *Stellen Sie das Projekt X bis August fertig, und Sie kommen für eine Beförderung in Betracht.*
Sie: *Wie sicher ist die Beförderung, wenn mir das gelingt?*

Wenn Ihr Chef nicht genauer werden kann oder will, können Sie davon ausgehen, dass diese Versprechen irrelevant sind. In der freien Wirtschaft ist ein Versprechen nur dann als verbindlich anzusehen, wenn damit klar umrissene Details verknüpft sind.

Machen Sie sich bei diesem Gespräch detaillierte Notizen, schicken Sie Ihrem Chef anschließend eine E-Mail, in der Sie sich bei ihm für die Unterstützung bedanken, und listen Sie die beiderseitigen Absprachen darin auf.

Wenn Sie es versäumen, das Gespräch zu dokumentieren, ist die Chance recht groß, dass Ihr Vorgesetzter bis zum nächsten Mitarbeitergespräch vergessen hat, was Ihre Vorgaben waren und welche Versprechen abgegeben wurden.

2. Gleichen Sie in regelmäßigen Abständen Vorgaben und Erreichtes ab

Schicken Sie Ihrem Chef das Jahr über auf der Grundlage der Vereinbarungs-Mail Updates, in denen Sie festhalten, welchen Stand Sie gemessen an den Vorgaben erreicht haben und nach welchen Kriterien diese Erwartungen bemessen werden.

Diese Updates sind von großer Bedeutung, denn dadurch sind Sie gezwungen, ständig ein Auge darauf zu haben, die festgelegten Kriterien möglichst zu übertreffen, und sie halten Sie davon ab, sich durch Nebenbaustellen ablenken zu lassen. Diese Updates zwingen außerdem Ihren Chef, explizit zu äußern, ob und inwieweit sich diese Kriterien in Abhängigkeit zu veränderten geschäftlichen Bedingungen geändert haben.

Wenn Ihr Vorgesetzter etwas an den Vorgaben oder deren

Kriterien ändert, sollten Sie einen neuen Vier-Augen-Termin vereinbaren – vordergründig, um die neuen Vorgaben und Kriterien zu besprechen, aber hauptsächlich, um klarzumachen, dass Sie dennoch erwarten, auf der Grundlage dessen, was Sie bisher an Arbeit geleistet hatten, Ihre Prämie zu erhalten.

Das ist wichtig, weil Chefs manchmal die aufgestellten Vorgaben ändern, um ihre Zusagen nicht einhalten zu müssen. So könnte zum Beispiel ein Vertriebsleiter Ihnen einen Bonus versprechen, wenn Sie Ihre Quote übertreffen, und dann die Quote erhöhen, sobald Sie kurz davor stehen, sie zu toppen.

Beispiel 1:

Chef: *Sie werden nun nach der Rentabilität der Firma bemessen, nicht nach der Anzahl verwertbarer Computer-Codes, die Sie schreiben.*
Sie: *Ich habe die neuen Bewertungskriterien zur Kenntnis genommen. Ich habe jedoch die bisher vereinbarten Kriterien bereits neun Monate lang übertroffen, daher erwarte ich eine Zulage, unabhängig von der wirtschaftlichen Entwicklung der Firma.*

Beispiel 2:

Chef: *Wir ändern gerade Ihre Verkaufsquote, sie liegt für das laufende Jahr nun 50 Prozent höher.*
Sie: *Ich werde mein Bestes geben, diese Vorgabe zu über-*

treffen! Ich erwarte aber dennoch eine Bonuszahlung, da ich über die bisher gültige Quote gekommen bin.

3. Liefern Sie einen Entwurf oder Stichpunkte

Die meisten Chefs hassen es, Leistungsbeurteilungen schreiben zu müssen. Sie haben diese Aufgabe mit Ihren regelmäßigen Zwischenberichten schon etwas leichter gemacht, und insofern ist es nur folgerichtig, wenn Sie anbieten, Ihrem Chef diese Last abzunehmen.

Die meisten Vorgesetzten werden es Ihnen liebend gern überlassen, einen Entwurf zu schreiben. Sollte Ihr Boss Einwände haben, sollten Sie es trotzdem tun, nur dass Sie Ihren Entwurf als »Stichpunkte« zu Ihrer Mitarbeiterbeurteilung schicken, was letztlich auf dasselbe hinausläuft.

Halten Sie sich, wenn Sie den Entwurf (oder die »Stichpunkte«) schreiben, an die Fakten, was Sie in Bezug auf die Vorgaben erreicht haben, so wie Sie es in Ihren Zwischenberichten dokumentiert haben. Bezeichnen Sie Ihre Arbeit nicht als »Spitzenleistung« (oder etwas dergleichen). Das sollten Sie Ihrem Chef überlassen.

Fügen Sie dem Ganzen auch die E-Mail bei, mit der Sie in Schritt eins die Vereinbarung mit Ihrem Chef festgehalten haben. Auf diese Weise wird er nicht nur erkennen, dass Sie die Erwartungen übererfüllt haben, sondern auch, dass Sie noch wissen, was Ihnen zugesagt wurde.

4. Nutzen Sie »Überraschungen«, um Zugeständnisse zu erzielen

Dank der Vorarbeit, die Sie geleistet haben, wird Ihre Leistungsbeurteilung wahrscheinlich eine reine Formsache sein. Sie werden eine sehr gute Bewertung erhalten, ein Schulterklopfen und die Prämie, die Ihnen zugesichert worden war.

Doch selbst wenn Sie alle genannten Schritte befolgen, kann es passieren, dass Sie Überraschungen erleben.

Beispiele:

- *Ich kann Ihnen diese Erhöhung nicht geben, weil die Gehälter gerade eingefroren wurden.*
- *Ich kann Sie nicht zu der Fachhandelstagung in Mailand schicken, weil Sie an der (jetzt zum ersten Mal erwähnten) Veranstaltung XY nicht teilgenommen haben.*
- *Ihre Beförderung ist erst mal auf Eis gelegt, weil sich aus der derzeitigen Firmenpolitik X oder Y ergeben hat.*

Ohne Ihre Vorarbeit könnten Sie jetzt nur noch sagen: »Oh, na gut.« Da Sie aber bestimmte Grundlagen geschaffen haben, befindet sich Ihr Chef nun in einer Situation, in der er Ihnen etwas schuldet.

Bringen Sie so ruhig wie möglich noch einmal zur Sprache, dass Sie die Vorgaben übererfüllt haben und für diesen Fall bestimmte Zusagen gemacht wurden. Dann fragen Sie Ihren Chef, was er zu tun gedenkt, etwa folgendermaßen:

Beispiele:

- *Ich habe zur Kenntnis genommen, dass die Gehälter auf Eis gelegt wurden. Wie können Sie in meinem Fall eine Ausnahme erreichen?*
- *Da ich jetzt zum ersten Mal von dieser Voraussetzung erfahre, bin ich etwas irritiert, wie ich sie Ihrer Meinung nach hätte erfüllen können. Was werden Sie, wenn Sie mich also nicht nach Mailand schicken, stattdessen für mich tun, in Anbetracht der Tatsache, dass ich die Vorgaben, die Sie zu Beginn des Jahres gemacht haben, eingehalten habe?*
- *Das klingt nach einem ernsten Problem. Eine Beförderung steht demnach nicht in Ihrer Macht. Gibt es denn etwas, was Sie mir stattdessen anbieten können? Freizeitausgleich zum Beispiel? Wie wäre es also mit einer Woche Extraurlaub dieses Jahr statt der Beförderung?*

Lassen Sie nicht zu, dass Ihr Chef sich aus seiner Verpflichtung herausstiehlt, ohne Ihnen in irgendeiner Weise entgegenzukommen. Sonst wird er ständig eine Möglichkeit finden, Verpflichtungen, die er Ihnen gegenüber eingegangen ist, nicht einzuhalten.

Stellen Sie am Ende des Mitarbeitergesprächs und der Leistungsbeurteilung dieselben Fragen, die Sie bereits in Schritt eins gestellt haben. Und dokumentieren Sie die Ergebnisse des Gesprächs.

Kurzfassung

Nutzen Sie die Leistungsbeurteilung

- Klären Sie, welche Vorgaben Sie erreichen sollen.
- Ziehen Sie regelmäßig eine Zwischenbilanz des Erreichten, gemessen an den Vorgaben.
- Schreiben Sie selbst den Entwurf für die Leistungsbeurteilung oder liefern Sie die Stichpunkte dafür.
- Bestehen Sie auf einer ersatzweisen Vergütung, sollte Ihr Chef seine Zusagen nicht einhalten.

Erfolgsgeheimnis Nr. 5: Wie Sie eine Gehaltserhöhung verlangen

Im vorangegangenen Erfolgsgeheimnis habe ich erklärt, wie Sie Ihre Mitarbeiterbeurteilung nutzen können, um von Ihrem Chef Zugeständnisse zu erzielen. Das Erfolgsgeheimnis kann Ihnen aber auch dann eine Gehaltserhöhung verschaffen, wenn gerade keine Leistungsbewertung ansteht. Hier verrate ich Ihnen, wie.

1. Machen Sie sich klar, warum eine Firma Gehaltserhöhungen gewährt

Unternehmen sehen Löhne und Gehälter als Kostenfaktor. Wenn Sie eine Gehaltserhöhung fordern, heißt das daher, dass Sie Ihren Chef bitten, mehr vom Profit der Firma, von den Barreserven oder Krediten für Sie auszugeben statt für andere Dinge.

Aus der Managementperspektive hat Ihr Gehalt (und die Gehaltserhöhung) nicht das Geringste mit Ihrem Bedarf zum Lebensunterhalt zu tun oder mit dem, was Sie an Entlohnung verdient haben. Sowohl das Gehalt als auch die Gehaltserhöhung hängen lediglich davon ab, was es kosten würde, Sie zu ersetzen.

Wenn die Kosten, Sie zu ersetzen, höher sind als das, was man für Ihr Gehalt ausgibt, können Sie eine Gehaltserhöhung verlangen und mit Recht annehmen, sie auch zu bekommen. Andernfalls werden Sie die Erhöhung nicht bekommen. Es ist wirklich so simpel.

2. Wissen, wo Sie ansetzen können

Wenn Sie eine Gehaltserhöhung fordern, bitten Sie im Grunde Ihren Chef, die Kosten für Ihre Gehaltserhöhung den Kosten gegenüberzustellen, die entstehen würden, um Sie zu ersetzen. Es liegt daher in Ihrem Interesse, die Aufmerksamkeit Ihres Vorgesetzten auf die Kosten zu lenken, die bei einem Ersatz entstehen würden. Fünf Faktoren spielen dabei eine Rolle:

1. **Gehalt.** Wenn Ihr Gehalt geringer ist als das Durchschnittsgehalt für eine vergleichbare Stelle in Ihrer Region, ist die Wahrscheinlichkeit groß, dass Ihr Chef einem Nachfolger mehr zahlen müsste als Ihnen.
2. **Kosten fürs Bewerbungsverfahren.** Bewerber mit speziellen Kenntnissen zu finden, Bewerbungsgespräche zu führen und jemanden auszuwählen (der vielleicht zusagt, vielleicht aber auch nicht) kostet Zeit und Geld. Wenn ein Personalvermittler eingeschaltet werden muss, entstehen ganz unmittelbar Kosten.
3. **Schulungskosten.** Wenn Sie über spezielle Kenntnisse und Fertigkeiten verfügen, die auf dem Arbeitsmarkt in der Regel nicht angeboten werden, wird Ihre Firma eigens Schulungen durchführen müssen, um diese einem potenziellen Nachfolger zu vermitteln.
4. **Folgeschäden.** Wenn Kollegen und Kunden Sie sehr schätzen, wird die Firma womöglich auch Kunden und Mitarbeiter verlieren, die ebenfalls abwandern, weil Sie nicht mehr da sind. Für diese müsste ebenfalls Ersatz gefunden werden.
5. **Verluste durch entgangene Geschäfte** Wenn Sie die Firma verlassen, wird für eine Übergangszeit niemand Ihre Aufgaben wahrnehmen können. Je nachdem, womit Sie befasst sind, kann das einen Verlust an Produktivität oder Profit bedeuten.

Dabei sollten Sie jedoch beachten, dass diese Kostenpunkte nur dann relevant sind, wenn Sie den Job wirklich wechseln könnten. Deshalb müssen Sie immer andere Eisen im Feuer haben (siehe »Erfolgsgeheimnis Nr. 22: Wie Sie Ihre Karriere absichern«).

3. Schaffen Sie Grundlagen

Da Sie nun wissen, welche Druckmittel Ihnen zur Verfügung stehen, sollten Sie die Grundlage für eine ergiebige Gehaltsverhandlung legen und begründen können, warum Ihre Firma mehr Geld für Sie ausgeben sollte.

Fangen wir mit dem Einfachsten an: den Gehaltsspannen. Angaben zu Gehaltsabstufungen nach Region, Tätigkeit und Berufserfahrung findet man auf vielen Webseiten.

Wenn Ihr Job genau in eine dieser Kategorien passt, Sie weniger als das Durchschnittsgehalt bekommen, aber mindestens einen durchschnittlich guten Job machen, haben Sie offenkundig gute Chancen auf eine Gehaltserhöhung. Leider ist es nicht immer ganz so einfach:

Wenn Sie über dem Durchschnitt liegen, liegt es im Ermessen Ihres Chefs, wie viel besser Sie im Vergleich zum Durchschnitt sind. Also müssen Sie zeigen, dass Sie etwas Besonderes sind (dazu später mehr).

Wenn Sie eine Sonderqualifikation erlangt haben (siehe »Erfolgsgeheimnis Nr. 24: Wie Sie Ihren Traumjob finden«) oder mehr als eine Tätigkeit ausüben, also etwa sowohl im Vertrieb arbeiten als auch im technischen Support, werden die Kategorien dieser Gehaltsvergleiche auch nicht greifen.

Ich habe zum Beispiel zu Beginn meiner Berufstätigkeit sowohl die Handbücher zu den Betriebssystemen geschrieben, als auch deren Programmierung entwickelt. In diesem Fall war das Durchschnittsgehalt für einen Programmierer kein sinnvoller Parameter, denn was ich gemacht habe, ließ sich nicht damit vergleichen. (Also habe ich mehr Geld verlangt und mehrere Jahre lang prozentual zweistellige Gehaltserhöhungen erhalten.)

Wenn die Kategorien jedoch auf Sie zutreffen und Sie unterbezahlt sind, sollten Sie Ihrem Chef eine Mail mit den entsprechenden Links »zur Kenntnisnahme« schicken. Sie können sicher sein, dass er den Wink versteht.

Davon abgesehen ist manchen Vorgesetzten nicht klar, was für einen kostspieligen Aufwand es wahrscheinlich bedeutet, Sie zu ersetzen, also sollten Sie Informationen zusammentragen, die diese Kosten offensichtlicher werden lassen. Erwähnen Sie beiläufig (lange bevor Sie eine Gehaltserhöhung verlangen), dass Personalprofis schätzen, es würde das zwei- bis dreifache Jahresgehalt eines Angestellten kosten, diesen zu ersetzen. Da Ihr Vorgesetzter das weiß und nun weiß, dass Sie es auch wissen, haben Sie damit ein zusätzliches Druckmittel.

Machen Sie nun eine Liste von all den Schulungen und Zusatzqualifikationen, die Sie erhalten haben, seit Sie in der Firma sind, sei es durch gezielte Trainings oder durch Berufserfahrung. Setzen Sie eine E-Mail an Ihren Chef auf, beispielsweise mit diesem Inhalt:

Beispiel:

[Anrede],
ich habe einmal eine Zusammenstellung all der Fortbildungen und zusätzlichen Qualifikationen gemacht, die mir die Firma ermöglicht hat (eine Auflistung finden Sie unten), und möchte mich an dieser Stelle ausdrücklich für diese Investition in meine berufliche Weiterentwicklung bedanken.

Eine solche Mail ist durchaus angemessen (Sie *sind* doch dankbar dafür, oder?) und streift dabei dezent das Thema, was es kosten würde, jemand anderen entsprechend auszubilden.

Bitten Sie schließlich noch Kunden und Kollegen um Referenzen und eine möglichst lobende Rückmeldung, wenn sie mit Ihrer Arbeit offenbar zufrieden waren. Angenommen, Sie erhalten einen Dankesanruf von einem Kollegen aus einer anderen Abteilung. Schicken Sie ihm daraufhin folgende Mail:

Das habe ich wirklich sehr gern getan! Würde es Ihnen etwas ausmachen, meinem Chef zu schreiben, dass ich Ihnen in dieser Angelegenheit weiterhelfen konnte? Es wäre nett, wenn Sie mich dabei ins CC setzen würden!

Idealerweise leiten Sie an Ihren Chef auch lobende Mails von Kunden oder anderen Mitarbeitern weiter, aus denen nicht nur hervorgeht, dass Sie hervorragende Arbeit geleistet haben, sondern auch erkennbar ist, dass Kunden und Kollegen es bedauern würden, Sie nicht mehr an diesem Arbeitsplatz zu sehen.

4. Erstellen Sie ein Dossier

Vereinbaren Sie einen Gesprächstermin mit Ihrem Chef, um »Ihre Zukunft zu diskutieren«. Vor diesem Treffen sollten Sie eine Liste all dessen aufstellen, was Sie zum finanziellen Erfolg der Firma beigetragen haben. Darauf sollten die *Ergebnisse* Ihrer Tätigkeiten stehen, nicht die Tätigkeiten als solche.

So nicht:

- Mitarbeit an Angebotserstellungen für Meyer und Co.
- Bearbeitung von Kundenanfragen

Sondern so:

- Ausarbeitung von Detailvereinbarungen im Angebot für Meyer und Co., die zu einem Auftrag über 1 Million Euro geführt haben
- Verbesserung unserer Gesamtkundenzufriedenheit um 25 Prozent

Idealerweise können Sie Mails beifügen, in denen Sie lobend erwähnt werden. Im ersten Fall beispielsweise wäre das eine E-Mail vom Leiter des Angebotsteams, der Ihren Beitrag lobt und bekräftigt, wie wichtig es war, den Auftrag dieses Kunden zu bekommen.

Machen Sie davon je zwei Ausdrucke. Sofern die Gehaltsinformationen aus dem Internet relevant sind, machen Sie auch davon zwei Ausdrucke. Markieren Sie die wichtigen Stellen. So sind Sie gut vorbereitet für das Gehaltsgespräch.

5. Machen Sie Ihren Standpunkt klar

Übernehmen Sie zu Beginn des Gesprächs die Führung und geben Sie die Richtung vor, indem Sie sagen: »Ich sehe eine Diskrepanz zwischen dem, was ich der Firma einbringe, und dem, was es mir einbringt. Das würde ich gern besprechen.«

Ihr Chef wird nicht allzu begeistert sein, dass Sie dieses Thema zur Sprache bringen. Wenn Sie jedoch die entsprechenden Grundlagen geschaffen haben (Schritt drei), wird er zumindest nicht überrascht sein. Ihr Vorgesetzter wird vielleicht versuchen, die Unterhaltung folgendermaßen abzublocken:

- *Wir können Ihnen zurzeit keine Gehaltserhöhung zahlen.*
- *Über eine Gehaltserhöhung können wir nur auf der Basis Ihrer Leistungsbeurteilung reden.*
- *Die firmeninterne Leitlinie sieht für dieses Jahr keine Gehaltserhöhungen vor.*

In dem Fall lautet Ihre Antwort: »Wer redet von Gehaltserhöhung? Ich wollte über die Diskrepanz zwischen meinem Wert für die Firma und meiner Entlohnung sprechen.«

Geben Sie Ihrem Chef eine Kopie des Materials, das Sie zusammengestellt haben. Da Sie Ihre Hausaufgaben gemacht haben, stehen die Chancen gut, dass Ihr Vorgesetzter zugibt, dass eine Diskrepanz besteht. In dem Fall können Sie zu Punkt sieben springen.

6. Gehen Sie auf Einwände ein

Lassen Sie sich nicht dazu hinreißen, etwas zu bestreiten oder zuzugeben, wenn Ihr Chef Einwände hinsichtlich der Einordnung Ihrer Beiträge hat. Gehen Sie stattdessen in einer Weise darauf ein, die Ihrem Chef zustimmt, aber Ihr eigenes Argument bestärkt:

Beispiel 1:

Chef: *Ich bin nicht der Meinung, dass Sie einen so großen Einfluss auf die Angebotserstellung für Meyer und Co. hatten.*

So nicht:
Sie: *Da kann ich Ihnen überhaupt nicht zustimmen.*

Sondern so:
Sie: *Ich kann nachvollziehen, dass es aus Ihrer Perspektive nicht danach aussehen mag. Aus der E-Mail des Produktionsleiters von Meyer und Co. geht jedoch klar hervor, dass ich darauf Einfluss hatte.*

Beispiel 2:

Chef: *Es kostet eine Menge Geld, Sie zu schulen. Sie sollten dankbar dafür sein.*

So nicht:
Sie: *Es war harte Arbeit, all das zu lernen. Dafür sollte ich auch bezahlt werden.*

Sondern so:
Sie: *Ja, ich weiß es zu schätzen, dass mir die Schulungen die Möglichkeit gegeben haben, mehr für die Firma tun zu können und meinen Wert zu erhöhen. Deshalb besteht jetzt diese Diskrepanz.*

Beispiel 3:

Chef: *Wir erwarten von jedem Einzelnen hervorragende Arbeit.*

So nicht:
Sie: *Ja, aber ich denke, ich bin noch besser als die anderen, und deshalb sollten Sie mir mehr bezahlen.*

Sondern so:
Sie: *Ich freue mich, dass Sie meine Arbeit als hervorragend beurteilen. Das sehe ich auch so.*

Vergessen Sie nicht: Sie wollen erreichen, dass Ihr Chef zugibt, dass tatsächlich eine Diskrepanz besteht zwischen dem, was Sie an Gehalt bekommen, und dem, was Sie wert sind. Nachdem Sie seine Einwände entkräftet haben, stellen Sie die folgende Frage:

> **Sie:** *Sind wir uns damit einig, dass ich in Anbetracht meines Werts für die Firma besser bezahlt werden sollte?*

Wenn Ihr Vorgesetzter Nein sagt, ist die Diskussion beendet. Sie können daraus schließen, dass Sie bei diesem Chef keine Gehaltserhöhung erhalten werden, egal, was Sie sagen oder tun. Das ist nicht schön, aber wenigstens wissen Sie, woran Sie sind.

Wenn Ihr Chef Ja oder Vielleicht antwortet (was so viel heißt wie Ja, aber mir gefällt die Richtung nicht, die dieses Gespräch nimmt), gehen Sie zum letzten Schritt über.

7. Bringen Sie Ihren Chef in Zugzwang

Wenn Sie erst einmal erreicht haben, dass Sie mehr bekommen sollen, können Sie Ihren Chef fragen: »An welche Erhöhung denken Sie?«

Entweder erhalten Sie eine Zusage (»Ich werde Ihr Gehalt um zehn Prozent erhöhen«), oder Ihr Vorgesetzter wird versuchen, Sie hinzuhalten oder das Thema zu wechseln. Egal, was er sagt, versuchen Sie, eine klare Zusage zu bekommen, solange Sie die Karten in der Hand haben.

Beispiel 1:

Chef: *Ich werde sehen, was ich tun kann.*
Sie: *Was genau wollen Sie tun?*

Beispiel 2:

Chef: *Ich kann Ihnen keine Gehaltserhöhung geben, weil unsere Gehälter derzeit eingefroren sind.*
Sie: *Wir wissen beide, dass es immer eine Ausnahme gibt. Wie können Sie den Gehaltsstopp umgehen, damit ich angemessen bezahlt werde?*

Beispiel 3:

Chef: *Ich kann Ihnen mehr zahlen, wenn Sie das Projekt XY übernehmen.*
Sie: *Ich freue mich, dass wir über zukünftige Projekte reden, aber wir haben doch bereits festgestellt, dass ich unter Wert bezahlt werde. Wie wollen Sie das ändern?*

Das ist der entscheidende Punkt: Wenn Sie Ihren Chef erst einmal dazu gebracht haben einzugestehen, dass es eine Diskrepanz zwischen Ihrem Wert für die Firma und dem gibt, was man Ihnen zahlt, dürfen Sie ihn nicht von der Angel lassen, bis Sie eine klar bezifferte Zusage bekommen haben.

Kurzfassung

Eine Gehaltserhöhung verlangen

- Niemanden interessiert es, was Sie brauchen oder wie viel Sie an Bezahlung erwarten.
- Ihr Gehalt hängt von Ihrem Beitrag zum finanziellen Erfolg der Firma ab.
- Lassen Sie Ihren Chef wissen, was es kosten würde, Sie zu ersetzen.
- Sammeln Sie Anschauungsmaterial, um Ihr Anliegen zu untermauern.
- Zeigen Sie eine Diskrepanz zwischen Ihrem Wert und Ihrer Bezahlung auf.
- Erwidern Sie Einwände so, dass Sie damit Ihr Anliegen bestärken.
- Bleiben Sie hartnäckig, bis Sie eine Zusage mit einer »Hausnummer« haben.

Erfolgsgeheimnis Nr. 6: Wie Sie mit unzumutbaren Anforderungen umgehen

Selbst die besten Chefs können schon mal Unmögliches verlangen. Sie sollten deshalb darauf vorbereitet sein, angemessen zu reagieren, wenn Ihr Vorgesetzter Sie um etwas bittet, das entweder nicht zu Ihrer Jobbeschreibung gehört oder zu viele Überstunden bedeuten würde.

1. Überlegen Sie, ob der Auftrag wirklich unzumutbar ist

Die Art von unzumutbarer Anforderung, mit der Sie es als Angestellter am meisten zu tun haben werden, ist die, ständig mehr als 40 Stunden in der Woche zu arbeiten. Ebenso häufig sind »niedrige« Tätigkeiten, die gängigerweise nicht zu Ihrem Aufgabengebiet gehören, also etwa Dateneingabe, wenn Sie für den technischen Support eingestellt wurden.

Andere unzumutbare Aufgaben sind persönliche Dienstleistungen für den Chef. Ich las beispielsweise letztens von einer Managerin, die erwartete, dass ihre Angestellten die Gäste ihrer Privatparty bewirteten.

Letztlich ist es an Ihnen zu entscheiden, was Sie für unzumutbar halten. Aber vergessen Sie nicht: Wenn Sie nicht gleich eine Grenzlinie ziehen, wird das, was ursprünglich unzumutbar war, stillschweigend zum Teil Ihres Aufgabenbereichs. Und das wird es sehr viel schwieriger machen, solche Anfragen zukünftig abzulehnen.

Wenn Sie der Meinung sind, dass ein Anliegen absolut inakzeptabel ist, können Sie gleich zu Schritt drei übergehen. Wenn sich das Anliegen in einer Grauzone befindet, machen Sie weiter mit Schritt zwei. Sonderfall: Wenn Ihr Chef etwas von Ihnen verlangt, das illegal ist, rufen Sie Ihren Anwalt an und setzen Sie Ihren Fluchtplan in Kraft (siehe »Erfolgsgeheimnis Nr. 22: Wie Sie Ihre Karriere absichern«).

2. Verlangen Sie eine Gegenleistung

Wenn Ihr Chef bisher bereit war, nach der Devise »Eine Hand wäscht die andere« zu verfahren, können Sie ein eigentlich unzumutbares Anliegen auch zu Ihrem Vorteil nutzen. Wenn Ihr Vorgesetzter beispielsweise in der Vergangenheit Überstunden unter der Hand mit Freizeit ausgeglichen hat, können Sie vielleicht einen Deal mit ihm machen.

Wenn Sie das für möglich halten, sollten Sie abschätzen, wie viel Zeit und Energie das Anliegen in Anspruch nehmen würde. Auf der Grundlage dieser Schätzung können Sie ihm einen Gegenvorschlag machen, der Ihre eigene Karriere voranbringt und Ihr Leben bereichert.

Beispiel:

»Ich kümmere mich gern um das Catering auf Ihrer Party, wenn Sie mich dafür diesen Winter zur User Group Conference auf Mallorca schicken.«

Wichtig ist hier, dass Sie damit einen Präzedenzfall schaffen. Indem Sie etwas Nennenswertes zum Ausgleich verlangen, machen Sie Ihrem Chef deutlich, dass Sie kein Trottel sind. Das wird solche unverhältnismäßigen Anfragen in der Zukunft minimieren.

3. Sagen Sie Nein, wenn es nötig ist

Das kann man auf falsche oder richtige Weise machen.

Falsch wäre es, Ausreden vorzubringen.

Beispiel:

»Ich würde wirklich gern am Wochenende arbeiten, aber dann riskiere ich eine Anklage wegen Kindesvernachlässigung.«

Auch wenn das zunächst nach einem einfachen Ausweg aussieht, könnte die unangemessene Anfrage dann bei nächster Gelegenheit in abgewandelter Form wieder auftauchen. (Etwa: »Könnten Sie vielleicht die Mittagspause durcharbeiten?«)

Besser ist es, eine Diskussion der Prioritäten anzustrengen, die die Anfrage ins richtige Verhältnis setzt. Sagen Sie etwas wie: »Wenn ich mich ganz auf A konzentriere, werde ich mich B nicht vollkommen widmen können. Was hat Vorrang?«

Wenn der Chef darauf besteht, ist es vielleicht notwendig, direkter zu werden, etwa: »Nein, das werde ich nicht tun, weil ... [aus einem einleuchtenden Grund, den hoffentlich auch Ihr Chef einleuchtend findet].« Hier ist ein Beispiel aus den Anfängen meiner Berufslaufbahn:

Beispiel:

Chef: *Können Sie diese handschriftlichen Notizen bitte abtippen?*
Ich: *Ich wurde als Autor eingestellt, nicht als Schreibkraft. Daher werde ich das leider nicht für Sie tun können.*

Diese Haltung könnte als »falsche Einstellung« bewertet werden und dazu führen, dass Ihr Vorgesetzter verärgert ist und Ihnen womöglich zukünftig schadet. Daher müssen Sie sich mehrere Optionen offenhalten.

Ihrem Chef gegenüber so direkt zu sein mag schwierig erscheinen, aber Nein zu sagen ist eine Fertigkeit wie viele andere. Je öfter Sie es tun, desto leichter wird es Ihnen fallen.

Kurzfassung
Umgang mit unangemessenen Anfragen

- Seien Sie flexibel im Hinblick auf das, was unzumutbar ist.
- Sorgen Sie für eine Gegenleistung, wenn Sie darauf eingehen.
- Entwickeln Sie den Mut, Nein zu sagen.

Erfolgsgeheimnis Nr. 7: Wie Sie sich einem unbeherrschten Chef gegenüber verhalten

Manche Vorgesetzte haben ihr Temperament nicht im Griff und schreien ihre Mitarbeiter an. Wenn Ihr Chef auf diese »Führungsstrategie« setzt, sollten Sie dem gleich einen Riegel vorschieben. Wenn Sie es nicht tun, wird sich dieses Benehmen wiederholen, und Ihnen wird Tag für Tag vor der Arbeit grauen.

1. Machen Sie sich klar, dass dies kein normales Verhalten ist

Dass ein Chef seine Angestellten anschreit, halten manche für unangenehmes, aber normales Führungsverhalten. Das ist es nicht. Ungeachtet der Geschäftssituation und unabhängig davon, wie angespannt der Vorgesetzte ist, haben Sie das Recht, mit Anstand und Respekt behandelt zu werden.

Chefs, die ihren Ärger und ihren Frust am Arbeitsplatz ablassen, verhalten sich unreif und selbstgerecht. Sie benutzen andere Leute als Ventil für ihre Ängste und Sorgen. Unbeherrschtes, ja despotisches Verhalten ist eine Art von *Missbrauch*.

2. Beschwichtigen Sie nicht

Auf einen wütenden Chef reagieren die meisten Leute erst mal mit entsetztem Anstarren, und dann versuchen sie, ihn mit Entschuldigungen zu beruhigen – selbst dann, wenn es für den Mitarbeiter keinen vernünftigen Grund gibt, sich zu entschuldigen.

Leider signalisiert der Versuch, jemanden zu beschwichtigen, der sich so verhält, dass man dieses Benehmen für akzeptabel hält und bereit ist, es zu tolerieren. Tun Sie stattdessen Folgendes:

3. Stellen Sie sich auf die Hinterbeine

Wie Hunde können Despoten die Angst riechen. Und wie Hunde neigen sie dazu zurückzuweichen, wenn der andere Hund zurückknurrt. Aber schreien Sie nicht, das lässt den Konflikt nur eskalieren. Passen Sie sich stattdessen der Intensität im Blick und im Gesichtsausdruck des Gegenübers an.

Sie müssen es sich so vorstellen: Jeder wünscht sich, mit anderen in Kontakt zu treten (und das gilt auch für Ihren Chef) – es geht also um das Gefühl, dass er gehört wird. Wenn Sie kneifen, können Sie jedoch keine wirkliche Verbindung zu Ihrem Chef herstellen. Erwidern Sie also den Blick und legen Sie etwas Nachdruck in Ihre Stimme.

4. Reden Sie Tacheles

Machen Sie deutlich, dass Sie bereit sind, nach einer Lösung für das zu suchen, was den Despoten aufgebracht hat, aber auch, dass Sie einen Machtmissbrauch nicht tolerieren werden. Nehmen Sie kein Blatt vor den Mund. Machen Sie deutlich, dass Sie von jedem erwarten, anständig behandelt zu werden – und zwar auch von Ihrem Chef. In neun von zehn Fällen wird er einlenken, denn wenn vernünftige Leute einmal die Nerven verlieren, wissen sie, dass sie sich unpassend benehmen, und sind froh über eine Möglichkeit, die Fassung wiederzufinden.

5. Gehen Sie, wenn der Machtmissbrauch anhält

Es kommt jedoch vor, dass jemand so cholerisch ist, dass er die negativen Emotionen nicht mehr im Griff hat und nicht in der Lage ist aufzuhören. Wenn das der Fall ist, sollten Sie deutlich machen, dass Sie gern bereit sind, die Angelegenheit zu besprechen, sobald der Despot bereit ist, Sie mit dem Respekt zu behandeln, den Sie verdienen.

Verlassen Sie daraufhin die unmittelbare Umgebung oder legen Sie auf, sofern Sie gerade miteinander telefonieren. Wenn Sie sich so verhalten, schützen Sie nicht nur sich selbst vor der Übergriffigkeit, sondern erteilen dem cholerischen Despoten auch eine Lektion. Zudem bewahren Sie ihn davor, sein Ansehen noch weiter zu untergraben.

6. Distanzieren Sie sich von der Situation

Wenn der Choleriker sich nicht beruhigt und Sie gezwungen sind, sich zu entfernen oder aufzulegen, sind Sie zweifelsohne selbst aufgebracht oder verärgert. Wenn es irgend möglich ist, sollten Sie es vermeiden, jetzt mit irgendeinem Menschen in Kontakt zu treten, der mit Ihnen arbeitet, damit Sie nicht am Ende etwas sagen, das Sie bereuen könnten.

Gehen Sie stattdessen irgendwohin, wo Sie ungestört sind und mit Ihren Gefühlen auf die für Sie passende Weise ins Reine kommen können. Vielleicht, indem Sie einen Freund oder jemanden aus Ihrer Familie anrufen, um Ihren Frust abzulassen und sich moralische Unterstützung zu holen.

7. Besprechen Sie den Vorfall, sobald der Choleriker sich beruhigt hat

Sobald Sie so zivilisiert behandelt werden, wie Sie es verlangt haben – und nur dann! –, können Sie das Problem ansprechen, das die Person so aus der Fassung gebracht hat. Geben Sie zu Beginn der Unterhaltung mit dem (nun hoffentlich ruhigeren) Chef zu verstehen, dass Sie alles dafür tun werden, eine Lösung für den Sachverhalt zu finden.

Bewahren Sie eine positive und professionelle Haltung. Ja, es ist eine Schande, dass es Ihrem Vorgesetzten an emotionaler Stärke und Selbstbewusstsein fehlt, aber der Zweck der Unterhaltung ist ein geschäftlicher und nicht der, ihm ins Gewissen zu reden, weil er sich wie ein Idiot aufgeführt hat.

8. Bereinigen Sie die Beziehung

Jetzt kommt der schwierige Teil. Fragen Sie sich: »War das ein einmaliger Ausrutscher, oder wird das ständig vorkommen?« Wenn es ein außergewöhnlicher Vorfall war, können Sie es vernachlässigen. Wir sind alle Menschen. Manchmal haben wir Aussetzer.

Wenn so ein Mist jedoch öfter vorkommt, ist es an der Zeit, Ihren Notfallplan zu aktivieren (siehe »Erfolgsgeheimnis Nr. 22: Wie Sie Ihre Karriere absichern«).

Kurzfassung

Umgang mit einem Tyrannen

- Versuchen Sie nicht, den Tyrannen zu beruhigen oder sich zu entschuldigen.
- Bestehen Sie auf einem respektvollen, professionellen Verhalten.
- Verlassen Sie die unmittelbare Umgebung, wenn das unprofessionelle Verhalten beibehalten wird.
- Bringen Sie Ihre Gefühle auf privater Ebene ins Reine.
- Greifen Sie den Vorfall später noch einmal auf.
- Überlegen Sie, ob das Arbeitsverhältnis es wert ist.

Teil 2

Wie Sie Ihre Kollegen richtig behandeln

Ihr Verhältnis zu den Kollegen ist fast so wichtig wie das zu Ihrem Chef. Schließlich sehen Sie sie öfter als Ihren Vorgesetzten, Sie sind auf sie angewiesen, um Ihre Arbeit zu machen, und der tägliche Umgang mit ihnen macht einen großen Teil Ihres Arbeitslebens aus.

So wie Sie das Verhältnis zu Ihrem Chef in die richtigen Bahnen lenken müssen, müssen Sie das auch mit Ihren Kollegen tun. Sie wollen, dass sie Sie dabei unterstützen, erfolgreicher zu werden, während Sie umgekehrt bereit sind, das Gleiche zu tun.

Dieser Teil des Buches hilft Ihnen, Ihre Kollegen besser zu verstehen, sodass Sie zusammen daran arbeiten können, gemeinsame Ziele zu erreichen. Er hilft Ihnen auch, wenn es darum geht, mit, nun ja, weniger hilfreichen Kollegen klarzukommen.

Dieser Teil ist folgendermaßen aufgebaut:

- *Wie Sie den Respekt Gleichgestellter erlangen* erläutert, was Sie regelmäßig tun sollten, um sicherzustellen, dass Ihre Kollegen Sie als ein wichtiges Mitglied Ihres Teams ansehen, das wertvolle Beiträge leistet.
- *Wie Sie eine saubere Büropolitik betreiben* stellt Ihnen ein einfaches Muster zur Verfügung, wie Sie so miteinander umgehen können, dass Sie und Ihre Kollegen sich gegenseitig unterstützen. Die Betonung liegt dabei auf

der Art von Abkommen, mit der jeder noch erfolgreicher ist.

- *Wie Sie einen Mentor finden* liefert Orientierungshilfen, wie Sie einen Kollegen (in der Regel nicht Ihr Chef) finden, der persönliches Interesse an Ihrer Karriere hat und Sie dabei unterstützt, den vielfältigen Ansprüchen Ihres Jobs gerecht zu werden.
- *Wie Sie die zehn nervigsten Kollegentypen in den Griff bekommen* beschreibt Leute, die Ihnen früher oder später über den Weg laufen werden, und erläutert, wie Sie mit deren eigentümlichen (und oft amüsanten) Verhaltensmustern umgehen können.
- *Wie Sie mit der Rechtsabteilung umgehen* behandelt den Spezialfall der Zusammenarbeit mit den Juristen, die gern mal der »Sand im Getriebe« glatter Geschäftsabläufe sind. Ich beschreibe, wie man sie sich zunutze macht, statt zuzulassen, dass sie den Laden unnötig aufhalten.
- *Wie Sie soziale Netzwerke richtig nutzen* erklärt, wie Sie sich im Internet so darstellen, dass Ihre Kollegen (und alle anderen, die mit Ihnen zusammenarbeiten) wissen, mit wem sie es zu tun haben und was Sie erreichen wollen.
- *Wie Sie im Meeting glänzen* vermittelt Ihnen, wie Sie Meetings umgehen, die für Ihre Karriere nichts bringen, und wie Sie in den Meetings, an denen Sie entweder teilnehmen wollen oder müssen, einen guten Eindruck machen.

Erfolgsgeheimnis Nr. 8: Wie Sie den Respekt Gleichgestellter erlangen

Entgegen der allgemeinen Annahme können Sie Respekt nicht schon aufgrund einer Jobbezeichnung oder einer bestimmten Position im Organigramm erwarten. Es gibt sechs Methoden, sich Respekt zu verschaffen, ungeachtet dessen, wo Sie innerhalb der Firmenstruktur stehen oder welchen Status Sie Ihrer Stellenbeschreibung nach haben:

1. Seien Sie Sie selbst, kein Statusträger

Manchmal glauben die Leute, sie müssten einem bestimmten Rollenbild gerecht werden, um den Respekt anderer zu erlangen. Chefs meinen, sie müssten Autoritätspersonen sein, Vertriebsmitarbeiter glauben, sie müssten Schnellredner sein, Ingenieure denken, sie müssten Nerds sein, und so weiter.

Wer Sie *wirklich* sind, wird Ihnen jedoch wahrscheinlich mehr Respekt einbringen als Ihre Fähigkeit, eine Rolle zu spielen, die Ihnen nicht wirklich entspricht. Die meisten Menschen haben ein natürliches Gespür für aufgesetztes Verhalten, und Leute, die etwas vortäuschen, gelten als nicht vertrauenswürdig, unsicher und letztlich auch als unbedeutend.

Von Personen, die wirklich sind, was sie zu sein scheinen, fühlen sich die Menschen hingegen angezogen. Sie selbst zu sein (und zwar so gut Sie können) ist die beste Basis, um sich Respekt zu verschaffen.

2. Zeigen Sie Interesse an anderen Menschen

Wenn Sie Interesse an anderen Menschen haben, dann hören Sie zu und achten ganz genau darauf, was sie zu sagen haben. Wenn Menschen merken, dass man ihnen wirklich zuhört, erzählen sie einem von dem, was ihnen im Job wichtig ist, von ihren Träumen, ihre Ängsten, ihre Zielen.

Dieses Wissen vermittelt Ihnen nicht nur einen anderen Blick dafür, wie Sie Ihren Job besser machen können, sondern zeigt Ihnen auch, wie Sie anderen helfen können. Und das ist entscheidend, denn wann immer Sie anderen helfen, erhöht das den Respekt, den sie Ihnen entgegenbringen.

In größerem Zusammenhang betrachtet hilft Ihnen das Interesse an anderen also, Ihre eigene Arbeit besser zu machen. Vorgesetzten wird es leichter fallen, ihre Mitarbeiter zu führen, wenn sie wissen, was in ihnen vorgeht, Vertriebsmitarbeiter werden die Bedürfnisse der Kunden besser verstehen, und Ingenieure werden Produkte entwickeln, die noch mehr Leute verwenden wollen.

3. Ehre, wem Ehre gebührt

Es kann vorkommen (und zwar besonders dann, wenn Sie Ihr Social-Media-Profil aktualisieren), dass Sie sich selbst auf die Schulter klopfen wollen. Wenn Sie jedoch den Respekt Ihrer Kollegen wollen, sollten Sie das nicht allzu oft tun.

Im Geschäftsleben ist Erreichtes in der Regel Teamarbeit. Wenn Sie Leute, die Ihnen bei der Realisierung Ihres Projekts geholfen haben, öffentlich loben, werden die (und alle anderen) das nächste Mal sehr viel eher bereit sein, Ihnen wieder zu helfen.

Und was noch wichtiger ist: Anerkennung zu zollen, die man schuldig ist, zeigt Respekt vor anderen, der wiederum den Respekt vor Ihnen erhöhen wird.

4. Ziehen Sie sich zur Arbeit anständig an

Ob nun zu Recht oder zu Unrecht – die Leute beurteilen Sie nach den optischen Signalen, die Sie aussenden. Wenn Sie jemandem das erste Mal begegnen, wird er sich alles einprägen, was Sie betrifft: Ihre Kleidung, die Uhr, den Schmuck, die Aktentasche, das Make-up, die Anspannung, den Gesichtsausdruck und dergleichen mehr.

Es ist daher in Ihrem Interesse, sich Gedanken darüber zu machen, welchen Gesamteindruck Sie bei der anderen Person wohl hinterlassen werden. Setzen Sie ganz bewusst optische Signale, dass Sie eine Person sind, mit der man gern Geschäfte macht.

Wenn Sie in Stilfragen kein Naturtalent sind, ist es das Beste, einen Kollegen beziehungsweise eine Kollegin oder vielleicht sogar Ihren Chef beziehungsweise die Chefin nach ihrer Meinung zu fragen, um Ihrem Erscheinungsbild den richtigen Schliff zu geben. Wenn irgendetwas daran nicht stimmig ist, sollten Sie daran feilen, bis Sie den optischen Eindruck vermitteln, der Ihren Wunschvorstellungen entspricht.

Soll das heißen, dass Sie Geld für teure Kleidung ausgeben müssen? Unbedingt, wenn Ihr Job es erfordert. Wenn Sie sich den richtigen Look noch nicht leisten können, sollten Sie der passenden Kleidung in Ihrem Budget die oberste Priorität einräumen.

5. Erst denken, dann reden

Niemand hat sonderlichen Respekt vor Quasselstrippen und Plappermäulern. Sortieren Sie also erst einmal Ihre Gedanken und überlegen Sie sich eine passende Formulierung, ehe Sie etwas sagen.

Wenn Sie erst mal innehalten, ehe Sie sprechen, bewahrt Sie das nicht nur vor undurchdachten Äußerungen halb garer Gedanken, es wirkt außerdem besonnen und wohlüberlegt. Und wenn Sie auf die Äußerung von jemand anderem eingehen, zeigt es, dass Sie sich die Zeit genommen haben, das Gehörte zu verarbeiten.

Nachzudenken, bevor Sie reden, bewahrt Sie außerdem davor, Klatsch und Tratsch weiterzutragen und Dinge zu sagen, die Sie später bereuen. Wie Abraham Lincoln schon sagte: Besser schweigen und als Narr scheinen, als sprechen und jeden Zweifel beseitigen.

6. Strahlen Sie Souveränität aus

Bei vielen Leuten geht die Stimme nach oben, wenn sie nervös werden, sodass der Klang durch die Nase geht. Dadurch hört sich leider auch die tiefste Weisheit nach einem irritierenden Winseln an. Wenn Sie aus voller Brust sprechen, klingt es nicht nur selbstbewusster, es fühlt sich auch so an und ist somit auch respekteinflößender.

Verbale Füllsel wie »äh«, »also«, »ich sag mal« und dergleichen oder ein fragender Tonfall lassen Sie unsicher und unklar wirken. Man wird Ihnen größeren Respekt entgegenbringen, wenn Sie sich so anhören, als wüssten Sie, wovon Sie reden.

Manchmal haben sich solche sprachlichen Angewohnheiten dermaßen eingeschliffen, dass der Sprecher es schon gar nicht mehr merkt. Nehmen Sie sich selbst auf und hören Sie sich an, wie Sie wirklich klingen. Üben Sie so lange, bis Sie sich selbstbewusst anhören, für sich selbst ebenso wie für andere.

Kurzfassung
Den Respekt der Kollegen erlangen

- Seien Sie Sie selbst, statt eine Rolle zu spielen.
- Zeigen Sie Interesse an anderen Leuten.
- Teilen Sie die Ruhmeslorbeeren mit den anderen.
- Achten Sie bei Ihrer äußeren Erscheinung auf die angestrebte Wirkung.
- Sprechen Sie mit voller Stimme und ohne Füllsel oder Frageton.

Erfolgsgeheimnis Nr. 9: Wie Sie eine saubere Büropolitik betreiben

Die meisten Leute denken, Büropolitik sei schlecht fürs Geschäft. Nichts könnte weiter von der Wirklichkeit entfernt sein. Sie ist ein unverzichtbarer Teil der Businessprozesse, egal, ob Sie Geschäftsführer, Vertriebsmitarbeiter oder Praktikant für einen Sommer sind.

Das Wort »Politik« leitet sich vom griechischen *politikos* ab, was diejenigen Tätigkeiten, Gegenstände und Fragestellungen bezeichnet, die das Gemeinwesen betreffen. Weit entfernt davon, etwas Negatives zu sein, ist Politik nichts Geringeres als die Kunst und das Wissen darum, wie man Leute beeinflusst.

Im Folgenden finden Sie ein Vier-Punkte-Programm zur Herangehensweise an eine Büropolitik, die ohne Tricks und Täuschungsmanöver auskommt (alias schmutzige Politik, die *wirklich* schlecht fürs Geschäft ist, mehr dazu unter »Erfolgsgeheimnis Nr. 43: Wie Sie schmutziger Büropolitik entgegenwirken«).

1. Wie Sie Bedürfnisse offenlegen und verstehen

1. **Persönliche Bedürfnisse** reflektieren die Persönlichkeit eines Individuums und das, was sich dieses von einer Erfahrung verspricht – Anerkennung, Ausgleich, Herausforderung, Unterhaltung und so weiter.
2. **Karrierewünsche** ergeben sich daraus, wie der Einzelne seine persönlichen Bedürfnisse über verschiedene Berufserfahrungen und Firmen erfüllen will. Das Bedürfnis, im Mittelpunkt zu stehen, ist zum Beispiel ein persönliches Bedürfnis; das Bedürfnis, Chefprogrammierer zu werden (um diesem Bedürfnis nach erhöhter Aufmerksamkeit gerecht zu werden), ist ein Karrierewunsch.
3. **Berufliche Erfordernisse** sind die Ressourcen, die der Einzelne benötigt, um seine Karriere und seine persönlichen Wünsche voranzubringen. Damit der Titel »Chefprogrammierer« einen Sinn hat, muss es auch ein Team von Programmierern geben, das man leiten kann.
4. **Organisatorische Notwendigkeiten** sind die gesamten beruflichen Bedürfnisse der Mitglieder einer Gruppe. Damit es zum Beispiel einen Chefprogrammierer und sein Team

von Programmierern geben kann, wird das Unternehmen wohl einen neuen Computer und neue Software zur Verfügung stellen müssen, mit der die Programmierer dann arbeiten können.

Sobald Sie sich über Ihre Bedürfnisse (auf den verschiedenen Ebenen) klar geworden sind, können Sie in die Politik einsteigen.

2. Schließen Sie Allianzen

Büropolitik besteht in Abmachungen, wie man für die Befriedigung der Bedürfnisse anderer sorgt, um im Gegenzug bei der Befriedigung der eigenen Bedürfnisse unterstützt zu werden.

Wenn Sie zum Beispiel einen Kollegen haben, der Chefprogrammierer werden möchte, und Sie wollen gern Leiter der Abteilung Qualitätskontrolle werden, dann könnten Sie zu Ihrem Kollegen sagen: »Ich werde Ihre Bewerbung in der Ausschreibung für den Chefprogrammiererposten unterstützen, wenn Sie meine Beförderung zum Leiter der Abteilung Qualitätskontrolle befürworten.«

Die entscheidenden Faktoren für das Funktionieren solcher Allianzen sind folgende: 1. Finden Sie heraus, was Sie wollen. 2. Finden Sie heraus, was die andere Person will. 3. Einigen Sie sich darauf, das gemeinsam zu erreichen.

Gehen Sie mit Bedacht vor, wenn Sie solche Bündnisse schmieden. Als generelle Regel sollten Sie darauf achten, dass Sie mit Leuten kooperieren, denen man hinsichtlich ihres Teils der Abmachung trauen kann und die sich auch ansonsten innerhalb der Firma vertrauenswürdig verhalten.

So werden Sie sich wohl kaum auf eine Abmachung einlassen wollen, die einen absoluten Idioten zum technischen Vorstand machen würde – zumindest nicht, wenn Sie am Erfolg der Firma interessiert sind.

Wenn Sie jedoch alles gründlich erwogen haben, spielt es wirklich keine Rolle, ob Paul oder Paula die Beförderung bekommt; es ist in Ordnung, Paula zu unterstützen, wenn sie bereitwilliger und fähiger ist, den Gefallen zu erwidern. (Umso besser natürlich, wenn Sie außerdem überzeugt sind, dass Paula auch die bessere Wahl ist.)

3. Behalten Sie den Überblick über Gefälligkeiten und Verpflichtungen

Neben den Allianzen besteht die Businesspolitik im weniger formellen Austausch von Gefälligkeiten. Auch hier ist die Sache simpel: Sie tun jemandem einen Gefallen, und irgendwann später lösen Sie den Gefallen ein, indem Sie die betreffende Person bitten, etwas für Sie zu tun. Und umgekehrt natürlich.

Um Büropolitik zu betreiben, müssen Sie daher genau im Auge behalten, wem Sie wie viel schulden und wer Ihnen in welchem Umfang etwas schuldig ist.

Über Ersteres im Bilde zu sein bewahrt einen vor unliebsamen Überraschungen. Mit dem zweiten Punkt im Blick können Sie besser beurteilen, ob Sie die politischen Mittel haben, Ihr Ziel zu erreichen, sofern politisches Handeln erforderlich ist.

Überflüssig zu erwähnen, dass der Austausch von Gefälligkeiten eine hervorragende Methode ist, seine Allianzen zu stärken.

Frühere Gefälligkeiten gegen künftige aufzurechnen ist immer auch ein bisschen Verhandlungssache. Seien Sie sich darüber im Klaren, dass jeder seine eigene »Strichliste« im Kopf hat, die nicht zu 100 Prozent mit Ihrer übereinstimmen muss.

4. Bringen Sie Ihre Leute auf Linie

Der ganze Aufwand zahlt sich aus, sobald Entscheidungen anstehen. Ihr Ziel ist es, (soweit möglich) dafür zu sorgen, dass jeder die Option unterstützt, die Sie favorisieren, und zwar mithilfe Ihrer Allianzen und des Austauschs von Gefälligkeiten.

Angenommen, Ihre Firma hat die Wahl zwischen zwei Software-Anbietern. Ihre Recherchen sagen Ihnen, dass Anbieter A der richtige ist, doch Ihnen ist bewusst, dass ein paar der fehlinformierten Schwachköpfe, mit denen Sie arbeiten, Anbieter B für die bessere Wahl halten.

Wenn das große Meeting ansteht, in dem entschieden wird, welcher Anbieter das Rennen macht, ist es in Ihrem Interesse, so viele Leute wie möglich an diesem Konferenztisch auf Ihrer Seite zu wissen. Sie setzen daher politische

Mittel ein, um das Meeting mit verlässlichen Verbündeten zu bestreiten.

Das Gleiche gilt, wenn Sie beispielsweise eine Beförderung anstreben, aber noch ein anderer Bewerber in den Startlöchern steht. Das ist ein exzellenter Zeitpunkt, Ihre Gefolgsleute auf den Plan zu rufen, damit sie Lobeshymnen auf Sie singen und darauf beharren, dass Sie der Beste für den Job sind.

Kurzfassung

Dinge politisch durchsetzen

- Finden Sie heraus, was andere Leute brauchen und wollen.
- Schließen Sie mit vertrauenswürdigen Kollegen Allianzen auf Gegenseitigkeit.
- Nutzen Sie diese Allianzen als zentrales Mittel zur Erreichung Ihrer Ziele.

Erfolgsgeheimnis Nr. 10: Wie Sie einen Mentor finden

Ein Mentor ist ein Kollege – in der Regel älter und hoffentlich auch erfahrener –, der ein persönliches Interesse an Ihnen hat, Ihnen Ratschläge und Orientierungshilfen gibt und Ihnen seine Verbindungen zur Verfügung stellt, um Ihre Karriere zu fördern.

1. Seien Sie sich über die Beziehung im Klaren

Mentoring ist von manchen Missverständnissen geprägt (speziell was die Rolle von Mentor und Mentee angeht), sodass man leicht glauben könnte, es handle sich um etwas viel Aufregenderes, als es in Wahrheit ist.

Einerseits begünstigt die Popkultur diesbezüglich kitschig-romantische Vorstellungen vom Zen-Meister, der einen Novizen unter seine Fittiche nimmt. (Man denke nur an Yoda und Luke Skywalker.)

Auf der anderen Seite gibt es Unternehmen, die Mentoring-Programme als Teil ihrer offiziellen Angestelltenrichtlinien aufsetzen, als ließe sich ein Verhältnis formalisieren, das seinem Wesen nach informell ist.

Die Wahrheit liegt dazwischen. Es ist möglich, dass Sie im Verlauf Ihrer Karriere zahlreiche Arbeitsbeziehungen eingehen, in denen eine andere Person bereit ist, ihre Zeit und Energie darauf zu verwenden, Ihnen zu helfen.

Ihre Mentoren werden nicht gerade Yoda sein, aber (wenn Sie Glück haben) sie werden mehr sein als irgendein alter Sack, den die Personalabteilung dazu verdonnert hat, Ihr Mentor zu sein, weil man der Meinung war, seine Zeit müsse besser genutzt werden.

Was Sie von einer Mentorschaft haben, ist ziemlich offensichtlich: Sie profitieren von der Erfahrung, es eröffnen sich Perspektiven und Kontakte. Was der Mentor davon hat, ist ein bisschen vielschichtiger.

Manche Mentoren haben ein starkes Bedürfnis, Wissen weiterzugeben, manche sehnen sich nach Dankbarkeit, und wieder andere möchten einfach jemanden im Unternehmen wissen, der ihnen Rückendeckung gibt. Wenn Sie mit einem Mentor zusammenarbeiten, werden Sie schon herausfinden, was er sich im Gegenzug wünscht.

2. Die eigenen Schwächen kennen

Der erste Schritt auf dem Weg zu einem Mentor ist die Erkenntnis, dass einem etwas an eigener Erfahrung fehlt, das man sich nicht anlesen oder in einem Seminar lernen kann.

Angenommen, Sie sind ein Naturtalent in Programmierung, doch mit der Menschenkenntnis hapert's ein wenig. Wenn Sie Leiter der Entwicklungsabteilung werden wollen, sollten Sie sich in Themen der Personalführung auskennen. Das lässt sich schlecht aus Büchern lernen, besser ist es, wenn es einem einer beibringt.

In meinem persönlichen Fall war es andersherum. Ich hatte eine ganz gute Menschenkenntnis, aber als ich in Hightech-Bereiche einstieg, fehlten mir ein paar wichtige Kenntnisse. Das brachte mich zu meinem ersten Mentor, der mir die Grundlagen des Programmierens und der Systemarchitektur beibrachte.

Man muss nicht im selben Gebäude arbeiten wie der Mentor, nicht einmal in derselben Firma. Ich war Mentor (und Mentee) von Leuten, die ich nie persönlich kennengelernt habe, mit denen ich aber häufig Mails austauschte oder telefonierte.

3. Bitten Sie um Rat, nicht um Mentorschaft

Um Rat gefragt zu werden ist immer ein Kompliment für denjenigen, den Sie fragen, und die meisten Leute geben gern weiter, was sie gelernt haben. Wenn Sie jedoch jemanden darum bitten, Ihr Mentor zu sein, klingt das ein bisschen unheimlich. Das ist so, als würden Sie jemanden beim ersten Treffen fragen, ob er Sie heiraten will.

Mentorschaft ist etwas, das sich im Lauf der Zeit entwickelt. Mentoren werden feststellen, dass es ihnen Spaß macht, Ratschläge und Orientierungshilfen zu geben, und stehen deshalb gern weiter zur Verfügung. Mentees freuen sich, wenn man ihnen Tipps gibt, und zeigen sich gerne dankbar.

Es gibt keinen speziellen Punkt, ab dem man sagen kann, dass eine Beziehung sich vom schlichten Tipp-Geben und -Bekommen zu etwas Dauerhaftem gewandelt hat.

4. Lösen Sie sich auf nette Art aus dem »Lernverhältnis«

Irgendwann kommt der Zeitpunkt, an dem Sie den Rat und die Anleitungen Ihres Mentors nicht länger brauchen. Wenn dieser Fall eintritt, muss sich die Beziehung erneut ändern, was für den Mentor manchmal schmerzlich ist.

Eltern, die ihre Kinder bis zum Erwachsenwerden begleitet haben, wissen, dass es gemischte Gefühle hervorruft, wenn die Kinder einen nicht länger brauchen. Dasselbe gilt für Mentoren. Lassen Sie also den Mentor nicht einfach fallen, wenn Sie seine Hilfe nicht mehr benötigen.

Halten Sie ein bisschen mehr Abstand, aber halten Sie den Kontakt aufrecht. Dann wird sich hoffentlich das, was als Mentorschaft begann, zu einer Freundschaft unter Gleichrangigen entwickeln.

Kurzfassung
Einen Mentor finden

- Mentoren haben den Wunsch weiterzugeben, was sie gelernt haben.
- Suchen Sie sich einen Mentor, der Erfahrung in den Bereichen hat, in denen Ihnen Kenntnisse fehlen.
- Bitten Sie um Rat und lassen Sie die Beziehung sich von selbst entwickeln.
- Lösen Sie sich auf nette Art aus dem »Lernverhältnis«.

Erfolgsgeheimnis Nr. 11: Wie Sie die zehn nervigsten Kollegentypen in den Griff bekommen

Um mit direkten Kollegen und anderen Mitarbeitern der Firma klarzukommen, reicht es meist, halbwegs nett zu sein und sich um den eigenen Kram zu kümmern. Es gibt jedoch zehn Typen von Kollegen, die eine echte Plage sein können. Und so gehen Sie am besten mit ihnen um:

1. Der Zauderer

Weil sie Angst davor haben, eine schlechte Entscheidung zu treffen und dafür bloßgestellt zu werden, suchen Zauderer ständig nach dem ominösen letzten Fitzelchen an Informationen, mit dem alles klar wird.

Zauderer hoffen, einer Entscheidung aus dem Weg gehen zu können, bis sich die Angelegenheit von selbst erledigt hat. Wenn die Unschlüssigkeit zum Scheitern führt, reagiert der Zauderer beleidigt, wenn man ihn dafür verantwortlich macht: »Das ist doch nicht *mein* Fehler!«

Wenn Ihre Arbeit oder Ihr Projekt von einer Entscheidung abhängt, die ein Zauderer zu treffen hat, ist es am geschicktesten, die Entscheidung selbst zu treffen, und zwar so, dass er glaubt, er habe sie getroffen. Machen Sie eine Terminvorgabe für die Entscheidung und legen Sie zugleich fest, was geschehen soll, wenn nichts anderes entschieden wird.

Etwa so: »Ich brauche bis zum Soundsovielten eine Entscheidung. Sollte ich nichts mehr von Ihnen hören, werde ich Folgendes tun …«

2. Der Siegertyp

Es spricht nichts gegen einen gewissen Wettbewerb. Es gibt jedoch ein paar Leute, die so auf Konkurrenz aus sind, dass sie das große Ganze aus dem Blick verlieren. Jemand anderen auszustechen ist dann wichtiger, als angemessen zu handeln.

Nehmen wir einmal an, es gäbe zwei sehr stark wettbewerbsorientierte Vertriebsleute, die für Unternehmen arbeiten, die normalerweise konkurrieren, jetzt aber zusammenarbeiten müssen, um eine große Absatzchance zu nutzen.

Weil die beiden Vertriebsleute sich als Konkurrenten auffassen, werden sie mehr Zeit damit verbringen, sich um die Kompetenzen zu kloppen und sich gegenseitig aus dem Geschäft zu drängen, als damit, diese Chance zu nutzen und zu gestalten.

Kanalisieren Sie den Wettbewerbseifer des Siegertypen, sodass mit seiner Unterstützung das ganze Team gewinnt statt nur er selbst. Seien Sie jedoch gewarnt: Der Siegertyp wird hinterher alle Lorbeeren für sich beanspruchen.

3. Der Melodramatiker

Die Melodramatiker (alias die Drama Queens) bekommen bei fast allem wutschnaubende Ausraster und bieten das komplette Programm von Zeter bis Mordio. Es scheint ihnen etwas zu geben, Dinge zu dramatisieren, die andere nicht sonderlich dramatisch finden.

Melodramatiker schmachten vor allem danach, die volle Aufmerksamkeit zu bekommen. Wie drittklassige Schmierenkomödianten agieren sie mit großen Gesten und übertriebenem Ausdruck, beleidigen andere und täuschen Entrüstung vor, alles im verzweifelten Versuch zu sagen: »Schaut her! Ich bin wichtig!«

Wenn man auf Drama Queens eingeht, verstärkt das leider nur ihren Hunger nach Aufmerksamkeit, statt ihn zu stillen. Am besten ist es, ihre theatralischen Auftritte zu ignorieren, bis sie ihr Pulver verschossen haben.

Egal, was ein Melodramatiker von sich gibt, gehen Sie nicht darauf ein. Sobald die Szene beendet ist, nehmen Sie beiläufig zur Kenntnis, dass der Melodramatiker seine Meinung geäußert hat, und gehen zum eigentlichen Thema über.

4. Der Denkmalstürmer

Der Nährboden der Denkmalstürmer ist die negative Aufmerksamkeit, die sie dadurch gewinnen, andere Leute herabzusetzen, insbesondere Autoritäten. Sie brechen selbst die sinnvollsten Regeln (egal, ob gesellschaftliche oder geschäftliche), nur um zu zeigen, dass sie damit durchkommen.

Ich habe zum Beispiel mal mit einem Typen zusammengearbeitet, der es einfach nicht lassen konnte, unseren Chef vor anderen Leuten (und darunter auch viele, die den Chef aus anderen Zusammenhängen kannten) als minderbemittelten Hirni zu bezeichnen.

Zugegebenermaßen war unser Chef nicht gerade die allerhellste Leuchte. Die permanente Negativität machte die Situation allerdings noch schlimmer, außer für den Kollegen, der die Aufmerksamkeit merklich genoss, die er für die verbale Autoritätsmissachtung erhielt. Die beste Art, mit Denkmalstürmern umzugehen, ist die, sich bei der Arbeit von ihnen fernzuhalten. Auch wenn sie manchmal unterhaltsam sind, werden Denkmalstürmer am Ende doch geschasst, und zwar samt allen, die zu ihrem Kreis gezählt werden.

5. Der Abnudler

Abnudler halten mit Vorliebe Vorträge – für gewöhnlich über etwas, das jeder schon kennt. Sie verteilen ihre Stichpunkte auf viele Einzelbilder und tragen mit grimmiger Entschlossenheit jeden einzelnen laut vor.

Das Problem bei den Abnudlern ist, dass sie meist nicht merken, wie langweilig sie sind. Sie glauben vielleicht wirklich, dass ihre faktenreichen Einzelfolien faszinierend seien oder zumindest von vitalem Interesse, sodass sie volle Aufmerksamkeit verdienen.

Mit Abnudlern verfährt man am besten so, dass man versucht, Meetings zu meiden, zu denen sie auch eingeladen sind. Wenn das nicht geht, sollten Sie die Zeit wenigstens sinnvoll nutzen, beispielsweise indem Sie unter dem Vorwand, Notizen zu machen, auf Ihrem Tablet E-Mails erledigen.

Wenn Sie die Regeln des Meetings mitbestimmen können, können Sie die Regel »Nur eine Folie pro Person« aufstellen oder noch besser eine »Kein Powerpoint«-Regel. Sie werden überrascht sein, wie sehr dadurch sogar ein Abnudler gezwungen ist, sich aufs wirklich Wichtige zu konzentrieren.

6. Der »Freind«

Ein Freind gibt vor, Ihr lautstärkster Unterstützer, Ihr größter Vertrauter und die einzige Person zu sein, die wirklich auf Ihrer Seite ist. Unterdessen sabotiert er unterschwellig alles, was Sie tun.

Als Lob getarnt macht der Freind Bemerkungen, die dazu gedacht sind, Ihr Selbstbewusstsein zu untergraben. Er sagt Sätze wie: »Deine große Präsentation neulich war so toll, dass fast niemand die Tippfehler bemerkt hat.«

Ein Freind ist immer bereit, Ihnen bei einem Problem zu helfen, zumindest theoretisch. Wenn es ernst wird, hat er dann immer eine plausible Entschuldigung parat, warum es gerade nicht geht.

Mit Freinden geht man am besten so um, dass man sie entweder völlig ignoriert oder, wenn das nicht möglich ist, höflich bleibt, aber nichts unternimmt, das die »Freundschaft« bestärken könnte. Die Macht des Freinds besteht darin, Sie im Inneren zu treffen. Und das ist schwieriger, wenn man Abstand hält.

7. Der Schleimer

Im Arbeitsalltag versucht jeder, sich beim Chef einzuschmeicheln, zumindest gelegentlich. Es liegt in der menschlichen Natur, sich mit den Mächtigen gut zu stellen, und selbst die besten Chefs erwarten und schätzen ein Wort der Bewunderung ab und an.

Zwischen gelegentlichem Zucker-in-den-Arsch-Blasen und permanentem Arschkriechen besteht jedoch ein himmelweiter Unterschied. Schleimer loben alles, was der Vorgesetzte tut, und erhoffen sich davon Vorteile.

Schleimer sind aus zwei Gründen schlechte Kollegen: Erstens verschwenden sie ihre Zeit und Energie auf die Bauchpinselei des Chefs statt auf produktive Arbeit, und zweitens werden Chefs, die Schleimerei dulden, unempfänglich für alles, was nicht schon an Lobhudelei grenzt.

Wer mit Schleimern zusammenarbeitet, sollte sich darüber im Klaren sein, dass der Vorgesetzte das eigentliche Problem ist. Sie haben daher nur zwei Möglichkeiten: sich einen anderen Job zu suchen oder selbst zum Schleimer zu werden.

8. Der Vampir

Arbeitsplatzvampire saugen augenblicklich alle Energie ab, sobald sie einen Raum betreten. Bei Vampiren gibt es immer Gründe, warum etwas nicht funktioniert, eine lange Geschichte fruchtloser Versuche und eine endlose Liste unlösbarer Probleme.

Vampire sind deshalb nicht schlecht drauf. Weit gefehlt. Für sie ist es ein großes Vergnügen, die gute Stimmung aller um sie herum zu atomisieren. Man sieht sie nur dann lächeln, wenn sie alle anderen in üble Laune versetzt haben.

Klassische Vampire zerfallen und sterben, sobald sie dem Sonnenlicht ausgesetzt werden. Arbeitsplatzvampire reagieren ähnlich, wenn sie mit freundlichem Sarkasmus konfrontiert werden. Sagen Sie etwas wie: »Wow, da ist ja wirklich ganz schön der Wurm drin.« Und machen dann weiter, als hätte es die schlimmen Geschichten gar nicht gegeben.

Wenn Sie sich erst gar nicht von der negativen Aura der Vampire einnebeln lassen, werden diese frustriert zum nächsten Meeting weiterziehen oder zum Büro eines anderen armen Tropfs – immer bestrebt, Energie abzuziehen.

9. Der Parasit

Parasiten warten ab, welche Ideen sich innerhalb einer Firma verbreiten, und wenn klar ist, dass eine Idee Unterstützung und Anhänger findet, geben sie sich als ihr Befürworter und damit auch deren geistiger Urheber aus.

Dieses Verhalten (auch bekannt als »sich an die Spitze einer Bewegung stellen«) ist in großen Unternehmensstrukturen häufig anzutreffen. Der Grund ist einfach: Das Dasein als Parasit birgt weit weniger Risiken als das eines Anpackers.

Um Parasiten Einhalt zu gebieten, muss man sie in die Schranken weisen, sobald sie versuchen, sich an die Spitze der Bewegung zu stellen. Sagen Sie etwas wie: »Da Sie noch ganz neu sind im Projekt, halten Sie sich vielleicht noch etwas zurück, bis Sie genau wissen, worum es geht.«

Darüber hinaus sollten Sie Ihre Beiträge zu einem Projekt stets in Form eines regulären Statusberichts dokumentieren. Sollte der Parasit weiter versuchen, die Lorbeeren einzuheimsen, können Sie diese Dokumentation seinem Vorgesetzten schicken.

10. Das Genie

Genies sind in ihrer eigenen Vorstellung echt die Größten. Sie reden unentwegt über all die tollen Sachen, die sie in der Vergangenheit gemacht haben, und ihre ebenso tollen Pläne für die Zukunft. Nur scheinen sie irgendwie nie etwas im Hier und Jetzt zu tun.

Genies nehmen Projekte in Angriff, aber bringen sie nicht zu Ende. Sobald der Abgabetermin heranrückt, sind sie unerreichbar. Wenn die Arbeit dann endlich abgeschlossen ist (oft von anderen, die für sie eingesprungen sind), verschwindet das Genie erst mal eine Weile, um sich »zu erholen«.

Wenn man es mit einem Genie zu tun hat, braucht man

Durchhaltevermögen. Halten Sie fest, was erledigt werden muss, und geben Sie zahlreiche Prüfsteine vor, die erreicht werden müssen, damit das Projekt abgeschlossen werden kann.

Nehmen wir an, das Genie soll für ein Verkaufsangebot die technischen Einzelheiten auf den neuesten Stand bringen. Statt bis zur letzten Minute zu warten, um das Genie dann an seine Pflicht zu erinnern, sollten Sie täglich Erinnerungs-Mails schicken, und zwar sowohl an ihn als auch an seinen Chef.

Wenn das den Eindruck erweckt, Sie wären ein Quälgeist, dann weil Sie wirklich ein Quälgeist sind. Unglücklicherweise besteht die einzige Chance, einem Genie Feuer unterm Hintern zu machen, darin, ihm nicht von der Pelle zu weichen.

Kurzfassung
Die zehn Arten nerviger Kollegen

- Der Zauderer kann sich nicht entscheiden, also machen Sie Druck.
- Der Siegertyp muss gewinnen, also machen Sie ihn zum Teamleiter.
- Der Melodramatiker lechzt nach Aufmerksamkeit, also ignorieren Sie ihn.
- Der Denkmalstürmer bricht unnötig Regeln, also meiden Sie ihn.

- Der Abnudler ist so langweilig, dass Sie besser etwas anderes tun.
- Der »Freind« sabotiert Sie, also halten Sie ihn auf Abstand.
- Der Schleimer bedeutet für Sie, entweder zu gehen oder selbst zum Schleimer zu werden.
- Der Vampir saugt Sie aus, wenn Sie sich nicht die gute Laune bewahren.
- Der Parasit schmückt sich mit fremden Federn, halten Sie daher fest, wer was gemacht hat.
- Das Genie schwätzt nur, also müssen Sie es triezen, damit es etwas tut.

Erfolgsgeheimnis Nr. 12: Wie Sie mit der Rechtsabteilung umgehen

Es gibt kaum etwas, das einen Geschäftsabschluss so verzögern oder einer großartigen Idee einen solchen Dämpfer verpassen kann wie die Beteiligung eines übereifrigen Firmenanwalts. Glücklicherweise kann man die Juristen relativ leicht handhaben. Und zwar folgendermaßen:

1. Unterm Radar fliegen

Wenn wir davon ausgehen, dass Sie wirklich etwas bewegen wollen, sollten Sie in Ihrem eigenen Interesse die Rechtsabteilung außen vor lassen, sofern Sie nicht zu einer Branche gehören, wo nichts ohne die Anwälte läuft.

Wenn Sie den Leuten vertrauen, mit denen Sie es zu tun haben, können Sie Ihre Geschäfte mit im Unternehmen üblichen Standardverträgen abwickeln.

Überflüssig zu sagen, dass unter dem Radar zu fliegen bedeutet, dass Sie das Risiko auf die eigene Kappe nehmen, sollte etwas schiefgehen. Wenn Sie sich deswegen wirklich Sorgen machen, dann nur zu, schalten Sie die Anwälte ein. Sie müssen dafür jedoch einen Preis zahlen, und der besteht nicht nur aus den Anwaltskosten.

2. Bitten Sie um eine Meinung, nicht um Genehmigung

Unternehmensanwälte sind geborene Pessimisten. Es ist ihr Job, Risiken zu steuern und sicherzustellen, dass Sie und Ihre Firma, sollte es wegen Vertragsstreitigkeiten zu einer gerichtlichen Auseinandersetzung kommen, nicht als Verlierer daraus hervorgehen.

Dieses Risiko lässt sich für einen Anwalt am leichtesten dadurch ausschalten, dass erst gar nichts passiert – überhaupt nichts. Aus diesem Grund wird die Antwort eines Firmenanwalts auf die Frage »Können wir diese ungewöhnliche, bisher einmalige Sache machen?« für gewöhnlich Nein lauten, egal, ob es eine gute Idee ist oder nicht.

Wenn Ihnen das erst mal klar geworden ist, können Sie frei entscheiden, ob es sich lohnt, trotz der Risiken (die der Anwalt mit Sicherheit aufspüren wird) weiterzumachen. Sie können auch um Vorschläge bitten, wie man diese Risiken einschränken kann.

3. Geben Sie nichts auf Kauderwelsch

Anwälte neigen genau wie alle anderen Experten dazu, beim Sprechen und Schreiben in ihren berufsspezifischen Jargon zu verfallen. Im Fall von Juristen ist diese Gewohnheit umso schwerwiegender, weil sie Sprache eher als ein Mittel verstehen, sich größeren Spielraum zu verschaffen, statt als Mittel der klaren Kommunikation.

In manchen Situationen (wenn es darum geht, einen komplizierten Vertrag aufzusetzen) mag es in Ihrem Interesse sein, den Anwalt dieses Spielchen spielen zu lassen. Wenn Sie dieser Taktik jedoch auf Empfängerseite ausgesetzt sind, sollten Sie darauf bestehen, die vorsätzlichen Zweideutigkeiten klarzustellen.

Lesen Sie dem Anwalt zu diesem Zweck jeden Paragrafen laut vor und fragen Sie nach, was er auf gut Deutsch zu bedeuten hat. Filtern Sie aus den Antworten das Juristendeutsch heraus und schreiben Sie sich auf, was der Anwalt gerade gesagt hat.

4. Geben Sie den Anwälten viel Zeit

Die Unternehmensanwälte haben nichts davon, wenn ein Deal zustande kommt, aber ihnen wird es angelastet, wenn die Katastrophe eintritt. Verzögerungen sind in den Augen eines Unternehmensjuristen etwas Gutes, denn eine Verzögerung verhindert, dass etwas Schlimmes passieren kann.

Wenn man einen Anwalt darum bittet, etwas schnell zu erledigen, ist das, als wollte man einen Maulesel antreiben. Je mehr man ihn drängt, desto widerstrebender bewegt er sich. Es ist klüger, einen Plan aufzusetzen und ihn zu fragen, ob es möglich ist, die Arbeit bis dahin zu erledigen.

Wenn es die Lage erfordert, Juristen der Gegenseite einzubeziehen (Ihre Unternehmensanwälte beispielsweise führen Vertragsverhandlungen mit den Firmenanwälten Ihres Kunden), halten Sie am besten die Füße still und stellen sich auf eine lange Wartezeit ein.

5. Pflegen Sie die Beziehung

Entgegen der landläufigen Meinung sind Anwälte menschliche Wesen und so wie alle menschlichen Wesen eher bereit, Leuten zu helfen, die sie kennen und mögen, als denen, die sie nicht kennen oder die sie ausgesprochen ablehnen.

Wenn Ihre Firma also eigene Juristen beschäftigt, sollten Sie im Vorfeld eine gute Beziehung zu ihnen aufbauen – lange ehe Sie in die Verlegenheit kommen, darauf angewiesen zu sein, dass sie schnell für Sie tätig werden.

Zu den Juristen baut man eine Beziehung genauso auf wie zu allen anderen, mit denen man arbeitet. Erkundigen Sie sich nach dem, was sie tun, und den Hintergründen ihrer Arbeit. Pflegen Sie gemeinsame Interessen.

Kurzfassung
Unternehmensanwälte

- Lassen Sie die Anwälte außen vor, wenn Sie das Risiko für überschaubar halten.
- Juristen sind keine Führungskräfte. Holen Sie sich ihren Rat, aber treffen Sie Ihre eigenen Entscheidungen.
- Bestehen Sie darauf, dass das juristische Kauderwelsch in Normalsprache übersetzt wird.
- Treiben Sie einen Anwalt nie zur Eile an, denn dadurch wird es am Ende nur umso länger dauern.
- Wenn es in Ihrer Firma eine eigene Rechtsabteilung gibt, freunden Sie sich mit jemandem dort an.

Erfolgsgeheimnis Nr. 13: Wie Sie soziale Netzwerke richtig nutzen

Firmen prägen Marken, weil Marken es den Konsumenten leichter machen, sich an die Erfahrungen zu erinnern, die sie mit den Produkten der Firma hatten (oder von ihnen erwarten). Eine Marke besteht aus drei Hauptelementen: dem Markennamen, dem Logo und der Firmengeschichte.

Die Coca-Cola Company besitzt zum Beispiel verschiedene Marken (wovon Coke die bekannteste ist), ein unverwechselbares Logo, das die Firma selten ändert, und eine allgemein bekannte Firmentradition als Hersteller wohlschmeckender Erfrischungsgetränke.

In vergleichbarer Weise sind Sie als Individuum eine Marke, die aus den Elementen besteht, mit denen Sie in den sozialen Netzwerken vertreten sind: Ihr Name (als Markenname), Ihr Foto (als Logo) und Ihre Profilinformationen (analog zur Firmengeschichte). Und so nutzen Sie die sozialen Netzwerke, um sich zur Marke zu machen:

1. Seien Sie sich über Nutzen und Risiken im Klaren

Die Portale der sozialen Netzwerke unterscheiden sich grundlegend von anderen Formen der Geschäftskommunikation. Unterhaltungen, Mail-Box-Nachrichten, E-Mails und Präsentationen sind *narrowcast media*, das heißt, sie finden eins zu eins oder eins zu wenigen statt.

Soziale Netzwerke hingegen sind ein auf Breitenwirkung angelegtes Medium, das heißt, sie funktionieren eins zu vielen zu vielen zu vielen. Auch wenn man auf manchen Seiten den Zugriff aufs eigene Profil beschränken kann, sind diese Seiten doch so gedacht, dass sie von Gott und der Welt gesehen werden können. Und weil das so ist, können sie einen außerordentlich großen Einfluss auf Ihre Karriere haben, im Guten wie im Schlechten.

Soziale Netzwerke sind Ihr vorrangigstes Instrument, um die eigene Marke zu prägen und deren Wahrnehmung auszuweiten. Doch wie ein Unternehmen auch müssen Sie Ihre Marke vor Beschädigung schützen, und zwar schon während Sie daran arbeiten, sie aufzubauen.

2. Sorgen Sie für ein geeignetes Markenimage

Da Ihr Foto Ihr Markenzeichen ist, brauchen Sie ein Profilfoto – und zwar dasselbe auf allen Webseiten –, das Ihr Image hervorhebt und sich nicht kontraproduktiv auf Ihre Karriere auswirkt. Engagieren Sie einen professionellen Fotografen für Porträtaufnahmen, verwenden Sie keine Selfies.

Versuchen Sie, im Internet alle etwaigen Spuren eines Auftretens zu tilgen, das diesem Image zuwiderläuft. Machen Sie klar Schiff auf Ihren bisherigen Netzwerkseiten. Bitten Sie Ihre Freunde, Posts, die man von Ihnen nicht sehen soll, zu entfernen.

Selbst ungewöhnliche Hobbys können Arbeitgeber oder

Kunden abschrecken, solange man Sie im Rahmen Ihrer Tätigkeit noch nicht so gut kennt, dass solche Details nebensächlich sind. Trotz des gewissen Drucks, Berufliches und Privatleben miteinander zu verbinden, rate ich dazu, Ihr Privatleben privat zu halten.

In manchen Fällen ist es kaum möglich oder sehr aufwendig, sich fragwürdiger Dokumente oder Äußerungen aus der Vergangenheit zu entledigen. Sie können sich dazu unter Berufung auf das Recht am eigenen Bild mit der Bitte um Löschung an den Anbieter einer Webseite wenden. Im Internet finden Sie außerdem Anleitungen, wie man Suchmaschineneinträge löschen lassen kann, zum Beispiel unter http://www.netzausglas.de/persoenliche-Daten-im-Internet-loeschen.php.

Ein weiteres Element Ihres Markenauftritts ist Ihre Sicherheit in Grammatik und Rechtschreibung. Oder der Mangel daran. Orthografische oder grammatikalische Fehler in Ihrer Selbstdarstellung werden den Leuten den Eindruck vermitteln, dass Sie entweder ungebildet oder nachlässig sind oder beides. Wenn Schreiben nicht Ihre Stärke ist, sollten Sie einen Lektor engagieren, der Ihr Profil überarbeitet.

3. Schreiben Sie eine aussagekräftige Vita

Im beruflichen Umfeld sind die wichtigen sozialen Netzwerkseiten solche wie LinkedIn, wo Sie eine Kurzdarstellung Ihrer Qualifikationen einstellen. Die meisten Leute machen den dummen Fehler, auf diesen Plattformen nur einen allgemeinen Abriss ihres beruflichen Werdegangs zu veröffentlichen.

Warum das dumm ist? Weil Ihre Online-Selbstdarstellung nur für zweierlei gut ist: Sie für einen neuen Job zu präsentieren oder Ihre Position im aktuellen Job zu stärken. Ein allgemein gehaltener Lebenslauf erfüllt keinen dieser Zwecke.

Wenn Sie auf Jobsuche sind, brauchen Sie die Zusammenfassung, um wiederzugeben, welche Art von Arbeit Sie suchen. (Ich befasse mich mit diesem Punkt noch an anderer Stelle – »Erfolgsgeheimnis Nr. 25: Wie Sie ein Vorstellungsgespräch ergattern«.) Solange Sie eine neue Stelle suchen, müssen Sie Ihre Kurzdarstellung kontinuierlich anpassen, damit sie mit Ihren Bewerbungen übereinstimmt.

Wenn Sie eine Stelle haben und gerade nicht nach einem anderen Job suchen, möchten Sie, dass die Leute, die mit Ihnen arbeiten (oder etwas bei Ihnen kaufen), sehen, dass Sie in Ihrem derzeitigen Job qualifiziert und kompetent sind. Schmeißen Sie daher alles raus, was nichts mit Ihrer aktuellen Stelle zu tun hat.

Beschreiben Sie in Ihrer Kurzdarstellung nur die Tätigkeiten, die Sie selbst ausgeführt haben, und zwar mit detaillierten, messbaren Angaben. Wenn Sie beispielsweise im Bereich Presse und Öffentlichkeitsarbeit tätig sind, interessiert es niemanden, dass Ihre Jobbezeichnung »Communications Director« lautet. Man wird es jedoch sehr wohl zur Kenntnis nehmen, dass Sie Ihrem Vorstandschef gute Presse in den führenden Wirtschaftsmedien verschafft haben und der Aktienkurs daraufhin einige Prozentpunkte gestiegen ist.

4. Sorgen Sie für glaubwürdige Referenzen

Schließlich gibt LinkedIn Ihnen die Möglichkeit, dass andere Leute Sie empfehlen. Das Problem an diesen positiven Stimmen ist, dass jeder den Verdacht hat, Sie hätten einfach ein paar Ihrer besten Kumpel zusammengetrommelt, die eigentlich nur zum Schein nette Sachen über Sie sagen.

Es kann jedoch nicht schaden, ein paar Empfehlungen zu haben, aber sie müssen realistisch und glaubwürdig sein, das heißt, sie sollten Sie nicht als den wundervollsten Menschen der Welt darstellen wollen.

Idealerweise brauchen Sie Empfehlungen, die die Stichhaltigkeit Ihrer Selbstdarstellung belegen. Dementsprechend empfiehlt es sich, die Empfehlungen abzuändern oder auszutauschen, je nachdem, ob Sie gerade auf Stellensuche sind oder nicht, und je nach Job, den Sie suchen.

5. Bloggen Sie nur, wenn es Ihnen liegt

Fast jeder, der mit dem Bloggen beginnt, gibt es nach ein paar Wochen wieder auf; dann werden die Einträge rarer und bleiben schließlich ganz aus. Was übrig bleibt, ist ein veraltetes Blog als Beleg dafür, dass es Ihnen nicht möglich ist, regelmäßig zu bloggen. Am Anfang ist es leicht, sinnvollen Inhalt zu posten (schließlich hat jeder irgendetwas zu sagen), aber mit der Zeit wird es schwieriger. Ich sage das als professioneller Blogger, der seit Februar 2007 (bis heute) an jedem Werktag etwas geschrieben hat.

Wenn Sie vorhaben zu bloggen, sollten Sie lieber realistisch statt ehrgeizig sein. Wenn Sie meinen, Sie könnten einmal die Woche etwas posten, planen Sie ein, alle zwei Wochen oder einmal im Monat etwas zu posten. Auf diese Weise laufen Sie weniger Gefahr, nichts mehr zu sagen zu haben.

Beim Mikroblogging (wie auf Twitter zum Beispiel) ist das weit weniger ein Thema, denn dort besteht keine Notwendigkeit, ständig etwas Substanzielles zu produzieren. In dem Fall weisen Sie im Allgemeinen die Leute auf Inhalte hin, die Sie sinnvoll oder interessant finden, ohne unbedingt selbst welche zu erzeugen.

Und erwarten Sie zu guter Letzt nicht, dass Ihr Blog sonderlich viele Besucher haben wird. Nur sehr wenige Blogs erreichen nennenswerte Leserzahlen. Überwiegend besteht der Sinn des Blogs darin, denen, die bereits an Ihnen interessiert sind, mehr Details zu liefern – über Sie als Person und über das, was Sie denken.

6. Etablieren Sie eigene Regeln für Ihre Kommentare

Weil schlecht platzierte Bemerkungen oder geschmacklose Scherze eines Angestellten das Image eines Unternehmens schädigen können, haben die meisten Firmen sehr detaillierte Richtlinien für das, was ein Angestellter online schreiben darf und was nicht.

Das gilt auch für Ihr eigenes Image. Sie tun sich keinen Gefallen damit, wenn Ihr Markenname mit einer Diskussion von irgendetwas verknüpft ist, das nichts mit Ihrer beruflichen Tätigkeit zu tun hat. Das gilt insbesondere für Diskussionen, die politischer, religiöser oder sexueller Natur sind.

Wenn Sie meinen, Sie müssten irgendwo unbedingt Ihre Meinung äußern, dann verwenden Sie ein Pseudonym und nicht Ihren Markennamen (also Ihren Klarnamen), und seien Sie sich dessen bewusst, dass Ihre Identität selbst dann aufgedeckt werden kann. So manche Karriere ist dadurch schon ruiniert worden.

Kurzfassung
Soziale Netzwerke

- Ihre persönliche Marke bestimmt, wie Sie wahrgenommen werden.
- Lassen Sie ein professionelles Porträt machen und schaffen Sie alle unprofessionellen Fotos aus der Welt.
- Passen Sie Ihre Selbstdarstellung Ihren beruflichen Zielen an.
- Holen Sie realistische und aussagekräftige Referenzen ein.
- Vermeiden Sie es zu bloggen, solange Sie nicht dafür bezahlt werden.
- Hinterlassen Sie keine beruflich irrelevanten Kommentare im Netz.

Erfolgsgeheimnis Nr. 14: Wie Sie im Meeting glänzen

Businessmeetings waren noch nie so beliebt wie heute. Allein in Europa werden täglich Millionen von Besprechungen abgehalten. Vorsichtig geschätzt wird dabei die Hälfte der Zeit mit nutzlosen Präsentationen und nichtigen Diskussionen verschwendet.

Gehen Sie deshalb nur gelegentlich zu Meetings und nur dann, wenn es Ihren eigenen Vorhaben nutzt. Merken Sie sich: Wenn Sie (durchschnittlich) bloß 90 Minuten täglich in Besprechungen verbringen, haben Sie mit Vollendung des 65. Lebensjahres acht Jahre Ihres Arbeitslebens in Meetings zugebracht. In »Erfolgsgeheimnis Nr. 18: Wie Sie für ein produktives Meeting sorgen« erkläre ich, was Sie für einen guten Ablauf Ihres eigenen Meetings tun können. In diesem Abschnitt erläutere ich, wie Sie nur an den Besprechungen teilnehmen, die sinnvoll sind, und wie Sie Ihre eigenen Anliegen auf die Tagesordnung der Sitzungen bringen, zu denen Sie gehen.

1. Behalten Sie die eigenen Ziele im Blick

Ein geschäftliches Meeting nimmt Zeit in Anspruch, und da Sie nur ein begrenztes Maß an Zeit haben, sollten Sie nur zu den Sitzungen gehen, die Sie Ihren Zielen näher bringen. Das wird nur gehen, wenn Sie wissen, was Sie erreichen wollen.

Daher sollten Sie immer, wenn Sie die Möglichkeit haben, an einer Besprechung teilzunehmen, noch einmal durchgehen, welches Ihre persönlichen und beruflichen Ziele sind. Dann können Sie einschätzen, ob es sich lohnt, Ihre Zeit dort zu verbringen, und wie Sie sie verbringen wollen.

2. Sie sollten wissen, warum die Besprechung einberufen wurde

Die Strategie für das richtige Vorgehen hängt von der Art des jeweiligen Meetings ab. Es gibt sieben Gründe für die Einberufung einer Besprechung:

1. **Damit Sie etwas entscheiden.** Die Person, die es einberufen hat, will Sie von einer Entscheidung überzeugen oder Sie dazu überreden.
2. **Um den eigenen Ideen den nötigen Schliff zu geben.** Die einladende Person möchte für ihr eigenes Projekt von Ihrer Erfahrung und Kreativität profitieren.
3. **Um Informationen weiterzugeben.** Die einladende Person hat Informationen, die sie Ihnen zukommen lassen möchte, ist aber zu faul, um eigens ein Dokument zu verfassen.
4. **Um eine Präsentation zu testen.** Der Einlader möchte einen Probelauf seiner Präsentation vor Publikum machen.
5. **Um einen gemeinsamen Text zu verfassen.** Der Einlader beabsichtigt, einen Text aufzusetzen, um damit eine einhellige Entscheidung herbeizuführen.
6. **Um die eigene Bedeutung hervorzuheben.** Der Einlader

will seinen Platz in der Hackordnung bestimmen und verschwendet dafür die Zeit anderer Leute.

7. **Um dem Prozessablauf gerecht zu werden.** Die Person, die einlädt, erfüllt damit die Vereinbarung, zu einem bestimmten Thema regelmäßig Besprechungen abzuhalten.

Als generelle Regel kann gelten: Meetings, zu denen Sie aus den Gründen eins oder zwei eingeladen werden, sind wahrscheinlich sinnvoller als die mit den Gründen drei bis sieben. Sie werden (leider) dennoch nicht allen Besprechungen aus dem Weg gehen können, die Ihnen nichts bringen, erst recht nicht, wenn sie von Ihrem Chef oder solchen Firmenmitarbeitern einberufen werden, die Einfluss haben.

3. Begrenzen Sie Ihre Zeit beim Meeting

Wie oben bereits erwähnt, sind manche Besprechungen Pflicht, andere hingegen nicht. Wenn Sie an einer Sitzung unbedingt teilnehmen müssen, springen Sie gleich zu Punkt vier.

Wenn es jedoch fraglich ist, ob Ihre Anwesenheit erforderlich ist, sollten Sie Ihre eigenen Ziele mit dem Anlass des Meetings abgleichen und entscheiden, ob es mehr lohnt teilzunehmen oder etwas anderes zu tun. Um zu einer Entscheidung zu kommen, sollten Sie sich zwei Fragen stellen: »Was ist für mich drin?« und »Was ist, wenn ich drauf verzichte?«

Beispiel 1:

Ein gleichrangiger Kollege Ihres Chefs hat die ganze Abteilung (sowohl seine Arbeitsgruppe als auch die Ihres Chefs) zu einer Sitzung eingeladen, in der dieser Arbeitsgruppenleiter eine Präsentation halten möchte, die er die Woche darauf vor der obersten Führungsriege halten will. Fragen Sie sich:

1. **Was ist für mich drin?** Ich werde vom Kollegen meines Chefs wahrgenommen werden und vermutlich auch von meinem eigenen Chef, da er vermutlich auch da sein wird. Ich werde ein besseres Gefühl dafür bekommen, wie der Kollege Probleme angeht, was sich in der Zukunft als nützlich erweisen könnte. Ich werde außerdem Gelegenheit haben, mich davor und danach mit anderen Kollegen zu unterhalten und Kontakte zu pflegen.
2. **Was, wenn ich darauf verzichte?** Da vermutlich viele meiner Kollegen da sein werden, werden sie sich wahrscheinlich fragen, warum ich nicht da bin. Hinzu kommt, dass der Kollege meines Chefs meine Abwesenheit als Affront auffassen könnte, was die Lage für meinen Chef schwieriger macht.

In diesem Fall sollten Sie wohl besser hingehen.

Beispiel 2:

Sie sind der Leiter der Entwicklungsabteilung, der die Marketingabteilung zu einer Arbeitsgruppensitzung eingeladen hat, um die Pressemitteilung zu einem neuen Produkt zu erstellen. Fragen Sie sich:

1. **Was ist für mich drin?** Ich werde die Marketingabteilung davon abhalten können, etwas Blödes oder Falsches zu schreiben.
2. **Was, wenn ich drauf verzichte?** Ich werde keine zwei Stunden darauf verschwenden, über Belanglosigkeiten zu streiten, und sie werden die Pressemitteilung sowieso mit mir besprechen müssen, wenn sie damit fertig sind.

In diesem Fall verzichten Sie darauf. Statt teilzunehmen, schicken Sie eine E-Mail mit den technischen Einzelheiten, die Ihrer Meinung nach enthalten sein sollten – einschließlich einer Erinnerung, dass Sie die Endfassung gerne noch einmal sehen würden, ehe sie an die Presse geht.

Nachdem Sie sich die beiden Fragen (so wie in den vorangegangenen Beispielen) gestellt haben, entscheiden Sie, ob es für Sie Sinn hat, an der Sitzung teilzunehmen. Wenn das der Fall ist, können Sie zu Schritt vier übergehen.

Wenn es für Sie nicht sinnvoll ist teilzunehmen, schreiben Sie eine Entschuldigung, die plausibel ist, ohne zu beleidigend zu sein.

Beispiele:

So nicht:

- *Das klingt nach Zeitverschwendung.*
- *Ich habe Besseres zu tun.*

Sondern so:

- *Ich habe Terminschwierigkeiten.*
- *Ich muss einen Abgabetermin einhalten.*

4. Bereiten Sie sich gut vor

Wenn Sie an diesen Punkt gelangt sind, werden Sie mit Sicherheit am Meeting teilnehmen. Ihr Ziel ist es nun sicherzustellen, dass Sie etwas beizutragen haben, das Ihren Zielen nützt, und sei es nur, dass Sie bei der Sitzung einen guten Eindruck hinterlassen.

Recherchieren Sie Hintergrundinformationen zu den Punkten, die diskutiert werden sollen. Wenn die Tagesordnung vorher herumgeschickt wird, ist das einfach. Erkundigen Sie sich andernfalls bei demjenigen, der zu der Sitzung eingeladen hat, was besprochen werden soll und wie Sie sich am besten vorbereiten können.

Nehmen wir an, Sie sind Leiter der Marketingabteilung und wollen eine Werbekampagne zur Neukundengewinnung entwickeln. Sie sind zu einem Meeting mit den Leuten vom Vertrieb eingeladen worden, um zu besprechen, wie die Firma ihren Absatz in der Autobranche erhöhen kann.

Fragen Sie sich gemäß Punkt drei:

1. **Was ist für mich drin?** Die Vertriebsleute kennen womöglich Kunden, die bereit sind, uns bei unseren Anzeigen und Clips als Werbepartner zur Verfügung zu stehen.
2. **Was, wenn ich drauf verzichte?** Es wird so aussehen, als sei der Vertrieb der Marketingabteilung egal und als hätten wir keine Lust, ihnen zu helfen.

Auf der Grundlage Ihrer Antworten entscheiden Sie, ob Sie teilnehmen. Weil Sie die Vertriebsleute um einen Gefallen bitten wollen (nämlich Ihnen ihre Kontakte zu vermitteln), sollten Sie ihnen etwas Hilfreiches anzubieten haben, wenn Sie ins Meeting gehen.

Gehen Sie dafür ins Netz und recherchieren Sie zu den Käufertrends in der Automobilbranche. Dann haben Sie etwas Substanzielles beizutragen, das Ihre eigenen Interessen voranbringt (nämlich Kontaktdaten zu bekommen).

5. Sammeln Sie Ihre Gedanken

Machen Sie sich im Lauf der Besprechung Notizen – im Geiste, elektronisch oder auf Papier. Achten Sie auf Themenbereiche, bei denen Sie etwas Wertvolles beizutragen haben (was Ihrer Reputation zugutekommt) oder die Ihre eigenen Interessen nach vorn bringen können.

Diese Notizen sind wichtig, denn schließlich wollen Sie vollständige Gedanken vortragen und nicht schon nach der

Hälfte den Faden verlieren, weil Sie nicht mehr genau im Kopf haben, was Sie sagen wollten.

6. Verschaffen Sie sich einen Überblick, ehe Sie etwas sagen

Sitzungsneulinge platzen entweder gleich bei der ersten Gesprächspause mit ihren Gedanken heraus, oder sie warten so lange damit, etwas zu sagen, bis die Runde bereits zum nächsten Tagesordnungspunkt übergegangen ist.

Erfahrene Sitzungsteilnehmer wissen, dass die Kunst darin besteht, seine Anmerkungen zum Ende einer Diskussionsrunde anzubringen (und damit diesbezüglich einen guten Eindruck zu hinterlassen).

Sprechen Sie selbstbewusst und in ganzen Sätzen, wenn Sie Ihre Sicht zum Ausdruck bringen oder etwas zur Diskussion beitragen. Stellen Sie, wenn es sich anbietet, anschließend eine Frage, die die Diskussion und damit das gesamte Meeting in die von Ihnen gewünschte Richtung bringt.

Angenommen, Sie befinden sich in der Sitzung von Marketing und Vertrieb, die wir unter Punkt vier beschrieben haben. Sie wollen wie gesagt gern die Kontakte der Vertriebsabteilung nutzen, um Testimonials für eine Kampagne zu gewinnen. Bei der Vorbereitung auf das Meeting haben Sie zum Kaufverhalten in der Kraftfahrzeugbranche recherchiert.

Während der Sitzung beklagt sich einer der Vertriebsleute, wie schwierig es sei, die Geschäftsführer der Kraftfahrzeugzulieferer dazu zu bringen zurückzurufen. Verschiedene andere Vertriebler stimmen zu. Sobald Sie merken, dass dieser Punkt nahezu erschöpfend diskutiert wurde, sagen Sie: »Meine Nachforschungen zum Kaufverhalten in der Automobilbranche haben ergeben, dass sich die Führungskräfte dort in ihrer Entscheidung für einen Anbieter am liebsten auf die Empfehlung anderer Führungskräfte verlassen. Wie wäre es, wenn wir eine Kampagne starten, in die wir einen Manager einer unserer aktuellen Kunden einbinden?«

Wenn Sie Ihren Vorschlag zu diesem Zeitpunkt einbringen – wenn alle anderen bereits ihre Meinung geäußert haben –, ist es sehr viel wahrscheinlicher, die Zustimmung der anderen Teilnehmer zu bekommen, als wenn Sie die Ergebnisse Ihrer Marktforschung oder die Bitte um einen Referenzkunden von Anfang an auf die Tagesordnung gesetzt hätten.

Kurzfassung

Teilnahme an Meetings

- Sehen Sie Meetings als Möglichkeit, Ihre Zielsetzungen zu verfolgen.
- Manche Besprechungen sind nützlich, der Rest meist nicht.
- Entscheiden Sie bei jedem einzelnen Meeting, wie sinnvoll es ist.
- Entweder Sie bereiten sich gut darauf vor, oder Sie gehen gar nicht erst hin – dazwischen gibt es nichts.

- Machen Sie Stichpunkte, damit Ihre Wortbeiträge kohärent sind.
- Sprechen Sie selbstbewusst und leiten Sie, wo es angebracht ist, auf Ihre Anliegen über.

Teil 3

Wie Sie Ihre Mitarbeiter richtig führen

Managementratgeber gibt es millionenfach auf dem Markt, dabei ist Mitarbeiterführung nicht annähernd so kompliziert, wie es die Unternehmensberater (die diese Bücher meist schreiben) darstellen wollen.

Gutes Management ist überwiegend eine Frage des gesunden Menschenverstands und ein paar einfach zu erlernender Techniken.

Dieser Teil des Buches hilft, dem gesunden Menschenverstand wieder mehr Beachtung zu schenken. Er liefert sowohl die strategischen Grundlagen für gute Mitarbeiterführung als auch die konkreten Maßnahmen, mit denen man ein erfolgreiches Team aufbaut.

Das erwartet Sie:

- *Welche Glaubenssätze wirklich großartiger Chefs Sie sich zu eigen machen sollten* umreißt das in sich schlüssige und vielfach verankerte System von Grundsätzen, das den Kern jeder Führungsstrategie bildet – die Grundlage bilden die mehr als 30 Jahre, in denen ich die absoluten Spitzenmanager bei der Arbeit beobachten konnte.
- *Wie Sie ein besserer Chef werden* liefert zwölf grundlegende Regeln, die sicherstellen, dass Sie das wirklich Wichtige – nämlich Menschen zu führen – nie aus dem Blick verlieren, selbst wenn andere Angelegenheiten Ihre Aufmerksamkeit beanspruchen.
- *Wie Sie Spitzenkräfte einstellen* befasst sich mit der äußerst wichtigen Aufgabe, die bestmöglichen Mitarbeiter

für Ihr Team zu bekommen. Mit den richtigen Leuten ist gutes Management viel leichter.

- *Wie Sie für ein produktives Meeting sorgen* liefert Leitlinien, wie man ein Meeting zielführend gestaltet, ohne dass man dafür Zeit und Energie verschwendet, die anderswo besser eingesetzt wären.
- *Wie Sie Kritik äußern* erklärt, wie man problematisches Verhalten auf eine Weise anspricht, die den Mitarbeiter nicht angreift, sondern Angebote macht, wie er sein Verhalten ändern kann.
- *Wie Sie mit Nörglern umgehen* zeigt, wie Sie Mitarbeiter, die mit einem Problem nicht weiterkommen, schrittweise dazu bringen, eigene Lösungen zu entwickeln, Ihren Rat dafür einzuholen oder sich auf etwas Konstruktiveres zu konzentrieren.
- *Wie Sie jemanden entlassen* beschäftigt sich mit der schwierigsten Aufgabe, die Sie im Arbeitsalltag bewältigen müssen: einem Mitarbeiter mitzuteilen, dass er seinen Arbeitsplatz verliert – und das mit einem möglichst geringen Schaden für den Angestellten, Sie selbst und den Rest des Teams.

Erfolgsgeheimnis Nr. 15: Welche Glaubenssätze wirklich großartiger Chefs Sie sich zu eigen machen sollten

Die erfolgreichsten Chefs – diejenigen, denen die Mitarbeiter Respekt entgegenbringen, denen sie gerne folgen und die mit größter Wahrscheinlichkeit befördert werden – teilen in etwa folgende acht Grundüberzeugungen:

1. Die Wirtschaftswelt ist ein Ökosystem, kein Schlachtfeld

Mittelmäßige Führungskräfte sehen die Wirtschaftswelt als einen Krieg zwischen Unternehmen, Abteilungen und Arbeitsgruppen. Sie stellen Armeen auf, über deren Truppen sie befehligen können, dämonisieren Mitbewerber zu »Feinden« und behandeln Kunden wie ein Territorium, das es zu erobern gilt.

Für gute Chefs ist die Geschäftswelt ein Lebensraum, in dem die am stärksten spezialisierte Firma die größte Aussicht hat, erfolgreich zu wachsen, sie stellen Teams zusammen, die sich mit Leichtigkeit neuen Märkten anpassen und in kurzer Zeit Kooperationen mit anderen Firmen, Kunden oder sogar Konkurrenten aufbauen.

2. Ein Unternehmen ist ein Sozialgefüge, keine Maschine

Durchschnittliche Chefs betrachten ihre Firma als eine Maschine und die Angestellten als Zahnrädchen im Getriebe. Sie schaffen starre Strukturen mit strengen Regeln und versuchen, die Kontrolle zu behalten, indem sie die entsprechenden Hebel in Bewegung setzen und das Schiff steuern.

Gute Chefs sehen ihre Firmen als ein Konglomerat individueller Hoffnungen und Träume, die alle zu einem höheren Ziel vereint sind. Sie spornen die Mitarbeiter dazu an, für den Erfolg der Teamkollegen und damit der gesamten Belegschaft – letztlich also der gesamten Firma – alles zu geben.

3. Führen bedeutet dienen, nicht kontrollieren

Mittelmäßige Chefs wollen, dass ihre Mitarbeiter genau das tun, was sie ihnen gesagt haben. Sie reagieren übersensibel auf alles, das nach Aufmüpfigkeit riecht, und schaffen ein Arbeitsumfeld, in dem jede Eigeninitiative durch eine Haltung von »Erst mal abwarten, was der Chef dazu sagt« zunichtegemacht wird.

Gute Chefs geben die allgemeine Richtung vor und widmen sich dann der Aufgabe, die Mittel zur Verfügung zu stellen, die ihre Mitarbeiter für die Bewältigung ihrer Arbeit brauchen. Sie geben den Entscheidungsprozess nach unten ab und lassen die Teams ihre eigenen Regeln aufstellen. Sie greifen nur in Notfällen ein.

4. Mitarbeiter sind gleichrangig, keine Kinder

Mittelmäßige Chefs betrachten ihre Angestellten als Untergebene, als unreife Wesen, denen man einfach nicht trauen kann, wenn sie nicht von einer patriarchalischen Führung beaufsichtigt werden. Die Mitarbeiter orientieren sich an dieser Einstellung und verwenden ihre Energie darauf, beschäftigt auszusehen und sich in Deckung zu bringen.

Gute Chefs behandeln jeden Mitarbeiter, als sei er die wichtigste Person in der Firma. Spitzenleistungen werden überall vorausgesetzt, egal, ob an der Laderampe oder in der Vorstandsetage. Und das führt dazu, dass die Mitarbeiter ihr Bestes geben – für sich, den Chef, die Firma.

5. Motivation entsteht aus Visionen, nicht aus Furcht

Mittelmäßige Chefs halten Furcht – die Angst davor, entlassen zu werden, sich lächerlich zu machen, Privilegien einzubüßen – für ein wichtiges Instrument der Mitarbeitermotivation. Das führt dazu, dass Angestellte und Führungskräfte gleichermaßen in Schreckstarre verfallen und nicht in der Lage sind, riskante Entscheidungen zu treffen, selbst wenn von diesen Entscheidungen das Überleben der Firma abhängt.

Gute Chefs bringen die Leute dazu, eine bessere Zukunft vor Augen zu haben und zu sehen, wie sie ein Teil dessen sein können. Mitarbeiter arbeiten härter, wenn sie an die Ziele eines Unternehmens glauben, wenn sie wirklich Spaß an dem haben, was sie tun, und (vor allem natürlich) wenn sie am Lohn der Mühe beteiligt werden.

6. Veränderung bedeutet Wachstum, nicht Quälerei

Für mittelmäßige Chefs sind Veränderungen ebenso kompliziert wie bedrohlich – etwas, das man durchstehen muss, wenn die Firma in schlechter Verfassung ist. Sie torpedieren Veränderungen unterbewusst … bis es zu spät ist.

Gute Chefs sehen Veränderungen als unverzichtbaren Teil des Lebens an. Sie sehen in ihnen zwar keinen Wert an sich, aber sie wissen, dass Erfolg nur möglich ist, wenn Mitarbeiter und Unternehmen offen sind für neue Ideen und neue Möglichkeiten, Geschäfte zu machen.

7. Computertechnik eröffnet Möglichkeiten, statt zu standardisieren

Mittelmäßige Chefs hängen der alten IT-lastigen Auffassung an, dass Computertechnik vorrangig dazu da ist, die Kontrollmöglichkeiten des Managements zu verbessern und die Vorhersehbarkeit zu erhöhen. Sie führen zentralisierte Computersysteme ein, die den Mitarbeitern Entscheidungsmöglichkeiten wegnehmen.

Gute Chefs sehen in Computertechnik eine Möglichkeit, den Leuten mehr Freiraum für Kreativität zu geben und um bessere und zuverlässigere Beziehungen aufzubauen. In der

Zusammenarbeit mit der IT-Abteilung sorgen sie für Anpassungen von Back-Office-Systemen an Geräte wie Smartphones oder Tablets, die die Leute auch tatsächlich benutzen wollen.

8. Arbeit sollte Spaß machen, nicht nur Schufterei sein

Mittelmäßige Chefs sind der Überzeugung, dass Arbeit bestenfalls ein notwendiges Übel ist. Sie erwarten nichts anderes, als dass die Angestellten ungern zur Arbeit gehen, deshalb verstehen sie sich selbst unterbewusst als Unterdrücker und ihre Mitarbeiter als Opfer. Dementsprechend benehmen sich dann auch alle.

Gute Chefs sehen die Arbeit als etwas an, was an und für sich Spaß machen sollte, und glauben deshalb, dass eine der wichtigsten Aufgaben einer Führungskraft (nach Möglichkeit) darin besteht, Leuten die Arbeit zu geben, die sie glücklich macht, sodass mehr davon erledigt werden kann.

Kurzfassung

Denken wie die großen Manager

- Business ist ein Ökosystem, also kooperieren Sie, statt zu kämpfen.
- Unternehmen sind soziale Gefüge, behandeln Sie die Leute darin wie Individuen.

- Management ist Dienstleistung, machen Sie also erst die anderen erfolgreich.
- Mitarbeiter sind Ihnen ebenbürtig, also behandeln Sie sie wie Erwachsene.
- Motivieren Sie durch Visionen, denn Angst lähmt nur.
- Veränderung bedeutet Wachstum, also seien Sie offen dafür, statt ihr aus dem Weg zu gehen.
- Informationstechnik beseitigt sinnlose Beschäftigungen und setzt Kreativität frei.
- Arbeit macht Spaß, lassen Sie sie nicht zu lästiger Routine werden.

Erfolgsgeheimnis Nr. 16: Wie Sie ein besserer Chef werden

Mit den Jahren habe ich mit Dutzenden von Führungskräften zusammengearbeitet und noch Hunderte mehr interviewt. Wenn ich mir durch den Kopf gehen lasse, wie sie an ihren Job herangegangen sind und ihren Erfolg charakterisierten, fällt mir auf, dass sie sich alle mehr oder weniger an folgende Regeln hielten und halten:

1. Sie haben es mit Menschen zu tun, nicht mit Zahlen

Die landläufige Auffassung von Business ist, dass es darauf ankommt, die Kennzahlen in handliche Päckchen zu packen, sie in Diagrammen darzustellen und dann darüber zu sprechen, wie diese Zahlen aussehen und wie sie aussehen sollten.

Die Zahlen sind jedoch das Ergebnis dessen, wie gut Sie mit Menschen umgehen können, nicht, wie gut Sie mit Zahlen umgehen können. Der einzige Weg, bessere Zahlen zu bekommen (ungeachtet Ihres Auswertungssystems), ist der, die Leistungen jedes Einzelnen zu verbessern, der für Sie arbeitet.

2. Passen Sie Ihren Stil dem Einzelfall an

Auch wenn sich die Phrase großer Beliebtheit erfreut, ist es im Endeffekt doch unmöglich, »Menschen zu managen«. Sie haben es immer mit Individuen zu tun. Da jeder Einzelne einzigartig ist, gibt es keinen Führungsstil, der für alle gleichermaßen geeignet ist.

Wenn Sie also jedem einzelnen Mitarbeiter genau erklären, was Sie von ihm erwarten, sollten Sie auch ausdrücklich nach dessen Vorschlägen und Ideen fragen, wie Sie von ihm die bestmögliche Arbeit bekommen können.

3. Geben Sie einfache und aussagekräftige Parameter vor

Auch wenn Ihr Hauptaugenmerk auf den Menschen statt auf den Zahlen liegt, müssen Sie dennoch irgendwie messen, wie gut diese Personen arbeiten. Komplizierte Schemata mit zig Arten von Kennziffern werden bei Mitarbeitern wie Managern unweigerlich für Verwirrung sorgen.

Idealerweise sollte das, was gemessen wird, einfach genug sein, dass jeder Mitarbeiter es auf einen Blick erfassen kann, und so eng wie möglich in Bezug zu dem Verhalten stehen, das Sie bestärken wollen. Wenn sich die Arbeitsleistung nicht in Zahlen messen lässt, sind sie Zeitverschwendung.

4. Geben Sie jedem einzelnen Mitarbeiter eine Priorität vor

Ich bekam letztens eine E-Mail von jemandem, dessen Chef verschiedene Aufträge erteilte und von jedem sagte, er hätte »größte Priorität«. Dieser Chef war ein Idiot, denn wenn *alles* Priorität hat, hat gar nichts mehr Priorität.

Der ganze Sinn von Prioritäten besteht darin, dass *eine* Sache wichtiger ist als alles andere. Wenn Sie Ihren Mitarbeitern mehrere Prioritäten setzen, wälzen Sie damit die Verantwortung für die Entscheidung, was wirklich wichtig ist, auf diese ab. Aber das ist *Ihr* Job.

5. Bleiben Sie ruhig

Wenn Sie einem Mitarbeiter gegenüber in die Luft gehen oder eine ätzende oder verletzende Bemerkung machen, reißt das eine Wunde, die nie mehr ganz heilt und mit heimlichem Groll vor sich hin schwelt. Sie müssen nicht perfekt sein, aber Ihre Mitarbeiter sind nicht Ihre Punchingbälle.

Chefs, die emotional so instabil sind, dass sie ihren Ärger und ihren Frust bei anderen abladen, genießen bei Mitarbeitern kein hohes Ansehen. Im Gegensatz dazu wissen Angestellte es sehr zu schätzen, wenn ihr Vorgesetzter in Krisensituationen ruhig bleibt.

6. Messen Sie sich selbst am schwächsten Mitarbeiter

Manager machen gerne ihre Spitzenleute zum Maßstab für ihren Erfolg. Wenn Sie jedoch eine Spitzenkraft im Team haben, dann wird der Erfolg eher ihren Antrieb und ihre Fähigkeiten widerspiegeln als irgendetwas, das Sie ins Spiel gebracht haben.

Messen Sie Ihre Führungsqualitäten daran, wie gut Sie Ihre schwächsten Mitarbeiter im Griff haben. Diese sind es, die das Minimum an Leistung bestimmen, das Sie noch zu tolerieren bereit sind, und den Umfang dessen, was Sie von den anderen erwarten, um diesen unteren Standard zu kompensieren.

7. Seien Sie großzügig

Großzügigkeit ist nicht allein eine Frage des Geldes. Kluge Chefs wissen, dass sie 1. Fehler vermeiden müssen, ehe sie passieren, 2. die Gewinne öffentlich machen müssen, die Mitarbeiter erzielen, und 3. Dinge auf ihre Kappe nehmen müssen, die schiefgelaufen sind.

Geld ist etwas, das die Angestellten von ihren Jobs erwarten, nicht von ihren Chefs. Mitarbeiter wollen, dass ihr Vorgesetzter großzügig ist mit Informationen, Zeit, Lob und Anleitung, die ihnen hilft, ihren Job besser zu machen.

8. Seien Sie kein Alleswisser

Viele Chefs glauben fälschlicherweise, es sei ihr Job, der Experte zu sein und alle Antworten zu kennen. Wenn Führungskräfte jedoch schon alle Antworten liefern, berauben sie ihre Mitarbeiter der Möglichkeit, *nachzudenken* und sich *weiterzuentwickeln.*

Erfahrung hat zwar ihren Wert, Menschen können jedoch nichts lernen, wenn ihnen die Perlen der Weisheit auf einem Silbertablett präsentiert oder ihnen eingetrichtert werden. Mitarbeiter respektieren Chefs, die zugeben, dass sie nicht alles wissen, und Fragen stellen, die die Kreativität des Mitarbeiters anregen.

9. Geben Sie niemandem den Vorzug

Da Sie nun mal auch nur ein Mensch sind, werden Sie manche Ihrer Angestellten lieber mögen als andere. Dennoch dürfen diese persönlichen Vorlieben nicht als Rechtfertigung dafür dienen, diejenigen, die Sie mögen, anders zu behandeln als die anderen.

Jemanden zu bevorzugen demoralisiert die anderen, weil sie wissen, dass selbst ihre besten Leistungen nicht so viel zählen. Hinzu kommt, dass es demjenigen, den Sie begünstigen, viel Feindseligkeit einträgt. Daran erinnern Sie sich doch bestimmt noch aus Schulzeiten, dass der Liebling der Lehrer auf dem Schulhof die meisten Kloppe gekriegt hat.

10. Erwidern Sie Loyalität

Als Chef wollen Sie, dass Ihre Mitarbeiter Ihre Interessen wahren, Ihnen helfen, erfolgreich zu sein, und Sie nicht im Stich lassen, sobald sie einen besseren Job gefunden haben. Mit anderen Worten: Sie wollen Loyalität.

Loyalität muss man sich jedoch verdienen. Sie können sie nur dann von Ihren Mitarbeitern erwarten, wenn Sie Ihrerseits bereit sind, ihnen gegenüber loyal zu sein. Das bedeutet, auf ihre Interessen zu achten, ihnen zu helfen, Erfolg zu haben, und sie an Bord zu behalten, selbst wenn Sie jemand anderen für weniger Geld einstellen könnten.

11. Handeln Sie nachvollziehbar

Manche Chefs lassen sich nicht in die Karten schauen und beziehen ihre Mitarbeiter nicht in Entscheidungsfindungsprozesse ein. Kluge Chefs wissen hingegen, dass Entscheidungen erfolgreicher sind, wenn diejenigen, die sie umsetzen sollen, auch von Anfang an mit dabei waren.

Ein Vorgesetzter, der in sein Büro verschwindet, eine Entscheidung trifft und dann mit einer Reihe von Anordnungen wieder auftaucht, ruft den Eindruck hervor, dass die Entscheidung willkürlich ist. Selbst wenn ihnen eine Entscheidung nicht gefällt, ist es den Mitarbeitern lieber, sie können nachvollziehen, was im Kopf ihres Chefs vor sich geht und warum genau diese Entscheidung getroffen wurde.

12. Treffen Sie rasche Entscheidungen

Manche Chefs sind so risikoscheu, dass sie erst Berge von Informationen brauchen, ehe sie eine wichtige Entscheidung treffen. Kluge Chefs hingegen wissen, dass es einen Punkt gibt (der für gewöhnlich recht rasch erreicht ist), an dem zusätzliche Informationen für Verwirrung sorgen.

Sich übertrieben lange mit der Entscheidungsfindung herumzuschlagen (und hinterher unzufrieden zu sein) ist immer Zeitverschwendung. Es ist besser, eine passable Entscheidung zu treffen, als darauf zu warten, dass aus einer Situation des realen Lebens eine perfekte Entscheidung hervorgeht.

Kurzfassung
Ein besserer Chef sein

- Handhaben Sie Menschen, keine Zahlen.
- Passen Sie Ihren Führungsstil individuell an.
- Erfassen Sie nur das in Zahlen, was wirklich zählt.
- Nur eine Priorität pro Person.
- Bleiben Sie ruhig.
- Übernehmen Sie Verantwortung für Minderleister.
- Teilen Sie Ihre Gedanken und Ideen mit.
- Fragen Sie lieber, statt Antworten zu geben.
- Behandeln Sie möglichst alle gleich.
- Erwarten Sie nie mehr, als Sie zu geben bereit sind.
- Erklären Sie die Gründe für Ihre Entscheidungen.
- Keine Ausflüchte, entscheiden Sie zügig.

Erfolgsgeheimnis Nr. 17: Wie Sie Spitzenkräfte einstellen

Sie können kein wirklich guter Chef sein, wenn Sie nicht die richtigen Leute einstellen. Sie wollen Mitarbeiter, die Spitzenleistungen bringen, die zu Ihrem und dem Erfolg der Firma beitragen. Lesen Sie nun, wie das geht:

1. Sie brauchen einen Vergleich

Beobachten Sie Ihre besten Leute einmal ganz genau, um herauszufinden, was sie vom Durchschnitt unterscheidet. Finden Sie heraus, was die Besten antreibt, die Besten zu sein. Entdecken Sie die Talente und Kenntnisse, die gerade in Ihrer Branche wesentlich zum Erfolg beitragen.

Leiten Sie daraus die Fragen ab, die Ihnen beim nächsten Einstellungsgespräch zeigen werden, ob ein Bewerber speziell in Ihrem Unternehmen Außerordentliches leisten kann.

2. Führen Sie unentwegt Einstellungsgespräche

Es ist unsinnig zu erwarten, dass jemand Besonderes genau dann durch die Tür marschiert, wenn Sie es gerne hätten. Statt auf den Augenblick zu warten, in dem Sie den größten Bedarf haben, sollten Sie ständig Gespräche führen, auch dann, wenn Sie aktuell keine Stellen zu vergeben haben.

Nutzen Sie eine Kombination aus E-Mail und sozialen Netzwerken, um mit den besten Kandidaten in Verbindung zu bleiben. So haben Sie bereits eine exzellente Bewerberauswahl, wenn bei Ihnen etwas frei wird.

3. Stellen Sie Fragen, die die Persönlichkeit erkennen lassen

Sie werden außergewöhnliche Personen nicht erkennen, wenn Sie gewöhnliche Fragen stellen. Statt etwa zu fragen: »Was war Ihr größter Erfolg?«, sollten Sie den Kandidaten ein paar Erfolge auflisten lassen. Zwei aus der Mittelstufe, zwei aus der Oberstufe, zwei aus dem Studium, zwei aus der Zeit danach, wovon mindestens einer beruflich sein sollte.

Fragen Sie dann, auf welchen Erfolg der Kandidat am meisten stolz ist. Das wird Ihnen einen tiefen Einblick in die wesentlichen Motive seines Antriebs geben.

4. Halten Sie nach Leuten Ausschau, die eine Enttäuschung überwunden haben

Überdurchschnittliche Mitarbeiter sind belastbar – ein Charakterzug, der nur durch Lebenserfahrung zu gewinnen ist. Forschen Sie in Ihren Gesprächen nach Momenten, in denen der Kandidat Enttäuschungen erlebt hat und dennoch weitergekommen ist.

Überdurchschnittliche Angestellte haben persönliche Erfahrungen vorzuweisen, die die Belastbarkeit belegen, aufgrund derer sie frustrierende Erlebnisse abschütteln konnten, die zu jedem Spitzenjob gehören.

5. Verwechseln Sie Erfolg nicht mit Motivation

Viele Leute sind nur dann erfolgreich, wenn jemand anderes ihnen die Motivation dafür liefert. So lassen beispielsweise viele Athleten (ja, sogar Olympiateilnehmer!) nach, wenn kein Trainer sie antreibt. Das muss nichts Schlimmes sein, aber dieses Maß an Betreuung beizubehalten erfordert hohen Energieeinsatz von Ihnen.

Solange Sie also nicht vorhaben, viel Zeit darauf zu verwenden, andere zu motivieren, sollten Sie nach Mitarbeitern Ausschau halten, die nicht ständig die Aufmerksamkeit des Chefs brauchen, um erfolgreich zu sein.

6. Gehen Sie lieber nach der Haltung statt nach Erfahrung

Erfahrung kann in die Irre führen, besonders in der Geschäftswelt, wo die Dinge ständig in Veränderung sind. Wie viele Führungskräfte (zu ihrem Missvergnügen) feststellen mussten, machten manche »erfahrene« Bewerber immer und immer wieder dieselben schlechten Erfahrungen.

Statt sich auf das zu konzentrieren, was ein Bewerber in der Vergangenheit gemacht hat, sollten Sie sich darauf konzentrieren, ob er die Grundeinstellung und die wesentlichen Kenntnisse hat, mit denen er zukünftig Außergewöhnliches leisten kann.

7. Achten Sie auf glaubwürdige Empfehlungen

Besonders gute Mitarbeiter sind in der Regel auch besonders beliebt. Aber viele beliebte Leute sind auch besonders gut darin, Arbeitgeber zu überzeugen, dass sie über Talente verfügen, die sie in Wahrheit gar nicht besitzen.

Stellen Sie niemals jemanden ein, ehe Sie nicht mit jemand anderem gesprochen haben, der Sie für verrückt erklären würde, wenn Sie die betreffende Person *nicht* einstellten. Idealerweise sollten Sie diese Referenz selbst ausfindig machen, statt einfach die aus der Selbstdarstellung des Bewerbers anzurufen.

Kurzfassung

Spitzenleute einstellen

- Sie sollten genau wissen, wonach Sie suchen.
- Halten Sie permanent nach geeigneten Kandidaten Ausschau.
- Achten Sie auf den Charakter, nicht auf die Erfahrung.
- Belastbarkeit ist ein Zeichen für potenzielle Spitzenleistung.
- Suchen Sie nach Persönlichkeiten mit Eigenmotivation.
- Auf die Haltung kommt es an.
- Begnügen Sie sich nicht mit den vorgesetzten Empfehlungen.

Erfolgsgeheimnis Nr. 18: Wie Sie für ein produktives Meeting sorgen

Es liegt absolut in Ihrem Interesse als Chef, kurze Besprechungen abzuhalten, die so rasch wie möglich zum Ziel kommen, damit Ihre Mitarbeiter wieder zum wirklichen Arbeiten kommen. So bringen Sie Ihre Meetings kurz und bündig auf den Punkt:

1. Sorgen Sie für eine Tagesordnung

Viele unnütze Besprechungen haben so vage Ziele wie »Informationsaustausch«. Sofern Sie nicht gerade Zeit zu verschenken haben, ist es jedoch witzlos, Leute in einer Sitzung festzuhalten, solange es nichts Wichtiges zu entscheiden gibt.

Wenn Sie nicht genau sagen können, weswegen Sie ein Meeting einberufen wollen, lassen Sie es lieber bleiben. Wenn Sie es wissen, stellen Sie eine Tagesordnung auf, die das Ziel der Besprechung benennt sowie die Schritte, die in der Sitzung nötig sind, um dorthin zu gelangen.

Beispiel:

Ziel der Sitzung: Entscheidung über das Vorgehen beim Kunden Mustermann

1. Erörterung des Status quo
2. Brainstorming: Wie können wir Boden gutmachen?
3. Einigung hinsichtlich der Vorschläge

2. Liefern Sie Hintergrundinformationen

Wenn Sie wollen, dass Ihr Meeting rasch über die Bühne geht, sollten Sie sich davor hüten, Informationen via Powerpoint-Präsentationen weiterzugeben. In den meisten Fällen ist es effizienter, wenn die Leute sich die Informationen selbst kurz herausziehen, statt frontal etwas vorgekaut zu bekommen.

Erstellen Sie vorab Kurzinfos, um unnötige Präsentationen zu vermeiden; die kann man als Teilnehmer vor oder während der Besprechung rasch überfliegen und hat damit die nötigen Informationen, um die einzelnen Tagesordnungspunkte sinnvoll zu diskutieren.

Damit werden sich Präsentationen nicht völlig vermeiden lassen, aber wahrscheinlich kann jeder in der Runde lesen. Sehen Sie es mal so: Wenn es einen wichtigen Grund gibt, dass die Sitzung stattfindet, ist er auch wichtig genug, den Teilnehmern Hintergrundinformationen zur Verfügung zu stellen, die sie im Vorfeld lesen können.

3. Bleiben Sie beim Thema

Wenn Sie die ersten beiden Schritte befolgt haben, gibt es keinen Grund, warum irgendein Meeting länger als eine Stunde dauern sollte. Die meisten Leute können sich ohnehin nur etwa eine bis anderthalb Stunden auf eine Sache konzentrieren, weshalb auch die meisten Veranstaltungen an der Uni genau so lang sind.

Achten Sie darauf, zur Tagesordnung zurückzukehren, wenn die Besprechung abzuschweifen droht. Sammeln Sie neu auftauchende Themen auf einer weiteren Tagesordnung. Verschwenden Sie nicht die Zeit aller anderen damit, Zuspätkommende auf den Stand der Diskussion zu bringen.

Manche Leute kommen übrigens extra zu spät, weil sie zeigen wollen, dass sie so wichtig sind, dass sie alle anderen warten lassen können. Indem man sich nicht darauf einlässt, das bisher Besprochene noch einmal durchzugehen, kann man diese nervige Sitte abstellen, ehe sie überhandnimmt.

4. Verteilen Sie ein Protokoll der Sitzung

Wenn die Sitzung wichtig genug war, um sie einzuberufen, war sie auch wichtig genug, um die Ergebnisse festzuhalten. Daher sollte allen Teilnehmern ein Sitzungsprotokoll zugehen, solange die Besprechung ihnen noch frisch in Erinnerung ist.

Das Protokoll sollte zu Beginn vermerken, ob die Sitzung

ihren Zweck erfüllt hat. Es sollte die Tagesordnung wiedergeben und dabei dokumentieren, ob das Ziel erreicht wurde.

Beispiel:

Zielsetzung: Entscheidung über das Vorgehen beim Kunden Mustermann

1. Die Mustermann AG hat derzeit einen Einkaufsstopp, was für uns eine Verzögerung beim Verkauf unserer Gerätebestände bedeutet.
2. Im Wesentlichen wurden zwei mögliche Vorgehensweisen diskutiert, wie man die Sperre außer Kraft setzen kann. Die erste besteht in einem einmaligen Preisnachlass, der die Mustermann AG dazu bewegen könnte, jetzt zu kaufen. Die zweite ist ein Treffen mit dem Leiter Finanzwesen der Mustermann AG, um mit ihm eine Ausnahmeregelung zu besprechen.
3. Im Meeting herrschte Konsens darüber, dass ein Preisnachlass einen ungünstigen Präzedenzfall schaffen würde. Stattdessen wird unser Finanzvorstand den der Mustermann AG anrufen, um mit ihm die Situation zu besprechen und ein Treffen vorzuschlagen.
4. Wir werden die Ergebnisse dieses Telefonats vor unserem nächsten Treffen in einer E-Mail bekannt geben.

Kurzfassung
Wie Sie Meetings produktiv gestalten

- Machen Sie vor dem Treffen eine Tagesordnung.
- Liefern Sie Hintergrundinformationen.
- Lassen Sie keine Abschweifungen zu.
- Dokumentieren Sie die Ergebnisse.

Erfolgsgeheimnis Nr. 19: Wie Sie Kritik äußern

Gute Leistungen zu loben ist leicht, weil jeder gern Komplimente bekommt. Aber was tun Sie, wenn ein Tritt in den Hintern angebrachter ist als ein Schulterklopfen? So geht man dabei effektiv vor:

1. Sprechen Sie Probleme rasch an

Kritik äußert man am besten unmittelbar nach einem problematischen Verhalten oder so bald wie möglich. Wenn Sie warten, bis sich die Probleme eingeschliffen haben, machen Sie diese Probleme am Ende nur schlimmer, weil die andere Person sich daran gewöhnt hat, sich so zu verhalten.

Nehmen Sie zum Beispiel an, ein Mitarbeiter erscheint in

unpassender Kleidung zur Arbeit. Wenn Sie die Angelegenheit schleifen lassen, ist die Wahrscheinlichkeit hoch, dass er sich auch in Zukunft so anziehen und umso peinlicher berührt sein wird, wenn Sie es schließlich ansprechen.

2. Benennen Sie das Verhalten, das geändert werden soll

Weil Ihr Ziel darin besteht, ein Verhalten zu ändern, ist es kontraproduktiv, über die Persönlichkeitsmerkmale zu sprechen, die Sie hinter dem Verhalten vermuten. Wenn Sie versuchen, Letztere anzusprechen, ist das ein direkter Angriff auf das Selbstbild der Person, sie wird sich daher garantiert verteidigen.

Beispiel:

Sie: *Sie sind unzuverlässig! Sie sind diese Woche dreimal zu spät gekommen!*
Mitarbeiter: *Ich bin nicht unzuverlässig. Das ist nicht fair!*

Verhaltenskritik wird von den Leuten leichter akzeptiert und beherzigt, wenn sie mit Lob verbunden wird. Es geht dabei nicht darum, die Kritik zu bemänteln, sondern darum, dass Sie die guten Absichten des Mitarbeiters anerkennen, ungeachtet seines Verhaltens.

Beginnen Sie also mit einem Lob und gehen Sie dann zum

Verhalten über, das Sie verändert haben wollen. Verwenden Sie dabei die Konjunktion *und* statt des gängigeren *aber.*

So nicht:
Sie tragen viel zu unserem Erfolg bei, aber Sie geraten sehr in Rage, wenn jemand Ihre Vorschläge hinterfragt.

Sondern so:
Sie tragen viel zu unserem Erfolg bei, und Sie geraten sehr in Rage, wenn jemand Ihre Vorschläge hinterfragt.

Beachten Sie, dass die Verwendung von *aber* das Lob hinterrücks in einen Vorwurf verkehrt, während der Gebrauch von *und* eher das Kompliment unterstreicht.

3. Wer fragt, führt

Da Sie nun das Verhalten, das Sie ändern möchten, angesprochen haben, kommt es darauf an, dass der Mitarbeiter mitzieht und sich bereit erklärt, es zu ändern. Das ist nur möglich, wenn Sie den tieferen Ursprung dieses Verhaltens kennen.

Wenn Sie jemandem zuhören und gelten lassen, was er zu sagen hat, können Sie erfahren, wie die Welt aus seiner Sicht aussieht. Das wird Ihnen helfen herauszufinden, wie Sie diesen Mitarbeiter am besten dazu bringen, sein Verhalten zu ändern.

Beispiel:

Sie: *Sie sind normalerweise ein hervorragender Mitarbeiter und sind diese Woche schon dreimal zu spät gekommen. Was ist los?*
Mitarbeiter: *Ich habe Schwierigkeiten mit der Tagesbetreuung meines Kindes.*
Sie: *Es ist Ihnen offensichtlich ein Anliegen, gut für Ihr Kind zu sorgen – andererseits brauche ich Sie pünktlich hier, sonst kommen alle anderen auch nicht weiter. Wie können wir das Problem lösen?*

4. Erzielen Sie eine Handlungsvereinbarung

Lösen Sie Unterschiede zwischen Ihrer Wahrnehmung der Situation und der des Mitarbeiters auf. Erzielen Sie eine Einigung darüber, an welcher Stelle die Leistung des Mitarbeiters nicht die Erwartungen erfüllt.

Idealerweise kommt vom Mitarbeiter ein Vorschlag, wie er sein Verhalten ändern kann. Falls nicht oder falls sein Vorschlag nicht ausreichend erscheint, schlagen Sie eine Lösung vor. Entscheiden Sie gemeinsam, was zu tun ist, um das Verhalten zu ändern.

Beispiel:

Sie: *Sie haben beim Testprogramm gute Arbeit geleistet, und ich höre, dass Sie in Ihren E-Mails an die Programmierer Verärgerung geäußert haben. Was ist los?*
Mitarbeiter: *Es kotzt mich echt an, wenn die Programmierer die Schuld beim Testprogramm suchen statt bei ihrer eigenen Unfähigkeit, einen anständigen Code zu schreiben.*
Sie: *Ich sehe, Sie sind leidenschaftlich daran interessiert, die Fehler zu beheben, und ich denke, Sie könnten eine bessere Zusammenarbeit erreichen, wenn Sie Ihren Ärger ein wenig runterpegeln. Haben Sie da einen Vorschlag?*
Mitarbeiter: *Na ja, ich vermute, ich sollte weniger Kaffee trinken.*
Sie: *Gute Idee. Vielleicht könnten wir uns darauf einigen, dass Sie einen Tag warten, ehe Sie E-Mails abschicken, die Sie schreiben, wenn Sie sich geärgert haben. Wollen wir das so machen?*
Mitarbeiter: *Ja, ich denke schon.*
Sie: *Super.*

5. Bleiben Sie dran

Es dauert ein bisschen, bis jemand sein Verhalten ändert, denn der Mensch ist ein Gewohnheitstier. Sofern die andere Person nicht sehr motiviert ist, etwas anders zu machen, ist es sehr wahrscheinlich, dass sie in das alte, schlechte Verhaltensmuster zurückfällt.

Bestärken Sie den Mitarbeiter kontinuierlich in seinem neuen Verhalten, indem Sie die aktuelle Leistung im Blick behalten und bei Bedarf ein zusätzliches Coaching anbieten. Geben Sie nicht auf, bis der Mitarbeiter, den Sie in seinem Prozess begleiten, sein volles Potenzial erreicht hat.

Kurzfassung
Mitarbeiter kritisieren

- Sprechen Sie unerwünschtes Verhalten sofort an, wenn es auftritt.
- Bringen Sie Lob an und kommen dann auf das Verhalten zu sprechen, das sich ändern soll.
- Fragen Sie nach, um die Gründe dafür zu verstehen.
- Einigen Sie sich auf ein Vorgehen zur Änderung des Verhaltens.
- Beobachten Sie das Verhalten weiterhin und bestärken Sie die Veränderung.

Erfolgsgeheimnis Nr. 20: Wie Sie mit Nörglern umgehen

Wäre die Welt perfekt, würden Mitarbeiter mehr Zeit darauf verwenden, Probleme zu lösen, statt sich darüber zu beklagen. Doch in der wirklichen Welt leben leider viele Leute, die sich lieber beschweren, statt etwas zu unternehmen.

Meckerer machen es allen noch schwerer, ihre Arbeit zu machen. Sie verschwenden mit ihrer Nörgelei nicht nur ihre eigene Zeit, sondern klauen Ihnen auch Ihre Zeit, wenn Sie sich ihre Klagen anhören müssen. Und so können Sie mit ihnen umgehen:

1. Machen Sie einen Termin für ein Gespräch

Wenn ein notorischer Nörgler (und Sie kennen sie bestimmt alle) in Ihren Arbeitsbereich kommt und signalisiert, dass er mit Ihnen sprechen möchte, sollten Sie dafür keinesfalls Ihre Arbeit unterbrechen.

Geben Sie stattdessen zu verstehen, dass Sie bereit sind, sich anzuhören, was die Person zu sagen hat, aber der Sache im Augenblick nicht die Aufmerksamkeit schenken können, die sie verdient hat, solange Sie geistig noch mit der aktuellen Aufgabe beschäftigt sind. Vereinbaren Sie daher möglichst zeitnah einen Termin dafür.

Das hat mehrere Vorteile:

1. Es beschränkt den Einfluss, den der Nörgler auf Ihre Arbeitsproduktivität hat.
2. Es hält den Nörgler davon ab, Ihr offenes Ohr dafür zu missbrauchen, sich vor der eigenen Arbeit zu drücken.
3. Es zeigt Respekt für den Beschwerdeführer und die Bereitschaft zuzuhören ... zum geeigneten Zeitpunkt.

Wenn der vereinbarte Termin heranrückt, besteht eine gewisse Chance, dass der Nörgler von etwas anderem abgelenkt wurde. In diesem Fall wäre das Problem gelöst. Wenn nicht, gehen Sie zu Schritt zwei über.

2. Bestimmen Sie die Agenda

Beginnen Sie die vereinbarte Unterhaltung mit folgender Frage: »Wollen Sie meinen Rat, oder wollen Sie in diesem Gespräch nur einmal Dampf ablassen?« Diese Frage ist aus drei Gründen unverzichtbar:

1. Sie trägt dem Umstand Rechnung, dass manche Menschen nicht eher über eine Lösung nachdenken können, als sie sich eine Weile über das Problem beklagt haben.
2. Sie bringt zum Ausdruck, dass es wahrscheinlich eine Lösung für das gibt, was der »Kläger« vorzubringen hat, selbst wenn es nicht der richtige Zeitpunkt dafür ist.
3. Sie gibt eine zeitliche Begrenzung für die Beschwerde vor, womit sichergestellt ist, dass die Produktivität nicht darunter zu leiden hat.

3. Hören Sie sich die Klage an

Unabhängig davon, ob der Nörgler eine Lösung möchte, sollten Sie dem Drang widerstehen, eine (wenigstens vorläufige) Lösung anzubieten, wenn er seine Beschwerden vorträgt. Denken Sie daran: Ein Nörgler hat in erster Linie das Bedürfnis, wahrgenommen zu werden.

Selbst wenn die Beschwerden lächerlich oder gegenstandslos zu sein scheinen, sollten Sie nicht die Augen verdrehen, zappelig werden oder nebenbei Ihre E-Mails checken. Nicken Sie stattdessen und sagen Sie Sachen wie: »Ich höre Ihnen zu« oder »Das muss wirklich unangenehm sein«.

In den meisten Fällen geht den Meckerern dann nach fünf Minuten oder sogar weniger der Stoff aus, solange Sie nicht Öl ins Feuer gießen, indem Sie voreilig Lösungen vorschlagen. Wenn der Nörgler verstummt, können Sie sich erkundigen, wie er sich fühlt:

Beispiele:

- *Was kommt Ihnen noch in den Sinn, wenn Sie daran denken?*
- *Was hat Sie dazu veranlasst, mir das jetzt zu sagen?*
- *Sind Sie bereit, über eine praktikable Lösung nachzudenken?*

Diese Fragen helfen dem Beschwerdeführer, eine Lösung für das Problem zu entwickeln, statt sich einfach nur darüber zu beschweren.

4. Fragen Sie den Nörgler, was er zu tun gedenkt

Nachdem er das ganze Problem auf den Tisch packen konnte, wird der Mitarbeiter meist erkennen, was zu tun ist, selbst wenn es etwas so Simples ist, wie sich zusammenzunehmen und weiterzumachen.

Die meisten Nörgler wissen schon vorher, was sie tun müssten, um das Problem zu lösen – aber können sich nicht aufraffen, es in die Hand zu nehmen, ehe sie sich darüber erst einmal eine Weile beklagt haben.

Daher werden sie gelegentlich sagen: »Ich weiß nicht, was ich tun soll.«

Wenn das geschieht, können Sie darauf antworten: »Und wenn Sie wüssten, was zu tun ist, was wäre das?« Mit einer Neuformulierung gelingt es oft, die herbeigeredete Hilflosigkeit »kurzzuschließen« und zu umgehen.

Hören Sie so wie vorher ruhig zu, wenn der Mitarbeiter einen Vorschlag hat. Wenn er dabei bleibt zu sagen: »Ich weiß nicht, was ich tun soll«, erwidern Sie etwas wie: »Offensichtlich sind Sie sehr frustriert« und fahren mit dem nächsten Schritt fort.

5. Vergewissern Sie sich, dass Ihr Rat erwünscht ist

Wenn der Nörgler erst einmal Dampf abgelassen und sich etwas beruhigt hat, können Sie fragen: »Hat es geholfen, das jetzt mal losgeworden zu sein?« Ob die Antwort Ja, Nein oder Vielleicht lautet, ist dabei nicht wichtig. Die Frage hat nur den Zweck zu zeigen, dass Sie dem Mitarbeiter zugehört haben.

Und weil Sie sich die Beschwerde angehört haben, schuldet der Beschwerdeführer Ihnen jetzt etwas. Das ist nicht nur gut, sondern auch angemessen, denn sich Beschwerden anzuhören ist harte Arbeit. Stellen Sie nun die alles entscheidende Frage: »Möchten Sie hören, wie ich die Sache sehe?«

Wenn die Antwort Nein ist, ist die Sache erledigt. Sie können sich dabei sicher sein, dass Sie durch Ihr Zuhören alles getan haben, was Sie tun konnten, um den Nörgler wieder auf Kurs zu bringen. Wenn die Antwort Ja ist, können Sie zum nächsten Schritt übergehen.

6. Geben Sie Ihren besten Rat

Sagen Sie eingangs so etwas wie: »Ich werde Ihnen sagen, wie Sie meiner Meinung nach damit umgehen sollten. Danach beantworte ich Ihnen gerne, wie Sie die Vorschläge umsetzen können, aber mehr auch nicht.«

Geben Sie Ihren besten Rat und beziehen Sie dabei das mit ein, was der Mitarbeiter selbst in Schritt vier vorgeschlagen hat. Formulieren Sie den Rat aus Ihrer Perspektive. Sagen Sie so etwas wie: »Ich an Ihrer Stelle würde …«

Erkundigen Sie sich anschließend, ob es Fragen gibt. Wenn der Mitarbeiter anfängt zu erklären, warum Ihr Rat nicht funktioniert (nach dem Prinzip »Ja, aber …«), heben Sie die Hände, mit den Handflächen nach vorn, und sagen: »Das ist das Beste, was ich Ihnen in der Angelegenheit raten kann.« Beenden Sie das Gespräch.

Wenn der Mitarbeiter mit Nachfragen zur Umsetzung reagiert, antworten Sie, so gut Sie können. Glückwunsch, Sie haben aus einem Nörgler einen Problemlöser gemacht!

Indem Sie diese Schritte befolgt haben, haben Sie nicht nur dem Nörgler (oder gegebenenfalls dem Exnörgler) Respekt erwiesen, sondern auch gezeigt, dass Sie nicht gewillt sind, sich volljaulen zu lassen.

Kurzfassung

Mit Nörglern umgehen

- Vereinbaren Sie einen Gesprächstermin.
- Geben Sie die Richtung vor.
- Hören Sie geduldig zu.
- Fragen Sie nach Lösungsvorschlägen.
- Fragen Sie, ob Ihr Rat erwünscht ist.
- Geben Sie Ihren besten Rat.

Erfolgsgeheimnis Nr. 21: Wie Sie jemanden entlassen

Für jede Führungskraft besteht eine der schwierigsten Aufgaben darin, jemandem zu kündigen (selbst wenn der Betreffende nicht der Richtige für diesen Job ist). Noch schlimmer ist es, wenn man mehrere Angestellte entlassen muss, obwohl sie nichts getan haben, womit sie das verdient hätten. Es gibt keinen Weg, diesen Vorgang einfacher zu machen, aber Sie können ihn folgendermaßen etwas weniger traumatisch gestalten:

1. Benutzen Sie keine Worthülsen

Wörter wie Gesundschrumpfen (oder *downsizing*) beziehungsweise Restrukturierung (oder *rightsizing*) sind dazu erfunden worden, dass Führungskräfte sich besser fühlen, indem sie die Tatsache verschleiern, dass es um Menschen aus Fleisch und Blut geht. Das ist das Gleiche, wie wenn die Militärs von *Kollateralschaden* sprechen statt von toten Zivilisten.

Auch Wortschöpfungen wie *Stellenabbau* sind nur ein Beleg für die Feigheit des Managements. Als bestünde die ganze Belegschaft nur aus unbelebten Bausätzen, die man nach Belieben auf- oder abbauen kann.

Wenn Sie jemandem kündigen wollen, dann sagen Sie auch: »Ich kündige Ihnen.« Wenn es Entlassungen gibt, dann nennen Sie sie Entlassungen. Sagen Sie, wie es ist, selbst wenn es hart ist, die Wahrheit auszusprechen. Schließlich wird die Wahrheit diejenigen, die ihre Jobs verlieren, noch viel härter treffen.

2. Sie könnten der Nächste sein

Weil es so eine unangenehme Aufgabe ist, Leute zu entlassen, ist es gar nicht unüblich, dass ein höhergestellter Chef es einem rangniedrigeren Manager überlässt, die Drecksarbeit zu machen – und anschließend den Manager feuert. Aus der Sicht des Oberbosses macht das eine Reihe unangenehmer Aufgaben zu einer ziemlich einfachen.

Behandeln Sie Ihre zukünftigen Exangestellten so anständig wie möglich, und sei es nur, weil Sie sich in der Schlange vor dem Arbeitsamt wiederbegegnen könnten.

3. Nennen Sie nach Möglichkeit ernsthafte Gründe

Sie sind es Ihren Mitarbeitern schuldig, ihnen einen guten Grund dafür zu nennen, dass sie ihren Job verlieren. Reden Sie nicht um den heißen Brei herum. Nebenbei bemerkt ist der Grund für Entlassungen meist: »Das Management, mich eingeschlossen, hat es versaut.«

Es könnte Ihnen jedoch aufgrund gesetzlicher Auflagen und staatlicher Bestimmungen verwehrt sein, sich wie ein anständiger Mensch zu verhalten. Um zu vermeiden, dass Sie zwischen die Fronten geraten und die Dinge möglicherweise für sich und alle anderen noch schlimmer machen, sollten Sie sich an die Firmenrichtlinien halten im Hinblick darauf, was Sie den Gekündigten sagen dürfen.

4. Handeln Sie rasch und gründlich

Kündigungen und Massenentlassungen sollte man wie eine Notoperation im Krankenhaus angehen. Wenn Sie wollen, dass der Patient (das heißt, Ihre Firma) den Schock so schnell wie möglich hinter sich lässt, sollten Sie ihn nicht aus tausend Wunden bluten lassen.

Bringen Sie die Kündigungen so schnell wie möglich über die Bühne, sodass alle möglichst bald darüber hinwegkommen können. Dies ist absolut in Ihrem Interesse, denn wenn sich der Vorgang allzu lange hinzieht, werden Ihre besten Leute (diejenigen, die Sie bestimmt nicht feuern wollen) nervös werden und sich woanders eine Stelle suchen.

In jedem Fall werden sich die verbleibenden Angestellten (insbesondere die Spitzenleute) seltsam und unbehaglich fühlen, weil sie ihren Job noch haben, während ihre ehemaligen Kollegen bereits gegangen sind. Sorgen Sie dafür, dass die Verbliebenen wissen, dass sie geschätzt werden, und helfen Sie ihnen, mit der Umstellung klarzukommen.

Kurzfassung

Bei Kündigung oder Massenentlassungen

- Sagen Sie, wie es ist, ohne Businessgeschwätz.
- Zeigen Sie Mitgefühl für Ihre Mitarbeiter.
- Erklären Sie, soweit möglich, was vor sich geht.
- Ein rascher Schnitt, verarbeiten und weitermachen.

Teil 4

Wie Sie sich selbst managen

Von all Ihren Arbeitsbeziehungen ist die zu sich selbst am wichtigsten. Ihr Erfolg am Arbeitsplatz hängt unmittelbar davon ab, wie gut Sie die beiden einzigen Dinge managen, über die Sie wirkliche Kontrolle haben: Ihren Geist und Ihren Körper.

Firmen verlangen heutzutage, dass die Angestellten mehr in weniger Zeit erledigen, und diejenigen, die übrig bleiben, sollen oft die Arbeiten derer übernehmen, die entlassen wurden. Mehr als je zuvor ist es an Ihnen, für Ihre eigene Zukunft zu sorgen.

Dieser Teil des Buches gibt Ihnen die Erfolgstipps an die Hand, mit denen Sie kontinuierlich und mühelos Ihre Karriere voranbringen.

- *Wie Sie Ihre Karriere absichern* erläutert, wie Sie Ihren Wert für Ihren derzeitigen Arbeitgeber steigern und leichter einen anderen Job finden, was Ihnen wiederum ermöglicht, effektiver mit Chefs und Kollegen umzugehen.
- *Wie Sie sich genügend Zeit verschaffen* enthält das überraschende Erfolgsgeheimnis des richtigen Zeitmanagements, mit dem Sie weniger Stress bei der Arbeit haben. Es verschafft Ihnen außerdem den Freiraum, den Sie brauchen, um Ihre ehrgeizigsten Ziele erreichen zu können.
- *Wie Sie Ihren Traumjob finden* stellt Ihnen ein System zur Verfügung, mit dem Sie die Art von Arbeit und Berufsleben finden, die zu Ihnen passt. Sie erfahren, warum die

meisten Leute niemals ihren Traumjob finden und was Sie brauchen, um die Ausnahme von der Regel zu sein.

- *Wie Sie ein Vorstellungsgespräch ergattern* erklärt, wie Sie sich Vorteile verschaffen und sich von der Masse der Jobsuchenden abheben. Sie erfahren außerdem, warum es nicht funktioniert, Hunderte von Bewerbungen zu verschicken.
- *Wie Sie beim Vorstellungsgespräch glänzen* zeigt, wie Sie sich vorbereiten und im Gespräch verhalten müssen, damit die Personalentscheider Sie für den idealen Kandidaten halten. Es erklärt auch, warum die Fragen, die Sie stellen, wichtiger sein können als die, die Sie beantworten.
- *Wie Sie Scheitern unmöglich machen* liefert eine Schritt-für-Schritt-Anleitung, wie Sie jedes bisschen Ihrer Arbeitserfahrung dafür nutzen, um an Ihr Ziel zu gelangen. Auch wenn keine Methode Erfolg garantieren kann, garantiert Ihnen dieses Vorgehen, dass Sie niemals zu den Verlierern gehören werden.
- *Wie Sie optimistischer werden* gibt Ihnen Tipps und Strategien an die Hand, mit denen Sie zu einer motivierten und positiven Haltung gelangen, und zwar sowohl, wenn die Dinge so laufen, wie Sie es gerne hätten, als auch dann, wenn es nicht so läuft wie gewünscht.

Erfolgsgeheimnis Nr. 22: Wie Sie Ihre Karriere absichern

In einer Welt der Globalisierung und des Outsourcings kann niemand *Arbeitsplatz*sicherheit erlangen. Es ist jedoch möglich, sich selbst so zu positionieren, dass 1. Ihr Arbeitgeber Sie ungern feuern würde und Sie 2. leicht einen neuen Job finden können. Ich nenne das *Karriere*sicherheit, und die erlangen Sie folgendermaßen:

1. Schaffen Sie sich ein finanzielles Polster

Wenn Sie sich finanziell gerade so über Wasser halten können, sind Sie an Ihren Job gefesselt, denn ihn zu verlieren würde unmittelbare Härten mit sich bringen.

Deswegen bedeutet Karrieresicherheit, sich in eine finanzielle Lage zu bringen, in der Sie mindestens sechs Monate lang arbeitslos und ohne jegliches Einkommen sein können, ohne Ihre Lebensweise verändern zu müssen.

Mir ist klar, dass das für manche schwer machbar ist, speziell, wenn man noch ein Studiendarlehen und seine Miete bezahlen muss. Und doch ist es unverzichtbar, denn Sie wollen den bestmöglichen Job bekommen, nicht den erstbesten. Deshalb können Sie es sich nicht leisten, sich von Umzügen oder Geldnot von der Jobsuche abhalten zu lassen.

Es wird vielleicht einige Zeit dauern, bis Sie finanziell so weit abgesichert sind, aber es lohnt sich definitiv, auch wenn

Sie sich dafür vorerst die Wohnung mit jemandem teilen müssen, niemals essen gehen können oder im Secondhandladen einkaufen müssen.

2. Machen Sie sich weniger ersetzbar

Keine Firma beschäftigt Mitarbeiter, wenn ihr das einen finanziellen Verlust einbringt. Die Wahrscheinlichkeit ist hoch, dass Sie größeren Wert für die Firma erwirtschaften, als Sie im Gegenzug dafür erhalten (Gehalt, Boni, Provisionen, Zulagen und so weiter).

In finanzieller Hinsicht können Sie Ihren Wert für das Unternehmen am ehesten dadurch ermitteln, dass Sie schauen, was es kosten würde, Sie zu ersetzten. (Wie das geht, bespreche ich in »Erfolgsgeheimnis Nr. 5: Wie Sie eine Gehaltserhöhung verlangen«.) Es ist absolut in Ihrem Interesse, dass es teurer wird, Sie zu ersetzen.

Das erreichen Sie, indem Sie innerhalb der Tätigkeitsfelder Ihrer Firma auf einem bestimmten Gebiet spezielle Fachkenntnisse erwerben. Je mehr Sie kontinuierlich zum Erfolg Ihrer Firma beitragen, desto geringer ist die Wahrscheinlichkeit, dass man Sie ersetzen wird.

Unternehmen schätzen drei Arten der Expertise:

1. **Profundes Fachwissen.** Das umfasst eine oder mehrere komplexe Kenntnisse. Wenn Sie zum Beispiel Programmierer sind, könnten Sie Experte in einer eher unbekannten, aber ziemlich wichtigen Programmiersprache werden.

2. **Umfassendes Fachwissen.** Das beinhaltet ein geschäftliches Know-how, das es Ihnen erlaubt, eine breite Palette an Tätigkeiten auszuüben. Vorgesetzte trennen sich ungern von Allroundern, denn dann müssten sie mehrere Leute für dieselbe Arbeit einstellen.
3. **Netzwerkkompetenz.** Das bedeutet, so gute Beziehungen aufgebaut zu haben, dass Ihr Weggang für Ihre Firma einen finanziellen Schaden darstellen würde. Eine Spitzenvertrieblerin könnte zum Beispiel einige ihrer Kundenkontakte mitnehmen, wenn sie wechselt.

Nehmen wir an, Sie sind neu in einer Marketinggruppe, die sich mit der Markenbildung des Unternehmens befasst. Sie haben drei Möglichkeiten, sich weniger ersetzbar zu machen, und zwar durch:

1. **Profundes Fachwissen:** Bringen Sie in Erfahrung, wie man Markenbewusstsein durch das Bespielen mehrerer Social-Media-Kanäle schafft.
2. **Umfassendes Fachwissen:** Erwerben Sie Kenntnisse (und übernehmen Sie entsprechende Projekte), die den gesamten Bereich des Brand Marketing umfassen.
3. **Netzwerkkompetenz:** Bauen Sie sowohl zu den Entwicklungsingenieuren als auch zu den Kunden Kontakte auf, sodass beide Gruppen in Ihnen einen Verbündeten sehen.

Genauso verhält es sich, wenn Sie, sagen wir, über 25 Jahre Erfahrung als Fertigungsingenieur verfügen. Um sich weniger leicht ersetzbar zu machen, hätten Sie drei Möglichkeiten:

1. **Profundes Fachwissen:** Werden Sie zur einzigen Person in der Firma, die sich mit der Software auskennt, die den Bereich der Fertigung steuert.
2. **Umfassendes Fachwissen:** Werden Sie zum allgemeinen technischen Leiter des gesamten Fertigungssystems.
3. **Netzwerkkompetenz:** Werden Sie zum technischen Ansprechpartner der gesamten Zuliefererkette.

3. Erstellen Sie einen Notfallplan

Außer sich unentbehrlich zu machen, sollten Sie mindestens zwei Stunden pro Woche (fest einplanen!) darauf verwenden, neue Geschäftskontakte aufzutun, diese Kontakte zu pflegen und berufliche Chancen in Ihrem Bereich im Blick zu behalten. Ihr Ziel besteht darin, stets mehrere Jobaussichten unterschiedlich weit vorangetrieben zu haben. Gleich mehrere solcher Alternativen zu haben verschafft Ihnen vier Vorteile:

1. Sie werden den Mut haben, unzumutbare Aufgaben abzulehnen.
2. Sie werden eher bereit sein, Ihren Job zu riskieren, wenn es darum geht, sich anständig zu verhalten.
3. Sie werden irgendwann einen Job finden, der besser ist als Ihr bisheriger.
4. Sie werden sich nicht scheuen, eine Entlohnung zu verlangen, die Ihrem wahren Wert entspricht.

Stellen Sie diese Kontakte und Chancen, die Sie aufbauen und pflegen, in Art eines Notfallplans zusammen, in dem Sie genau festhalten, was Sie tun werden und wen Sie anrufen, wenn Sie unerwartet Ihren Job verlieren. Es hat drei Vorteile, diesen Plan schriftlich vorliegen zu haben:

1. Es hilft Ihnen, sich den Ablauf zu veranschaulichen, was es leichter macht, ihn gegebenenfalls zu befolgen.
2. Sie brauchen sich keine Gedanken mehr darüber zu machen, was Sie tun sollten, wenn Sie Ihren Job verlieren.
3. Es ist ein Instrument, mit dem Sie die Kontakte und die Chancen, die Sie aufbauen, dokumentieren können.

Beispiel:

Potenzieller Arbeitgeber: Microfirm

Was ich ihnen zu bieten habe: Ich verwende ihre Produkte in meinem derzeitigen Job; ich könnte ihnen helfen, neue Kundenpotenziale zu erschließen.

Kontakte:

- Jan Müller, Marketingleiter, 0321-12345-678 jm@microfirm.de
- Susanne Meier, System Designer, 0321-12345-789 sm@microfirm.de

Kontaktaufnahme:

- Jan Müller auf der CeBIT 2014 kennengelernt, über neue Produkte gesprochen
- Kommentar auf Susannes Blog zu neuem Befehlssatz hinterlassen
- Am 9.10.2014 telefonisch mit Jan Müller den zukünftigen Bedarf angerissen

Idealerweise sollten Sie zu jedem Zeitpunkt Ihrer beruflichen Laufbahn mindestens drei solcher Möglichkeiten offen haben. Anders gesagt: Während Sie die Stelle A haben, sollten Sie zeitgleich an den Jobchancen B, C und D arbeiten.

Kurzfassung
Karrieresicherheit

- Leben Sie sparsam, bis Sie Rücklagen im Umfang von sechs Monatseinkommen gebildet haben.
- Bauen Sie Ihre Fachkenntnisse aus, sodass es unwahrscheinlicher wird, dass man Sie entlässt.
- Erarbeiten Sie sich weitere Jobchancen und halten Sie die Einzelheiten dazu in einem Notfallplan schriftlich fest.

Erfolgsgeheimnis Nr. 23: Wie Sie sich genügend Zeit verschaffen

Auch wenn sich die meisten Leute beklagen, sie hätten nicht genug Zeit, ist es im Grunde ganz einfach, ausreichend Zeit zu finden, um seine Arbeit zu erledigen und immer noch Zeit fürs Privatleben zu haben. Und zwar folgendermaßen:

1. Hören Sie auf, sich zu beklagen

Sie bekommen jeden Tag genau so viel Zeit wie jeder andere auch. Ihnen mag es so vorkommen, als sei sie knapp und Sie bräuchten dringend mehr, aber zu Beginn des Tages haben Sie Ihren gerechten Anteil erhalten: 24 Stunden.

Niemand hat mehr bekommen als Sie, also hören Sie auf, sich zu beschweren. Noch wichtiger ist, dass Sie die Zeit, die Sie damit verschwenden, sich zu beschweren, produktiver nutzen könnten.

2. Machen Sie eine Zeiterfassung

Entgegen der landläufigen Meinung ist das Schwierigste am Zeitmanagement nicht, die Dinge zu ändern, die Sie tun, sondern den Mut und die Disziplin aufzubringen, genau festzuhalten, was Sie wirklich tun. Es ist ein Musterbeispiel für »Wissen ist Macht«.

Der springende Punkt ist: Wenn Ihnen erst einmal klar wird, worauf Sie Ihre Zeit verwenden, wird es lächerlich einfach zu bestimmen, an welcher Stelle Sie sie verschwenden. Sich das bewusst zu machen hilft bereits zu entscheiden, was Priorität hat und was gestrichen oder an jemand anderen delegiert werden kann.

3. Beherzigen Sie das Pareto-Prinzip

Das Pareto-Prinzip beschreibt eine mathematische Gesetzmäßigkeit, die sich auf die meisten Situationen anwenden lässt. Es besagt, dass man mit 20 Prozent des Arbeitsaufwands 80 Prozent der Ergebnisse erzielt. Prägen Sie sich diese Regel gut ein, denn sie ist das Geheimnis des Zeitmanagements.

Das berühmteste Beispiel für den Pareto-Effekt ist die oft zitierte Tatsache, dass 80 Prozent des Umsatzes von 20 Prozent des Teams erwirtschaftet werden. Es gibt Dutzende anderer Beispiele, die von der Wohlstandsverteilung bis zu Schäden durch Naturkatastrophen reichen.

Die Kehrseite dieses Prinzips ist, dass wir mit 80 Prozent unseres Arbeitsaufwands nur 20 Prozent unserer Ergebnisse erzielen. Das heißt im Klartext: Das meiste (also 80 Prozent) dessen, was Sie tun, ist ziemliche Zeitverschwendung.

4. Ordnen Sie Ihre To-do-Liste nach Prioritäten

Der Grund, weswegen die meisten Zeitmanagementsysteme nicht funktionieren, ist der, dass sie die 20 Prozent der Tätigkeiten, auf die es wirklich ankommt, und die 80 Prozent, die im Grunde unwichtig sind, mehr oder weniger gleichrangig behandeln.

Sortieren Sie stattdessen die Punkte auf Ihrer To-do-Liste nach dem erforderlichen Arbeitsaufwand, und zwar von 1 bis 10, wobei 1 den geringsten Aufwand darstellt und 10 den größten. Schätzen Sie dann die potenziellen positiven Ergebnisse, ebenfalls von 1 bis 10.

Teilen Sie den Aufwand durch das Potenzial. Das Ergebnis ist ein »Prioritätsranking«. Setzen Sie nun die Punkte mit der *niedrigsten* Prioritätszahl an die erste Stelle.

Beispiel:

Aufgabe 1: Protokoll zum Dienstreise-Meeting schreiben
Aufwand = 10, Ergebnis = 2, Priorität = 5 (also 10:2)
Aufgabe 2: Präsentation fürs Marketing vorbereiten
Aufwand = 4, Ergebnis = 4, Priorität = 1
Aufgabe 3: Aktuellen Kunden wegen Empfehlung anrufen
Aufwand = 1, Ergebnis = 10, Priorität = 0,1

5. Machen Sie nur die 20 Prozent, auf die es ankommt

Um das Pareto-Prinzip für sich zu nutzen, sollten Sie die oben genannten Aufgaben in die folgende Reihenfolge bringen:

Beispiel:

Aufgabe 3: Aktuellen Kunden wegen Empfehlung anrufen (Priorität 0,1)
Aufgabe 2: Präsentation fürs Marketing vorbereiten (Priorität 1)
Aufgabe 1: Protokoll zum Dienstreise-Meeting schreiben (Priorität 5)

Übrigens: Wenn Sie nie einen Priorität-5-Punkt auf der Liste haben, macht das gar nichts. Er gehört vermutlich sowieso zu den 80 Prozent, auf die es nicht ankommt.

Ich weiß, das klingt alles ziemlich einfach, wenn nicht sogar stark vereinfacht. Ich kann Ihnen jedoch aus meiner eigenen Erfahrung sagen, dass nichts – wirklich nichts – so viel zu meiner persönlichen Produktivität beigetragen hat wie diese Form der Prioritätensetzung.

Noch ein Hinweis: Wenn Sie sich Ihre Aufgaben für die nächsten zwei Wochen anschauen, hilft Ihnen das, den Plan für die aktuelle Woche auszuarbeiten und neu zu strukturieren. Auf diese Weise können Sie entscheiden, was Sie in diese Woche vorziehen oder nach hinten in die nächste Woche oder noch später schieben können.

6. Gehen Sie immensen Zeitfressern aus dem Weg

Ein guter Weg, nur das zu tun, was wichtig ist, ist der, das wegzulassen, was viel Zeit kostet, sich aber selten sonderlich auszahlt. Das sind die drei häufigsten Zeitfresser:

1. **Telefonate eindämmen:** Schon aus Gründen der Kontaktpflege werden Sie es in den meisten Firmen nicht ganz vermeiden können, Anrufe anzunehmen. Versuchen Sie jedoch, sich nicht durch unnötig lange Telefonate von der Arbeit abhalten zu lassen. Erkundigen Sie sich, worum es geht, bitten Sie gegebenenfalls um ein paar Stichworte per Mail und vereinbaren Sie einen Zeitpunkt, bis zu dem Sie sich mit der gewünschten Auskunft zurückmelden können.
2. **Nachrichten auf der Mailbox vermeiden:** Eine Nachricht auf der Mailbox abzuhören nimmt einige Minuten in Anspruch (mehr noch, wenn Sie antworten müssen). Dieselben Informationen könnten Sie einer E-Mail in Sekunden entnehmen. Sofern es möglich ist, bitten Sie in Ihren E-Mails um schriftliche Antworten. Schon das spart einige Stunden im Monat.
3. **Der Schwatz mit den Kollegen:** Für einige Leute scheint der Arbeitstag aus unendlichen Kaffeepausen zu bestehen. Sie durchstreifen die Flure auf der Suche nach jemandem, mit dem sie vorgeblich über Geschäftliches reden können. In Wirklichkeit jedoch wollen sie nur quatschen. Lassen Sie sich von diesen Zeitdieben nicht den Erfolg verderben. Sagen Sie einfach Nein. Werden Sie nötigenfalls grob, um sie loszuwerden.

4. **Lassen Sie sich nicht von Signaltönen ablenken:** Zu den 20 Prozent, die den Unterschied machen, gehören kreative Tätigkeiten, Gespräche mit wichtigen Leuten oder das Aufnehmen komplexer Informationen. Das geht nicht gut, wenn Computer und Telefon piepsend und summend um Aufmerksamkeit buhlen. Was immer es ist, es kann warten.

Kurzfassung
Zeitmanagement

- Sie haben jeden Tag 24 Stunden, so wie alle anderen auch.
- Zu überprüfen, womit Sie die Zeit verbringen, ist die halbe Miete.
- 20 Prozent von dem, was Sie tun, erbringen 80 Prozent Ihrer Ergebnisse.
- Setzen Sie Prioritäten auf der Grundlage von potenziellem Effekt und dem Zeitaufwand für die Ausführung.
- Machen Sie nur die 20 Prozent, mit denen Sie 80 Prozent Ihrer Ergebnisse erzielen können.
- Meiden Sie das Getratsche mit den Kollegen, das nur unnötig Zeit frisst.

Erfolgsgeheimnis Nr. 24: Wie Sie Ihren Traumjob finden

Die meisten Leute stolpern irgendwie in ihren Beruf – es bietet sich ihnen eine Chance, vielleicht ist gerade nichts Besseres im Angebot, vielleicht brauchen sie gerade Geld, oder sie sind der Meinung, dass dieser Job erst mal gut genug ist.

Statt sich selbst auch diesem Schicksal zu ergeben, sollten Sie einen Plan machen, um den perfekten Job zu finden. Sie müssen jedoch – das möchte ich wirklich betonen – nicht erst den Traumjob an Land ziehen, um die Erfolgstipps in diesem Buch zu nutzen.

Ganz im Gegenteil. Wenn Sie bereits den Traumjob gefunden haben, werden ein paar der Tipps (wie etwa die, wie man mit schwierigen Chefs und Kollegen umgeht) für Sie wahrscheinlich, wenn nicht völlig überflüssig, so doch weniger wichtig sein als für jemanden, der sich in einem nicht ganz so idealen Job abstrampelt.

Sechs Schritte führen zum Traumjob:

1. Behalten Sie den Traumjob immer im Sinn

Ich habe auf diversen Partys, Konferenzen und Zusammenkünften Hunderte von Leuten gefragt: »Wenn Sie sich den Job aussuchen könnten, den Sie gerne hätten, welcher wäre das?« Fast immer war die Antwort so etwas wie: »Äh … weiß ich nicht.«

Wenn Sie nicht wissen, was Ihren Traumjob ausmacht, liegt es auf der Hand, dass die Chance, ihn zu bekommen, gegen null tendiert. Denn wenn Sie die Wahnsinnschance bekämen, dass man Ihnen diesen Traumjob anbietet, würden Sie ihn nicht erkennen. Der erste Schritt auf dem Weg zum Traumjob ist der zu wissen, was der Traumjob wäre. Ein kleiner Hinweis: In den meisten Fällen wird er mit etwas zu tun haben, das Sie wirklich interessiert und ausfüllt.

2. Denken Sie so wie Ihre Vorbilder

Nahezu jeder Erfolgsratgeber empfiehlt, dass Sie sich ein Vorbild suchen. Dummerweise gehen viele Leute so mit Vorbildern um, dass es garantiert schiefgeht: Sie ahmen die Strategien nach, die die Vorbilder dahin gebracht haben, wo sie heute sind.

Leider wird das, was vor 20 Jahren funktioniert hat, heute nicht mehr funktionieren.

Wenn Sie zum Beispiel Filmregisseur werden möchten, könnten Sie versuchen, so ins Filmbusiness zu kommen, wie es Steven Spielberg gemacht hat: indem Sie als unbezahlter Praktikant in den Filmstudios rumhängen.

Da gibt es nur ein Problem … nein, zwei. Erstens versuchen das alle, weil sie alle dieselbe Geschichte über Spielberg gehört haben. Und zweitens, noch entscheidender: In den Filmstudios von heute geht es anders zu als in den Siebzigerjahren – mehr Sicherheitsleute und weniger Zugangsmöglichkeiten.

Was an Vorbildern nützlich ist, sind nicht die Strategien, die sie verfolgt haben, sondern die gedanklichen Prozesse, die sie zu diesen Strategien brachten. Es ist diese Denkweise, die Ihnen, übertragen auf heutige Verhältnisse, die Herangehensweise ermöglicht, mit der Sie den Traumjob an Land ziehen.

Spielberg beispielsweise war schon fast größenwahnsinnig in seiner Überzeugung, gute Filme machen zu können, und komplett unempfänglich für das, was andere von seinem Talent hielten. (Er wurde an der Filmhochschule zweimal abgelehnt.)

Wer Filmregisseur werden will, braucht genau diese Mentalität, aber die erforderliche Strategie für diesen Berufsweg bestünde heute wohl eher darin, Fan-Fiction-Filme ins Internet zu stellen, statt ein Praktikum beim Film zu machen.

3. Seien Sie bereit, den Preis dafür zu zahlen

Sie können alles Mögliche machen, aber nicht alles. Wenn Sie sich auf die Jagd nach dem Traumjob machen – und dabei auch total erfolgreich sind –, kann es sein, dass Sie dafür andere Dinge opfern müssen, beispielsweise die Familiengründung oder regelmäßig mittags essen zu gehen.

Die Betonung liegt dabei auf »es kann sein«, denn es sind nicht immer Opfer nötig. Viele Leute haben ihren Traumjob gefunden und verbringen dennoch Zeit mit ihren Familien, betreiben Hobbys und so weiter.

Selbst wenn es nicht von Ihnen verlangt wird, solche Opfer zu bringen, sollten Sie dazu *bereit* sein.

Sie werden hoffentlich dorthin gelangen, wo Sie hinwollen, ohne dafür andere Dinge aufgeben zu müssen, die für Sie ebenfalls einen hohen Stellenwert haben. Wenn Sie jedoch nicht bereit sind, sie aufzugeben, werden Sie niemals Ihr Ziel erreichen, weil Sie die erforderlichen Risiken nicht eingehen werden.

4. Lernen Sie zu verkaufen

Was immer Ihr Traumjob auch sein mag, Sie werden ihn nicht bekommen, wenn Sie nicht lernen zu verkaufen. Ich sage nicht, dass Sie ein professioneller Verkäufer werden müssen. Aber wenn Sie nicht verkaufen können, können Sie auch sich und Ihre Ideen nicht verkaufen.

Nehmen wir an, Ihr Traum ist es, CEO im Hightech-Bereich zu werden. Sie mögen die innovativste Idee seit der Erfindung der Brotschneidemaschine gehabt haben – wenn Sie diese Idee nicht verkaufen können, werden sich weder Investoren noch Kunden oder begabte Angestellte für Sie interessieren.

Wenn Sie wissen, wie Sie sich verkaufen können, ist das für Sie von Vorteil. Bedenken Sie: Jemand, der nur mittelmäßige Leistungen bringt, sich aber gut verkaufen kann, wird *immer* denjenigen aus dem Feld schlagen, der zwar Spitzenleistungen bringt, sich aber nicht verkaufen kann. Und eine Spitzenkraft, die auch verkaufen kann, ist nahezu unschlagbar.

Einen tollen Job zu finden bedeutet immer auch, sich

selbst und die eigenen Fähigkeiten verkaufen zu können. Und erfolgreich zu sein bedeutet, egal in welchem Job, kontinuierlich den Wert der eigenen Dienstleistungen anzupreisen. Picasso zum Beispiel war ein genialer Künstler, aber er war auch genial in der Selbstvermarktung.

5. Machen Sie einen Plan und geben Vollgas

Jede »Erfolgsgeschichte« fängt damit an, 1. zu wissen, wo man steht, 2. zu wissen, wohin man will, und 3. einen Plan auszuarbeiten, wie man von hier nach dort kommt. Jetzt brauchen Sie einen Plan. Machen Sie einen.

Zum Plan kann gehören, neue Leute kennenzulernen, neue Sachen zu machen, etwas Neues zu lernen … Die Einzelheiten des Plans variieren je nachdem, wer Sie sind und was Sie vorhaben.

Selbst wenn Sie Schritt zwei ernst nehmen und geübt haben, so zu denken wie Ihre Vorbilder, wird Ihr Plan niemals perfekt sein, und es kann gut sein, dass er nicht funktioniert … zumindest nicht vollständig.

Das darf Sie trotzdem nicht davon abhalten, etwas zu unternehmen. Sie sollten vielmehr so viel wie möglich angehen, damit Sie so schnell wie möglich herausfinden, welcher Teil Ihres Plans funktioniert und welcher noch Nachbesserung braucht.

Die traurige Wahrheit ist, dass die Leute selbst dann, wenn sie einen Plan haben, viel zu wenig unternehmen. Zaghafte Versuche bringen nichts. Wo ein Durchschnittsmensch ein paar Dinge unternimmt, um seinen Plan zu verwirklichen, müssen Sie 20 in Angriff nehmen. Oder 30.

Ich lernte zum Beispiel kürzlich zwei Männer kennen, die davon träumten, Science-Fiction zu schreiben und davon zu leben. Sie hatten gleich viel Talent, aber der eine schickte sein Manuskript an einen einzigen kleinen Verlag und wartete sechs Monate lang. Der andere schickte sein Manuskript an ein Dutzend Verlagshäuser und an ein Dutzend Agenten.

Nun raten Sie mal, welcher der beiden Schriftsteller erfolgreich publiziert hat.

6. Passen Sie Ihren Plan den Ergebnissen an

Wenn Sie sich massiv engagieren, brauchen Sie sich auch nicht vorzumachen, dass Sie Ihren Traumjob deshalb nicht bekommen haben, weil Sie es nicht intensiv genug versucht haben. Massive Maßnahmen zwingen Sie, Ihren Plan zu überdenken, wenn Sie nicht dahin gelangen, wo Sie hinwollen.

Mit anderen Worten, Ihre Ergebnisse ermöglichen es Ihnen, nochmals ein paar Schritte zurückzugehen und auf der Grundlage Ihrer neu gewonnenen Erkenntnisse einen neuen, präziseren Plan zu erstellen. Da Sie nun über wertvolles Wissen darüber verfügen, was nicht funktioniert hat, wird Ihr neuer Plan mit viel größerer Wahrscheinlichkeit Erfolg haben.

Wenn Sie wirklich im tiefsten Inneren spüren, dass Ihr Traumjob das Richtige für Sie ist, und zutiefst glauben, dass

Sie alles zu tun bereit sind, um diesen Job zu bekommen, werden Sie auch einen Weg finden, ihn zu bekommen. Es ist wirklich so simpel.

Sie werden vielleicht auch feststellen, dass Ihr Traum sich durch die »Lernerfolge« weiterentwickelt und verändert. Es kann sogar passieren, dass Sie Ihren Traumjob ergattern und dann entscheiden, dass es doch nicht das ist, was Sie erwartet hatten oder wirklich machen wollen.

Obwohl Sie einen klaren Fokus brauchen, kann es nie schaden, sich mehr als ein Interessensgebiet anzuschauen, und sei es nur, um Ihre Kenntnisse weiter auszubauen.

Ich hatte zum Beispiel mal den Traum, professionell Rock 'n' Roll zu machen. Heute habe ich daran beruflich überhaupt kein Interesse mehr, aber was ich als junger Erwachsener bei der Verfolgung dieses Ziels gelernt habe, waren wertvolle Lektionen in Bühnenpräsenz, darin, wie man seine Dienste anbietet und wie man ein Team zusammenstellt, das gut zusammenspielt. All dieses Know-how kam mir an anderer Stelle meines Berufswegs noch zugute.

Kurzfassung
Traumjobs

- Sie sollten wissen, was Ihren Traumjob ausmacht.
- Suchen Sie sich Vorbilder und verinnerlichen Sie deren Art zu denken.
- Haben Sie den Mut, Ihr Sicherheitsdenken zu opfern.

- Ganz wichtig: Lernen Sie zu verkaufen.
- Machen Sie einen Plan und fangen Sie heute noch mit der Umsetzung an.
- Passen Sie den Plan Ihren Erfahrungen an.

Erfolgsgeheimnis Nr. 25: Wie Sie ein Vorstellungsgespräch ergattern

Ein Vorstellungsgespräch zu bekommen ist eine klassische Verkaufssituation. Ihr Ziel ist es, das, was Sie zu bieten haben, den Bedürfnissen des Kunden anzupassen (in dem Fall der einstellenden Firma). Und zwar folgendermaßen:

1. Versuchen Sie, Ihre eigene Jobausschreibung zu erstellen

Das beste Vorstellungsgespräch ergibt sich immer daraus, dass Sie selbst herausgefunden haben, wie Sie der Firma dabei von Nutzen sein können, neue Kunden zu finden, ein neues Marktsegment zu erobern oder Kosten zu reduzieren.

Sie können sich dafür im Internet über das anvisierte Unternehmen informieren, über seine Kunden und über seine

Mitbewerber, um sich eine Bild davon zu machen, was für Leute dort gebraucht werden könnten.

Nehmen wir jedoch an, dass Sie sich für einen Job bewerben, der bereits auf einer Webseite ausgeschrieben ist. Die nachfolgenden Schritte werden die Wahrscheinlichkeit erhöhen, dass Sie ein Vorstellungsgespräch bekommen.

2. Versuchen Sie möglichst, eine Empfehlung zu bekommen

Ihr Ziel ist es, ein Gespräch mit einem wirklichen Entscheidungsträger zu führen, also mit der Person, für die Sie schließlich arbeiten werden. Sie werden das Ziel mit größerer Wahrscheinlichkeit erreichen, wenn Sie die »Torwächter« umgehen können (für gewöhnlich die Personalabteilung).

Wenn Sie also Kontakte in einem Unternehmen haben, und diese Kontakte kennen Sie und vertrauen Ihnen, dann bitten Sie sie, bei einem Entscheidungsträger ein gutes Wort für Sie einzulegen und Sie zu empfehlen.

Greifen Sie mit anderen Worten nur dann auf eine herkömmliche schriftliche Bewerbung zurück, wenn es der einzige Weg ist, ein Vorstellungsgespräch zu bekommen. In allen anderen Fällen ist es besser, wenn Sie ein individuell zugeschnittenes Schreiben aufsetzen, eine entsprechende Mail an eine bestimmte Person verfassen oder auf andere Weise versuchen, diese Person direkt zu erreichen.

3. Schreiben Sie Ihren Lebenslauf jedes Mal neu

Der Zweck des Lebenslaufs ist es, einen Abriss Ihrer Ausbildung und bisherigen Berufstätigkeit zu geben, sodass ein potenzieller Arbeitgeber einschätzen kann, ob er Sie einstellen sollte oder nicht, richtig? Falsch! Ein Lebenslauf ist ein Verkaufsdokument, das einem Arbeitgeber einen Eindruck verschafft, ob es sich lohnt, mit Ihnen zu sprechen.

Ein potenzieller Arbeitgeber interessiert sich nicht wirklich dafür, was Sie gemacht haben und bei wem. Alles, was einen zukünftigen Arbeitgeber interessiert, ist, was Sie für seine Firma jetzt und in Zukunft tun können. Daher geht es bei Ihrer Vita, wie bei allen Verkaufsunterlagen, *um den Kunden und nicht um Sie*. Ich kann diesen Punkt nicht genug betonen.

Manche Leute glauben, man könne eine einstellende Firma mit einem Standardanschreiben und einem allgemein gehaltenen Lebenslauf für sich interessieren. Für diese Leute gibt es ein Wort: arbeitslos.

Wie oft haben Sie schon jemanden sagen hören: »Ich habe Hunderte von Bewerbungsschreiben verschickt und nicht ein einziges Vorstellungsgespräch gehabt«? Diese Klage ist weitverbreitet, weil allgemein gehaltene Bewerbungen kaum zu dem passen werden, wonach ein potenzieller Arbeitgeber sucht.

Ihre Bewerbung wird sehr viel eher durch die erste Sichtung kommen und einen Personalverantwortlichen dazu bringen, sie zu lesen und Sie anzurufen, wenn sie genau auf die einstellende Firma und die zu besetzende Stelle zugeschnitten ist.

4. Gestalten Sie Ihr Anschreiben nach der Jobbeschreibung

Personalabteilungen (und die Programme zum Prüfen der Bewerbungen, die sie benutzen) übergehen automatisch solche Bewerbungen, die nicht zur Stellenausschreibung passen. Daher sollte Ihre Bewerbung die Terminologie aufgreifen, die in der Anzeige stand.

Wenn die Stellenausschreibung zum Beispiel so formuliert ist:

Beispiel:

XY Software GmbH sucht ambitionierte, einsatzbereite Mitarbeiter für den Außendienst in Vollzeit. Sie sollten innovative Ideen und Verbesserungsinitiative in die Verkaufsabläufe einbringen. Wir erwarten taktvolle, respektvolle Umgangsformen sowie jederzeit integres Verhalten. Gleichermaßen eigenständige wie teamorientierte Arbeitsweise setzen wir voraus.

In diesem Fall sollte Ihr Anschreiben gleich zu Beginn folgendermaßen formuliert sein:

Beispiel:

Als ambitionierter, einsatzbereiter Außendienstmitarbeiter suche ich eine Vollzeitanstellung, in der ich gleichermaßen eigenständig wie teamorientiert arbeiten kann.

Das ist keine Anbiederei. Viele Unternehmen nutzen inzwischen Recruiting-Software, die diejenigen aussortiert, die nicht die richtigen Zauberwörter bedienen.

5. Das Erreichte ist wichtiger als das Getane

Worauf es im Bewerbungsschreiben ankommt, sind nicht die Tätigkeiten, die Sie ausgeübt haben, sondern wie sich der Nutzen, den Sie vorherigen Arbeitgebern gebracht haben, auf die stellenausschreibende Firma übertragen lässt.

Beispiel:

So nicht:
2002–2007 Teamleiter bei der Mustermann AG. Vorgesetzter von zehn Mitarbeitern eines Gerätefertigungsteams. Auszeichnung für »beste Qualität«.

Sondern so:
Die Geräteproduktion der Mustermann AG durch die Einführung eines preisgekrönten Qualitätssicherungsprogramms um 25 Prozent gesteigert.

6. Erfüllen Sie die wichtigen Anforderungen

Sehen Sie sich die Stellenbeschreibung genau an und filtern Sie die Fähigkeiten und Kenntnisse heraus, die der Firma wichtig sind. In Ihrem Anschreiben und Lebenslauf sollten Sie anhand Ihrer Ausbildung und Berufserfahrung so gut wie möglich belegen, dass Sie über jene verfügen.

Wenn Sie schlicht und einfach nicht für den Job qualifiziert sind (zum Beispiel werden fünf Jahre Berufserfahrung erwartet, Sie haben aber gerade erst Ihr Studium absolviert), sollten Sie Ihre Zeit nicht mit einer Bewerbung verschwenden. Sie werden den Job nicht bekommen, es sei denn, Sie kennen jemanden in dem Unternehmen, der zur einstellenden Führungskraft einen Kontakt herstellen kann.

Kurzfassung

Ein Vorstellungsgespräch ergattern

- Formulieren und verkaufen Sie möglichst Ihre eigene Stellenbeschreibung.
- Versuchen Sie, die Empfehlung eines Mitarbeiters der Firma zu bekommen.
- Passen Sie Ihre Bewerbung der Stellenausschreibung an.
- Formulieren Sie das Anschreiben mit den Begriffen der Jobbeschreibung.

- Beschreiben Sie detailliert Ihren Einsatz für vorherige Arbeitgeber.
- Erwähnen Sie Vorzüge, die Formulierungen aus der Stellenausschreibung aufnehmen.

Erfolgsgeheimnis Nr. 26: Wie Sie beim Vorstellungsgespräch glänzen

Die meisten Leute sind schon ganz durch den Wind, wenn sie nur ans Vorstellungsgespräch denken. Auf der einen Seite versuchen sie, eine Anstellung zu bekommen, auf der anderen kämpfen sie oft mit ihren Gefühlen: Sie bereiten sich auf eine Enttäuschung vor oder fragen sich, ob sie wirklich glücklich wären, wenn sie den Job bekämen.

Auf folgende Weise kommen sie gedanklich in ein anderes Gleis, eine geistige Haltung, mit der das Vorstellungsgespräch sogar Spaß machen kann.

1. Mehrere Eisen im Feuer

Wenn ein Bewerbungsgespräch ansteht, ist die natürliche Reaktion, sich ganz darauf zu konzentrieren statt auf die weitere Jobsuche. Das ist ein riesiger Fehler, denn das verzweifelte Gefühl, dass Sie diesen Job haben müssen, ist das Letzte, was Sie wollen.

In dem Moment, in dem Sie einen Vorstellungstermin haben, sollten Sie Ihre Jobsuche sogar intensivieren, damit Ihnen weitere Alternativen offenstehen. Statt sich auf dieses eine Gespräch zu beschränken, sollte die Tatsache, dass Sie es bekommen haben, Ihr Vertrauen darauf bestärken, dass Sie auch noch weitere bekommen werden.

2. Recherchieren Sie zur einstellenden Firma

Sofern das Vorstellungsgespräch Ihnen nicht gerade durch Zufall in den Schoß gefallen ist (was selten der Fall ist), werden Sie höchstwahrscheinlich schon im Vorfeld Recherchen zu der Firma angestellt haben, um überhaupt auf die Kandidatenliste zu gelangen. Jetzt ist es an der Zeit, die Recherchen zu vertiefen.

Suchen Sie nach den Namen der Entscheider in den Bereichen, die für Sie im Rahmen des Gesprächs infrage kommen, und prägen Sie sich neben den Namen auch ein paar Fakten ihres beruflichen Werdegangs ein. Nutzen Sie nach Möglichkeit Kontakte aus Ihrem Netzwerk, um sich nach Insidererfahrungen zu erkundigen.

Informieren Sie sich umfassend über die Branche der einstellenden Firma und ihre größten Kunden. Wenn es ein börsennotiertes Unternehmen ist, stehen Ihnen dazu Portale wie www.boersen-zeitung.de, für börsenfreie Unternehmen auch www.geschaeftsberichte-portal.de zur Verfügung. Auf www.bundesanzeiger.de finden Sie ebenfalls deutsche Unternehmensdaten. Recherchieren Sie dort und in den einschlägigen Wirtschaftspublikationen nach aktuellen Nachrichten zu dieser Firma. LinkedIn oder Xing sind ebenfalls hilfreich, denn je mehr Sie über die »Player« in der einstellenden Firma in Erfahrung bringen, desto besser werden Sie sich selbst positionieren können.

3. Bereiten Sie sinnvolle Fragen vor

Es ist ein weitverbreiteter Irrtum, man würde im Einstellungsgespräch nur Fragen gestellt bekommen. Das ist nur die halbe Wahrheit. Auch Sie stellen Fragen, um herauszufinden, ob das Unternehmen und die Leute dort zu *Ihnen* passen.

Erstellen Sie auf der Grundlage Ihrer Recherchen drei Fragen, mit denen Sie sich Klarheit darüber verschaffen können, auf welche Weise Sie am besten zum Erfolg der Firma beitragen würden. Wenn Sie zum Beispiel ein Unix-Programmierer sind, können Sie sich nach dem spezifischen Einsatz von Unix in dieser Firma erkundigen.

Solche Fragen haben auch den Zweck, eine Unterhaltung in Gang zu bringen, die dem Personalentscheider dabei hilft zu erkennen, inwiefern Sie für das Unternehmen von Wert wären. Überflüssig zu sagen, dass Sie nicht danach fragen sollten, was die einstellende Firma für Sie tun kann, vielmehr sollten Ihre Fragen die Unterhaltung auf das lenken, was Sie der Firma bieten können.

Beispiele:

So nicht:

- *Wie sieht bei Ihnen die Urlaubsplanung aus?*
- *Gibt es eine betriebliche Gesundheitsvorsorge?*

Sondern so:

- *Wenn ich es recht verstehe, planen Sie, Ihren Vertrieb auf die Automobilbranche auszudehnen. Wie könnte ich mit meiner Erfahrung in der Vermarktung von Unterhaltungselektronik also Ihrer Ansicht nach zum Erfolg Ihrer Firma beitragen?*
- *Was sollte man, abgesehen von dem, was bereits der Stellenausschreibung zu entnehmen ist, mitbringen, um in diesem Umfeld erfolgreich zu sein?*

4. Üben Sie die Antworten ein

Viele Personalentscheider meinen, sie müssten die typischen Bewerberfragen stellen (etwa: »Was ist Ihre größte Stärke?«). Es gibt zig Webseiten, mit denen Sie sich darauf vorbereiten können. Lesen Sie sie, und üben Sie die Antworten ein.

Eins sei jedoch gesagt: Firmen, deren Personaler solch

platte Fragen stellen, sind meist eher konservativ und bürokratisch. Diese Fragen sind daher ein Warnzeichen: Falls Einfallslosigkeit für Sie ein Problem darstellt, sind Sie wahrscheinlich mit einem anderen Job besser bedient.

Im Allgemeinen sind diese Fragen eine Gelegenheit darzustellen, welche Ihrer Erfahrungen der Firma von Nutzen sein können, um bestimmten Anforderungen gerecht zu werden, ein Risiko zu vermeiden oder bestimmte Chancen zu nutzen.

Vor zwei Dingen möchte ich Sie jedoch warnen:

1. Sagen Sie niemals etwas Negatives über einen früheren Arbeitgeber, selbst wenn Ihre Vorgesetzten dort eine Bande von Oberdeppen waren. Ich habe einmal eine Bewerbung gesehen, die aus einer Auflistung von Klagen über die »Idioten« bestand, für die der Bewerber gearbeitet hatte. Überflüssig zu sagen, dass er nie eine Stelle bekam.
2. Wenn Sie Ihre Gehaltsvorstellungen angeben müssen, sollten Sie eine breite Spanne nennen und deutlich darauf hinweisen, dass Sie die Bezahlung davon abhängig machen, worin Ihre Tätigkeit im Einzelnen besteht. Vorzugsweise sollte die andere Seite das erste Angebot machen.

5. Ziehen Sie sich passend an und seien Sie pünktlich

Ziehen Sie sich so an, wie es zu der Branche passt, in der Sie sich bewerben. In der IT-Branche geht es generell etwas legerer zu. Hier sind auch eine dunkle Stoffhose beziehungsweise ein Rock und ein gepflegtes Hemd beziehungsweise eine Bluse angemessen. Ebenso in den Bereichen Forschung und Entwicklung. Dennoch sollten Sie sich für das Vorstellungsgespräch im Zweifelsfall förmlicher kleiden. Das unterstreicht, dass Sie das Gespräch ernst nehmen.

Geht es um Führungspositionen oder Bereiche mit Kundenkontakt, sieht es ohnehin anders aus. Hier sind der dunkle Anzug beziehungsweise Hosenanzug oder Kostüm nach wie vor Pflicht. Klassisch und dezent, lautet die Devise.

Wenn Sie sich nicht sicher sind, was für die jeweilige Firma angemessen ist, fragen Sie jemanden, der dort arbeitet. Wenn das nicht zu machen ist, dann versuchen Sie es in Erfahrung zu bringen, indem Sie sich einen unauffälligen Ort in der Nähe des Eingangs oder des Parkplatzes suchen und beobachten, wie die Leute dort gekleidet sind.

Der Trick, wie man zeitig (aber nicht zu früh) ankommt, ist der, dass Sie noch eine Stunde Puffer einplanen, wenn Sie zu Ihrem Termin aufbrechen. Wenn Sie grob in der Gegend angekommen sind, suchen Sie sich einen angenehmen Platz, um zu warten und zu entspannen, und sind dann zehn Minuten vor dem Termin vor Ort.

All das dient dazu, dass Sie die Gesprächssituation möglichst entspannt angehen können und nicht völlig verzweifelt rüberkommen (was ein absolutes K.-o.-Kriterium darstellt).

Gehen Sie mit der Einstellung in das Gespräch, dass Sie antreten, um etwas zu erfahren: über die Firma, die Leute, die darin arbeiten, und sogar über Sie selbst. Neugier ist in allen Verkaufssituationen die stärkste Antriebskraft, und ganz besonders, wenn Sie sich selbst verkaufen.

6. Warten Sie das Ergebnis ab, und entscheiden Sie dann

Schicken Sie Ihren Gesprächspartnern nach dem Vorstellungsgespräch eine E-Mail, in der Sie sich für das Kennenlernen bedanken. Drücken Sie sich freundlich aus, ohne überschwänglich zu sein. Sie wollen den Eindruck erwecken, dass Sie der einstellenden Firma einen Gefallen tun, wenn Sie den Job annehmen, nicht umgekehrt.

Möglicherweise sind Sie nach dem Gespräch nicht ganz sicher, ob Sie den Job überhaupt haben wollen. Ignorieren Sie dieses Gefühl, denn das ist möglicherweise nur eine emotionale Reaktion, um einer Enttäuschung vorzubeugen, falls Sie den Job nicht bekommen.

Stattdessen sollten Sie den Ausgang des Spiels abwarten und sich erst dann Gedanken machen, ob Sie die Stelle haben wollen, wenn sie Ihnen angeboten wird. Setzen Sie in der Zwischenzeit die Jobsuche in der Gewissheit fort, dass Sie zumindest Ihre Fähigkeiten im Umgang mit Einstellungsgesprächen verbessert haben.

Kurzfassung

Das Vorstellungsgespräch

- Setzen Sie nicht alles auf eine Karte.
- Recherchieren Sie so viel wie möglich zur einstellenden Firma.
- Formulieren Sie Fragen, die zeigen, dass Sie sich vorbereitet haben.

- Üben Sie Antworten auf die Standardfragen ein.
- Ziehen Sie das an, was Sie dort am Arbeitsplatz tragen würden.
- Seien Sie pünktlich.
- Warten Sie das Jobangebot ab und entscheiden dann, ob Sie die Stelle wirklich haben wollen.

Erfolgsgeheimnis Nr. 27: Wie Sie Scheitern unmöglich machen

Meiner Meinung nach ist schon viel zu viel darüber geschrieben worden, wie man erfolgreich wird. Ich werde Ihnen stattdessen zeigen, wie Sie sich gedanklich so konditionieren, dass Sie nicht scheitern können. Und zwar folgendermaßen:

1. Setzen Sie sich erreichbare, aber dennoch motivierende Ziele

Wenn Sie nicht davon überzeugt sind, dass Sie Ihr Ziel auch erreichen können, werden Sie nichts unternehmen, um dorthin zu gelangen. Daher muss jedes Ziel, das Sie sich setzen, im Bereich des Möglichen und an Handlungen gebunden sein, die Sie auch wirklich in Angriff nehmen können.

Ein Ziel muss auch Ansporn genug sein, um Sie zur Tat zu motivieren. »Ein bisschen abnehmen« zum Beispiel ist zwar machbar, aber nicht besonders motivierend. »Mein Idealgewicht von 80 Kilo erreichen und halten« ist hingegen sowohl machbar als auch Ansporn.

Generell kann man sagen, dass große Ziele ein größerer Ansporn sind als kleinere, vorausgesetzt, sie sind nicht so groß, dass Sie (tief im Herzen) nicht glauben, sie erreichen zu können. Davon abgesehen können die meisten Leute viel erfolgreicher sein, als sie denken.

2. Schreiben Sie sie als Ansporn auf

Reden kann man viel, und Ziele zählen nicht, solange sie nicht schwarz auf weiß stehen. Und mit »schwarz auf weiß« meine ich nicht auf einem Computer oder Tablet getippt. Ich meine, von Hand mit einem Stift (keinem Bleistift), den Sie über Papier bewegen, niedergeschrieben.

Sich die Zeit zu nehmen, wirklich Buchstaben zu formen (statt nur auf Plastiktasten herumzutippen), signalisiert dem Gehirn unterschwellig, dass diese Ziele wichtig und etwas Besonderes sind und nicht einfach eine Mail, die Sie sich selbst schicken – rasch verfasst und rasch vergessen.

Schreiben Sie Ihre Ziele außerdem mehrfach auf. Sie sollten Sie sogar so oft wie möglich aufschreiben.

Um Ihren Bemühungen einen extra Kick zu geben, sollten Sie eine öffentliche Verpflichtung daran knüpfen. Sie könnten sich zum Beispiel für einen Wohltätigkeitsmarathon anmelden, dann bleibt Ihnen gar nichts anderes übrig, als sich vorher in Spitzenkondition zu bringen.

3. Beschließen Sie, Ihr Ziel erreichen zu müssen

Wenn Sie sich Ihr Ziel erst einmal in den Kopf gesetzt haben, ist es an der Zeit, etwas dafür zu tun. Wichtig ist dabei, die Dinge mit der Überzeugung anzugehen, dass Sie am Ende Erfolg haben werden. Dazu müssen Sie gewissermaßen die inneren Stimmen an die Kandare nehmen.

Wenn Sie etwas angehen, das Sie Ihrem Ziel näher bringt, sollten Sie sich zu Beginn nicht sagen: »Ich versuch's.« Wenn Sie es so formulieren, geben Sie sich die Erlaubnis zu scheitern. Verwenden Sie stattdessen Ausdrücke wie »Ich werde …« oder »Ich muss …!«. Spielraum gibt es nicht.

Nur, wenn Sie mit hundertprozentiger Entschlossenheit etwas angehen, werden Sie ehrgeizige Ziele auch erreichen. Wenn Sie wirklich erfolgreich sein wollen, müssen Sie alle Gedanken ans Aufgeben verbannen. Und Sie *werden* schließlich dorthin gelangen, weil Sie es *müssen.*

4. Legen Sie Etappen fest

Große Ziele sind leichter zu erreichen, wenn Sie den Weg dorthin in kleinere Abschnitte oder Etappen unterteilen. Ein Etappenziel zu erreichen verleiht Ihnen Selbstvertrauen, stärkt Ihre Motivation und bringt Sie in Schwung.

Eine Etappe ist ein Abschnitt, eine bestimmte Wegstrecke. Dieses Bild von etwas Messbarem ist wesentlich: Wegstrecken werden durch Meilensteine markiert.

Ein Meilenstein sollte immer etwas ganz genau Umrissenes sein, sodass Sie zweifelsfrei wissen, ob Sie es erreicht haben.

Beispiel:

So nicht:
In meinem Fachgebiet Kontakte knüpfen.

Sondern so:
Gespräche mit verschiedenen Experten auf meinem Gebiet führen.

5. Halten Sie Ihre Fortschritte fest

Führen Sie sich jeden Tag Ihre Ziele vor Augen, damit Sie sich erinnern, was Ihnen wichtig ist. Kleben Sie sie an den Badezimmerspiegel, an den Monitor Ihres Computers und ans Armaturenbrett im Auto.

Nutzen Sie die Erinnerungsfunktion von E-Mail- und Kalenderprogramm, um Ihr Ziel im Blick zu behalten, statt sich mit Dingen zu beschäftigen, die eben im Alltagstrott so auftauchen. Setzen Sie die Technik ein, um Ihre Bemühungen zu konzentrieren, und nicht, um sich von ihr ablenken zu lassen.

Notieren Sie, was Sie bereits erreicht haben. Schauen Sie sich das jedes Mal an, wenn Sie den Mut verlieren oder sich unsicher fühlen – das verschafft Ihnen wieder Selbstvertrauen und hilft Ihnen, sich auf das Positive zu konzentrieren.

6. Betrachten Sie Rückschläge als ein Zeichen

Ein Rückschlag ist etwas, das Ihnen auf dem Weg zum Ziel im Weg steht. Die meisten Menschen sehen Rückschläge als Mini-Fehlschläge an und verwenden sie oft als Entschuldigung, um aufzugeben … und scheitern aus diesem Grund.

Jede erfolgreiche Person hat in ihrem Leben Rückschläge erlebt, aber zu lernen, was nicht geht, ist ein wichtiger Teil im Lernprozess zu wissen, was geht! Rückschläge sind ein Zeichen dafür, dass Sie Fortschritte machen.

Betrachten Sie Rückschläge auch als ein Zeichen dafür, dass Sie anders vorgehen müssen, um Ihr Ziel zu erreichen. Wenn eine bestimmte Vorgehensweise immer wieder zu Rückschlägen führt, sollten Sie erwägen, es anders zu machen. Wiederholt, wenn nötig.

7. Definieren Sie Scheitern als mangelnde Initiative

Das ist der entscheidende Punkt. Die vorangegangenen Schritte waren wirklich nur die Vorbereitung auf diesen. Denken Sie daran: Abgesehen von Ihren Zielen und Ihren Meilensteinen können Sie nur Ihr eigenes Verhalten kontrollieren, sonst nichts. Wenn Sie Scheitern als Mangel an Tatkraft und Initiative ansehen, liegt das Scheitern – und damit der Erfolg – in Ihrer Hand. Wenn das einzig wirkliche Scheitern darin besteht, dass Sie nicht aktiv werden, dann können Sie nicht scheitern – solange Sie etwas tun.

Was ist bei dieser Betrachtungsweise der schlimmste Fall, der eintreten kann? Dass Sie sterben, ehe Sie Ihr Ziel erreicht haben. Aber selbst dann sind Sie erfolgreich, denn wenn das Scheitern in mangelnder Initiative besteht, dann waren Sie ab dem Moment erfolgreich, in dem Sie etwas unternommen haben, um an Ihr Ziel zu gelangen!

Kurzfassung
Das Scheitern vermeiden

- Setzen Sie sich Ziele, die Sie motivieren, etwas Machbares zu erreichen.
- Schreiben Sie sich Ihre Ziele immer auf. Bringen Sie sie dort an, wo Sie sie sehen.
- Beschließen Sie, lieber »Ich muss« oder »Ich werde« zu sagen statt »Ich versuche es«.
- Gehen Sie Ihr Ziel in Etappen an, setzen Sie Meilensteine.
- Überprüfen Sie, ob Sie sich auf Ihr Ziel zu- oder von ihm wegbewegen.
- Freuen Sie sich über Rückschläge, denn sie verbessern Ihren Plan.
- Das einzig wirkliche Scheitern ist ein Mangel an Initiative.

Erfolgsgeheimnis Nr. 28: Wie Sie optimistischer werden

Wenn Sie erfolgreich sein wollen, liegt es in Ihrem Interesse, sich eine Einstellung voller Optimismus, positiver Erwartung und Enthusiasmus zuzulegen und sie sich zu bewahren. Sie lässt Chancen größer werden und Probleme schrumpfen. Und zwar wie folgt:

1. Beginnen Sie jeden Tag voller Erwartungen

Welche Erfahrungen Sie im Berufsleben oder ganz allgemein im Leben machen, richtet sich voll und ganz nach Ihren Erwartungen, im Guten wie im Schlechten. Ihr erster Gedanke beim Aufstehen sollte also sein: »Heute wird etwas Wundervolles passieren.«

Das sollten Sie wirklich verinnerlichen: Ihre Einstellung wird nicht von äußeren Ereignissen bestimmt. Auch wenn wirklich traurige Dinge passieren, ist Ihre Einstellung meist das Ergebnis dessen, wie Sie die Welt sehen, und nicht eine Folge dessen, was in ihr geschieht.

Es ist absolut richtig, dass die Ereignisse des Tages nicht immer so ablaufen, wie Sie es gern hätten. Und dennoch wird Ihr Geist etwas finden, das seiner Erwartung entspricht, wenn Sie ihn auf positive Geschehnisse ausrichten.

2. Gehen Sie von den guten Absichten anderer aus

Man wird nie genau herausfinden, *warum* die Leute das tun, was sie tun. Wenn man dem seltsamen Betragen mancher Leute auch noch böse Beweggründe unterstellt, macht dies das Elend in der Welt nur größer, wohingegen Ihnen ein versöhnliches Moment offensteht, wenn Sie von guten Absichten ausgehen.

Niemand kann Gedanken lesen, und die Menschen sind nicht an einen Lügendetektor angeschlossen. Sie können wahrlich nicht wissen, was jemand wirklich denkt oder warum die Leute das tun, was sie tun. In den meisten Fällen tun sie ihr Bestes mit den Mitteln, die ihnen zur Verfügung stehen.

Ehe Sie irgendwelche Geschichten über andere Leute erzählen (oder sich anhören), sollten Sie sich vier Fragen stellen: 1. Ist es wahr? 2. Ist es freundlich? 3. Ist es notwendig? Und 4. Würde ich wollen, dass jemand so etwas über mich erzählt? Behandeln Sie andere so, wie Sie selbst behandelt werden wollen.

3. Vermeiden Sie deprimierende Unterhaltungen

Hören Sie auf, sich über die Wirtschaft, Ihre Firma oder Ihre Kunden zu beklagen. Das Gleiche gilt für Ihre persönlichen Probleme und Krankheiten. Wofür soll das gut sein, außer alle um Sie herum zu deprimieren?

Über Dinge wie Religion oder Politik zu reden, bei denen

sich alle nur aufregen, ist ebenfalls Energieverschwendung. Biegen Sie die Diskussion ab, sobald solche Themen auf den Tisch kommen. Sagen Sie etwas wie: »Egal, ob ich deiner Meinung bin oder nicht, diese Unterhaltung hier bringt uns nicht weiter.«

Man muss nicht jeden Kampf ausfechten, und manche Leute sind umgänglicher, wenn sie glauben, dass sie gewonnen hätten. Es kommt nicht darauf an zu »gewinnen«, sondern auf das, was Sie und die anderen Beteiligten als Nächstes vorhaben.

4. Lassen Sie los

Die großen Gegner des Glücks sind die Sorgen, die dadurch entstehen, dass man seine Aufmerksamkeit Ereignissen widmet, die man nicht kontrollieren kann. Wenn Sie erst einmal die Initiative ergriffen haben und etwas unternehmen, gibt es in der Regel sonst nichts mehr zu tun. Konzentrieren Sie sich auf den Job, der gerade anliegt, statt sich Gedanken über etwas zu machen, das vielleicht passieren könnte.

Wandel liegt in der Natur des irdischen Daseins. Nichts bleibt, wie es ist. Alles ist veränderlich, sagen die Gurus. Ob Sie nun jubeln oder klagen oder irgendwas dazwischen, auch das wird vergehen.

Selbst wenn manche Arbeitsumgebungen von Haus aus schwierig sind, sollten Sie immer im Kopf behalten, dass es an Ihnen liegt, wenn Sie sich konstant mies fühlen. Sie sind es sich selbst und den Kollegen schuldig, entweder einen Job zu finden, der Sie glücklich macht, oder das Beste aus dem Job zu machen, den Sie haben.

5. Verbessern Sie Ihre Lebensqualität

Manchmal kommen wir nicht umhin, rasch etwas hinunterzuschlingen, um nicht vom Fleisch zu fallen. Dennoch sollten Sie wenigstens einmal am Tag versuchen, etwas wirklich Gutes zu essen, ein schönes Stück richtig guten Käse zum Beispiel oder edle Schokolade. Konzentrieren Sie sich ganz darauf, schmecken Sie, genießen Sie.

Zudem lassen manche Familien ihren Fernseher die ganze Zeit als Hintergrundgeräusch laufen, während sie andere Dinge tun. Doch oft zielt Fernsehen darauf ab, dass wir mit unserem Leben unzufrieden sind, damit wir die Produkte der gesendeten Werbung kaufen. Wenn Sie etwas im Hintergrund hören wollen, legen Sie ein Hörbuch ein.

Und gehen Sie dann zu guter Letzt durch Ihre Wohnung oder Ihr Büro und schmeißen Sie alles weg, was nicht schön oder nützlich ist. Warum sollten Sie Ihr Leben und Ihre Umgebung mit Objekten versauen, die nutzlos und hässlich sind?

6. Nehmen Sie eine Haltung der Dankbarkeit an

Die kleinen und die großen Erfolge und Errungenschaften des Lebens verdienen Anerkennung. Es ist ein Fehler, zur nächsten Aufgabe oder zum nächsten Ziel überzugehen, ohne das Erreichte angemessen zu würdigen, und sei es nur, indem Sie sich selbst auf die Schulter klopfen.

Und schenken Sie in gleicher Weise jedem, der Ihnen begegnet, eine Geste der Freundlichkeit – ein Lächeln, ein Wort der Ermutigung, eine Geste der Höflichkeit oder ein freundliches Nicken. Bedanken Sie sich selbst für die kleinsten Gefälligkeiten.

Und schreiben Sie schließlich vor dem Zubettgehen mindestens ein schönes Ereignis des Tages auf. Das mag etwas so Kleines sein, wie ein Kind zum Lachen gebracht zu haben, oder etwas so Großes, wie einen millionenschweren Auftrag an Land gezogen zu haben. Seien Sie dankbar für diesen Tag, denn er kommt nicht wieder.

7. Konzentrieren Sie sich auf die Zukunft

Sich auf Fehler der Vergangenheit zu konzentrieren oder ein Unrecht, das Ihnen geschehen ist, ist so, als würden Sie beim Autofahren die ganze Zeit in den Rückspiegel schauen. Sie werden so lange in derselben Richtung weiterfahren, bis Sie mit etwas Hartem kollidieren.

Auch wenn Sie aus der Vergangenheit lernen können und sollen, sollten Sie Ihr Denken auf die Zukunft richten. Stellen

Sie sich in Ihren Tagträumen vor, wie die Dinge besser aussehen könnten. In Momenten, in denen Sie Ihre Gedanken schweifen lassen, werden Sie wahrscheinlich zu Erkenntnissen gelangen, die wegweisend für Ihre Zukunft sind.

Und vor allem müssen Sie daran glauben, dass das Beste erst noch kommt. Als meine Großmutter in ihren Siebzigern war, ging sie noch einmal aufs College, bereiste Europa in Jugendherbergen und erlernte japanische Malerei. Das Letzte, was sie mir sagte, war: »Weißt du, Geoffers, das Leben beginnt mit 90.«

Kurzfassung

Optimistisch werden

- Gehen Sie jeden Tag davon aus, dass etwas Schönes passiert.
- Versuchen Sie nicht, Gedanken zu lesen. Behandeln Sie die Leute so, wie Sie behandelt werden wollen.
- Verschwenden Sie Ihre Energie nicht damit, gegen Dinge anzukämpfen, die Sie sowieso nicht ändern können.
- Konzentrieren Sie sich auf den Job, den Sie haben, nicht auf das, was Sie gern hätten.
- Sorgen Sie für mehr Genuss im Leben.
- Seien Sie dankbar für jeden Tag und alles, was Sie oder andere erreicht haben.
- Denken Sie stets daran, dass das Beste erst noch kommt.

Teil 5

Wie Sie richtig kommunizieren

Kommunikation ist nicht einfach nur wichtig in der Welt des Business. Sie ist die Quintessenz des Business. Jeder Einzelne mag allein an dem arbeiten, was er beizutragen hat, aber die Arbeit aller hat nur Sinn, wenn andere Leute davon erfahren.

Management besteht aus Kommunikation, Vertrieb besteht aus Kommunikation, Marketing besteht aus Kommunikation. Man könnte meinen, dass Menschen in der Welt des Business angesichts dieser Bedeutung wahre Kommunikationsexperten wären. Doch leider ist das für gewöhnlich nicht der Fall.

Die Geschäftswelt quillt über vor aufgeblähten Texten, kryptischen E-Mails, sinnlosen Unterhaltungen und langweiligen Meetings. Glücklicherweise muss das nicht so sein, wie folgende Erfolgsgeheimnisse erläutern:

- *Wie Sie die fünf grundsätzlichen Regeln der Unternehmenskommunikation für sich nutzen* enthält die Schlüsselelemente, auf die es ankommt, um sich verständlich auszudrücken – egal, ob Sie persönlich kommunizieren, am Telefon oder übers Internet.
- *Wie Sie sinnvolle Gespräche führen* beschreibt, wie man vollständig erfasst, was die andere Person sagen möchte, und dann das Gespräch auf die Entscheidung hinlenkt, die man von der Person haben möchte.
- *Wie Sie überzeugende E-Mails schreiben* zeigt auf, wie

man eine knackige, leicht lesbare Mail aufsetzt, die dem Empfänger sofort klarmacht, welche Entscheidung man gerne hätte, und ihn außerdem dazu bringt, diese Entscheidung auch zu treffen.

- *Wie Sie einprägsame Präsentationen machen* erläutert, wie man in seinen Zuhörern kraft seiner Stimme und Ideen unterschiedliche Gefühle hervorruft sowie die wesentlichen Regeln, wie man eine Präsentation effektiver macht.
- *Wie Sie Konferenzen für Kontakte nutzen* gibt Ihnen die Werkzeuge an die Hand, die Sie brauchen, um auf Konferenzen, in Sitzungen oder bei gesellschaftlichen Anlässen Kontakte zu knüpfen, ohne aufdringlich zu wirken, und dabei außerdem die sozialen Konventionen zu wahren.
- *Wie Sie Vereinbarungen aushandeln* enthält die Quintessenz dessen, was man braucht, um im Gegenzug für das, was man bietet, das zu bekommen, was man haben will. Diese Methode lässt sich auf sämtliche Verhandlungen von einfachen Gehaltsgesprächen bis hin zu Millionenabschlüssen anwenden.
- *Wie Sie mit Alarm-Mails umgehen* beschreibt die drei Arten von E-Mails, die niemand je bekommen möchte, und wie Sie sie auf eine Weise beantworten, die sowohl Ihre Interessen wahrt als auch Ihre Agenda voranbringt.

Erfolgsgeheimnis Nr. 29: Wie Sie die fünf grundsätzlichen Regeln der Unternehmenskommunikation für sich nutzen

Ein Großteil der Kommunikation im Geschäftsleben ist grauenvoll: aufgeplusterte interne Mails, tödlich langweilige Präsentationen, Unterhaltungen, die keinen Anfang und kein Ende haben, Vertriebsleiter, bei denen sich die Kunden ratlos am Kopf kratzen.

In jedem großen Unternehmen ist die wahre Führungspersönlichkeit diejenige, die am klarsten kommunizieren sowie komplizierte Sachverhalte einfach und einfache Dinge selbstverständlich erscheinen lassen kann.

Es gibt fünf Regeln, die für *alle* Formen der Businesskommunikation gelten. Lernen Sie sie, prägen Sie sie sich ein, praktizieren Sie sie und machen Sie sie zum Bestandteil Ihres geistigen Equipments zum täglichen Gebrauch.

1. Umreißen Sie genau den Zweck der Kommunikation

Kommunikation ist Information zu einem bestimmten Zweck. Daher ist eine gute Kommunikation nur möglich, wenn Sie sich über deren Zweck im Klaren sind.

Bevor Sie also am Arbeitsplatz kommunizieren, sollten Sie sich drei Fragen stellen (und beantworten):

1. Welche Entscheidung will ich erreichen?
2. Von wem will ich diese Entscheidung?
3. Ist dies der richtige Zeitpunkt, diese Person zu fragen?

Je klarer Ihre Antworten auf diese Fragen sind, desto klarer werden Sie kommunizieren.

2. Wählen Sie ein Medium, das dem Entscheider angenehm ist

Im 20. Jahrhundert wurde der berühmte Satz geprägt: »Das Medium ist die Botschaft.« Heutzutage, wo wir alle von Medien überflutet sind, stimmt das so nicht mehr. Heute brauchen Sie ein Medium, das »transparent« ist, damit der Entscheider sich auf die Entscheidung konzentriert.

Bitten Sie beispielsweise nicht um ein persönliches Gespräch, wenn die gewünschte Entscheidung genauso effektiv per E-Mail getroffen werden kann. Umgekehrt sollten Sie niemals per Mail kommunizieren, wenn für die Entscheidung der persönliche Touch eines direkten Gesprächs nötig ist.

Wenn Sie zum Beispiel mailen, um unangenehmen Empfindungen aus dem Weg zu gehen (weil Sie beispielsweise schlechte Nachrichten haben), dann wählen Sie das Medium auf der Grundlage Ihrer eigenen Bedürfnisse, statt sich nach denen des Entscheiders zu richten.

3. Vereinfachen Sie Worte und Sätze

Die Geschäftswelt ist schon kompliziert genug, da müssen es nicht auch noch große Worte sein, wenn schlichtere angebrachter sind. Unten folgt ein Beispiel aus dem wahren Leben, eine willkürlich ausgewählte Pressemitteilung (und meine Neuformulierung).

Beispiel:

So nicht:
XYZ versorgt kleine und mittlere Unternehmen mit GPS-Intelligenz für die Ortung, Einsatzplanung und Logistik ihrer Transportflotte. Die Daten und Kennzahlen, die XYZ liefert, erlauben den Dispatchern, den Einsatz ihrer Servicefahrzeuge auf der Basis von Evidenz und aussagekräftiger Datenlage im Interesse sowohl erhöhter Kundenzufriedenheit als auch der eigenen Firmenergebnisse optimal zu steuern.

Sondern so:
XYZ verfolgt den Standort Ihrer Servicefahrzeuge, sodass Sie immer im Bilde sind, wo sich diese befinden, und sie dort zum Einsatz bringen können, wo sie benötigt werden. Das verringert Ihre Kosten, denn nun können Sie mit derselben Fahrzeugflotte mehrere Kunden bedienen.

Die Originalversion zwingt die Entscheider, mühevoll herauszufinden, was da verkauft werden soll. Was soll »GPS-

Intelligenz« sein? Oder »Ortung, Einsatzplanung und Logistik« genau bedeuten? Das Problem ist weniger, dass das Original nicht zu entziffern wäre, sondern dass es überhaupt entziffert werden muss.

Im Gegensatz dazu wird in der Neufassung lediglich gesagt, was verkauft wird und warum es für den Entscheider von Bedeutung ist. Ich möchte betonen, dass die Original-Pressemitteilung sogar noch besser ist als der Durchschnitt. Ich habe einen Haufen noch viel verschwurbeltere gelesen.

Der Trick zur Vereinfachung der Kommunikation ist: Schreiben Sie so, wie Sie sprechen. Meiner Erfahrung nach können fast alle sich mündlich klarer ausdrücken als schriftlich. Tun Sie Folgendes, wenn Sie etwas schreiben müssen:

1. Nutzen Sie die Aufnahmefunktion Ihres Telefons, Tablets oder PCs.
2. Stellen Sie sich vor, Sie würden mit einem Kollegen sprechen.
3. Sagen Sie, was immer Sie sagen wollen – und behalten Sie dabei den Zweck im Sinn.
4. Spulen Sie zurück und transkribieren Sie, was Sie aufgenommen haben.
5. Streichen Sie jeglichen Jargon und alle Phrasen, die hineingeraten sein könnten.

Wenn Sie das ein paar Mal gemacht haben, wird sich wahrscheinlich das Gefühl einstellen, Sie bräuchten nur den Aufnahmeknopf im Kopf betätigen und könnten sich selbst sprechen hören. Am Ende geht das ganz automatisch.

4. Ersetzen Sie Business-Sprech durch Alltagssprache

Viele Geschäftsleute glauben, ihre Mitteilungen klängen geschäftsmäßiger und fundierter, wenn sie sie mit Businessfloskeln, Phrasen und Schlagwörtern anreichern. Sie irren sich.

Im Hightech-Bereich beschreiben Marketingtexte die Produkte häufig als »innovativ«, »effizient«, »leistungsstark«, »Branchenneuheit«, »dritte Generation«, »vierte Generation«, »zukunftsweisend«, »Spitzentechnologie«, »4.0« und »der nächsten Generation«.

Alles nichtssagende Begriffe. Jedenfalls nahezu. Weit davon entfernt, den Kram aufregender erscheinen zu lassen, entlarven solche Schlagwörter denjenigen, der sie verwendet, im günstigsten Fall als einen wenig originellen Geist, schlimmstenfalls als ziemlichen Deppen.

Die Unternehmenskommunikation mit Phrasen zu befrachten verlangsamt außerdem den Entscheidungsprozess. Im Folgenden ein Beispiel aus einem echten Businesstext samt meiner Neufassung:

Beispiel:

So nicht:

Im Dienste des externen Fokus müssen wir unter Einbeziehung der Gesamtausrichtung/Ziele durch die Projektbeteiligten, die für koordinierte, an aktuellen Geschäftsergebnissen orientierte und optimierte Arbeitsergebnisse verantwortlich zeichnen, sowohl nach außen als auch nach innen (auf den Kunden des Kunden wie auf intern erforderliche Notwendigkeitsanpassungen bezogen) fokussieren, und zwar unter besonderer Berücksichtigung des Verkaufszyklus sowie des proaktiven Zugangs zu Investments mit höherer Orderkompetenz, da wir nicht gewillt sind, selbst erzielte Ergebnisse an die Verkaufsteams zu verschenken, sondern beabsichtigen, sie stattdessen den Konzernergebnissen zuzurechnen.

Sondern so:
Wir sollten Veränderungen in den Umsatzerlösen auswerten, um sicherzugehen, dass die Vertriebsschulungen wirklich erfolgreich waren.

Ich könnte noch einen Haufen solch hohler Phrasen anführen, aber es gibt dermaßen viele davon (und von Jahr zu Jahr mehr), dass das sinnlos wäre. Ich empfehle Ihnen, im Internet einfach mal nach »Worthülsen, Phrasen, Floskeln« zu suchen. Sie werden viel Vermeidenswertes finden.

5. Ersetzten Sie Fachchinesisch durch Alltagssprache

Diese Regel gilt nur, wenn Sie als Experte mit einem Nichtexperten kommunizieren wollen. Wenn Experten untereinander kommunizieren wollen, ist Fachjargon hilfreich, weil es eine geradezu entfesselte Kommunikation ermöglicht, ohne Dinge erklären zu müssen, die beiden Seiten bekannt sind.

Fachjargon macht es Nichtexperten jedoch unmöglich zu verstehen, worüber Sie reden, was es ihnen erschwert oder unmöglich macht, die Entscheidung zu treffen, die Sie sich wünschen. Wenn Sie Leute an Bord haben möchten, die nicht vom Fach sind, sollten Sie den Fachjargon gegen allgemein verständliche Begriffe austauschen.

Beispiel:

So nicht:
Dielektrische Interferenz, die bei 24 nm unerheblich ist, kann bei 12 nm zur Überlastung führen.

Sondern so:
Computerchips mit elektrischen Komponenten, die kleiner sind als 1/8000stel eines menschlichen Haares (was die Hälfte der Größe heutiger Komponenten ausmacht), sind unter Umständen nicht zuverlässig. Und zwar, weil die Elektrizität in diesen Komponenten zu Interferenzen führen könnte – vergleichbar mit dem Knistern, das in Ihrem Handy entsteht, wenn Sie neben einer Mikrowelle stehen.

Dabei ist zu beachten, dass es länger dauert, denselben Gedanken in normalen Worten auszudrücken, statt den technischen Jargon zu verwenden. Es kann auch viel größeren gedanklichen Aufwand bedeuten, weil Sie Ihr Fachgebiet verlassen und sich vorstellen müssen, wie ein Laie sich die Materie vorstellen und sie verstehen würde. Es ist jedenfalls die Extramühe wert, wenn Sie wirklich wollen, dass auch ein Laie Sie versteht.

Kurzfassung
Klare Unternehmenskommunikation

- Sie sollten immer wissen, warum Sie kommunizieren.
- Wählen Sie ein Medium, das dem Empfänger entspricht.
- Vereinfachen Sie den Inhalt zum leichteren Verständnis.
- Streichen Sie Floskeln und Business-Sprech.
- Vermeiden Sie Fachjargon, sofern Sie es auch mit Fachfremden zu tun haben.

Erfolgsgeheimnis Nr. 30: Wie Sie sinnvolle Gespräche führen

Dies ist ein simpler Ablauf von vier Schritten, der dafür sorgt, dass jede geschäftliche Unterhaltung Ihren Interessen dient, sei es ein persönliches Gespräch, ein Telefonat oder ein Austausch von Mails. Im letzteren Fall haben Sie etwas mehr Zeit nachzudenken, aber das ist der einzige Unterschied.

1. Machen Sie sich klar, warum Sie die Unterhaltung führen

Manchmal kommt es vor, dass Sie bei der Arbeit einfach Spaß an der Gesellschaft anderer Leute haben. Sie sollten zwar aufpassen, dass Sie keinen Tratsch verbreiten oder irgendetwas Dummes raushauen, während Sie klönen oder ratschen, wie man so sagt, aber ansonsten können Sie sich dabei einfach mal entspannen und amüsieren.

Wenn Sie jedoch etwas Wichtiges zu besprechen haben, ist es das Beste, sich nicht einfach ins Gespräch zu stürzen, ohne ein genaues Ziel im Kopf zu haben. Eine Zielvorgabe sorgt für einen konzentrierten Gesprächsverlauf und vermeidet Zeit- und Energieverschwendung.

Das Gleiche gilt, wenn jemand mit Ihnen ein Gespräch beginnt; auch da ist es oft sinnvoll, sich zu fragen, wieso diese Unterhaltung stattfindet und warum gerade jetzt. Wenn Sie eine Ahnung haben, warum, fällt es leichter zu begreifen, wohin die Unterhaltung führen soll.

2. Ignorieren Sie den Unruhestifter im Kopf

Im alten Indien war man überzeugt, dass jedem ein Unruhestifter im Kopf herumturnt, der affengleich von Gedanke zu Gedanke springt, etwa so:

- Was denkt sie wohl gerade über mich?
- Werde ich etwas verkaufen können?

- Was, wenn ich die Hypothek nicht abbezahlen kann?
- Mann, ist die Tapete hässlich.
- Ich muss in zwei Stunden am Flughafen sein.
- Und so weiter, und so weiter, und so weiter …

Dieser permanente innere »Geräuschpegel« zieht Ihre Aufmerksamkeit von demjenigen ab, mit dem Sie gerade sprechen, und lenkt Sie auf Ihre eigene Perspektive, Ihre Prioritäten und Ziele.

Wenn Sie auf diesen Unruhestifter hören, dann werden Sie nur einen Bruchteil von dem mitbekommen, was die andere Person sagt. Mit großer Wahrscheinlichkeit werden Sie das, was gesagt wurde, falsch verstehen oder auch sofort wieder vergessen.

Sie können üben, dieses Äffchen zu ignorieren, indem Sie still dasitzen und darauf lauschen, wie es vor sich hin plappert. Je bewusster es Ihnen wird, desto leichter können Sie es erkennen und von den konzentrierten Gedanken unterscheiden, die für die Unterhaltung wichtig sind.

3. Reagieren Sie, wiederholen Sie und antworten Sie

Gehen Sie nicht sofort zu dem über, was Sie sagen wollen, sobald die andere Person aufgehört hat zu sprechen. Zeigen Sie eine Reaktion, und sei es nur ein Kopfnicken oder ein kurzes »Ah!«, um zu signalisieren, dass Sie dem anderen zugehört haben und nicht dem Geplapper im eigenen Kopf.

Geben Sie im Anschluss eine kurze einordnende Zusammenfassung, wenn die andere Person etwas Komplexes oder Emotionales gesagt oder eine wichtige neue Information ins Spiel gebracht hat.

Wenn Sie das Gesagte rekapitulieren, geben Sie dem anderen die Gelegenheit, Missverständnisse zu korrigieren oder etwas näher zu erläutern, um sicherzustellen, dass Sie alles mitbekommen haben. So wird auch vermieden, dass das Gespräch nur wegen eines ausräumbaren Missverständnisses in die falsche Richtung läuft.

Machen Sie – unabhängig davon, ob Sie das Gesagte rekapituliert haben – eine kleine Pause, denken Sie über das Gesagte nach, und antworten Sie dann mit einer Feststellung, einer Geschichte oder einer Frage, die etwas zur Unterhaltung beiträgt und Sie Ihrem eigentlichen Sinn und Zweck näher bringt.

Wenn Ihnen ein potenzieller Kunde zum Beispiel die Einzelheiten eines geschäftlichen Problems schildert, könnten Sie – nachdem Sie das Problem nochmals wiedergegeben haben und sicher sind, dass Sie es richtig verstanden haben – erzählen, wie man ein ähnliches Problem in einer anderen Firma gelöst hat.

Beim ersten Mal mag diese Methode ein bisschen künstlich wirken, aber mit der Zeit wird sie einem zur zweiten Natur.

Kurzfassung

Sinnvolle Gespräche

- Seien Sie sich über den Sinn des Gesprächs im Klaren.

- Ignorieren Sie das Unruhe-Äffchen.
- Denken Sie über das Gesagte nach, wiederholen Sie es gegebenenfalls in eigenen Worten und geben Sie eine geeignete Antwort.

Erfolgsgeheimnis Nr. 31: Wie Sie überzeugende E-Mails schreiben

Mit dieser narrensicheren Methode schreiben Sie in sechs Schritten E-Mails, die den Leser dazu bringen, das zu tun, was Sie von ihm möchten.

1. Seien Sie sich bewusst, welches Ergebnis Sie erzielen wollen

E-Mails sind die häufigste Kommunikationsform der modernen Arbeitswelt. Leider werden sie oft so stümperhaft verfasst, dass der Empfänger wenig damit anfangen kann. Daher sollten Sie sich vor dem Schreiben einer E-Mail bewusst machen, was sie damit erreichen wollen. Eher sollten Sie sie nicht versenden. Das wäre Zeitverschwendung – ihre und die des Empfängers!

2. Schreiben Sie das Fazit als Erstes

Ihr Fazit bringt die Entscheidung, die Sie vom Empfänger haben möchten, auf der Grundlage dessen, was Sie in der E-Mail geschrieben haben, in einem einfachen Satz auf den Punkt.

In der Schule hat man Ihnen vermutlich beigebracht, dass man mit der Einleitung anfängt und mit dem Schluss oder dem Fazit aufhört. Vergessen Sie das.

Im Geschäftsleben hat niemand die Zeit, die Entwicklung eines Gedankens nachzuvollziehen. Wenn Sie den Leuten nicht sofort den Grund für die Mail nennen können, ist die Wahrscheinlichkeit groß, dass sie zum Nächsten übergehen.

Steigen Sie deshalb also mit dem Fazit ein. Nehmen wir beispielsweise an, Ihr Ziel ist, dass Ihr Chef einem hauseigenen Fitnessraum zustimmt.

Beispiel:

So nicht:

Sehr geehrter Herr Meyer,
wie Sie wissen, wird der Krankenstand inzwischen allgemein als ein dauerhaftes Problem mit enormen finanziellen Auswirkungen angesehen, nicht nur in unserer Firma, sondern in der gesamten Branche (bla, bla, bla).
Daher sollten wir erwägen, in die Einrichtung eines Fitnessraums in den Räumlichkeiten unserer Zentrale zu investieren.

Sondern so:
Sehr geehrter Herr Meyer,
ich möchte Sie bitten, der Einrichtung eines hauseigenen Fitnessraums zuzustimmen.

Wie Sie sehen, kommt die »richtige« Variante ohne Umschweife auf den Punkt.

3. Unterteilen Sie Ihre Argumente in leicht verdauliche Happen

Führen Sie, nachdem Sie Ihr Fazit vorgebracht haben (die Entscheidung, die Sie möchten), die Argumente an, mit denen Sie diesen Wunsch begründen. Unterteilen Sie Ihre Argumente in kleinere Einheiten, um sie »eingängiger« zu machen. Tragen Sie jeden Punkt in gleichem Format und gleicher Satzstruktur vor.

Beispiel:

So nicht:
Einem jüngstens veröffentlichten Regierungsbericht zufolge ist die körperliche Fitness ganzer Arbeitsgruppen von äußerst großer Bedeutung, wenngleich nur wenige Unternehmen Bereitschaft zeigen, sich des Themas anzunehmen. Viele Firmen sehen in der Fitness Ihrer Mitarbeiter zwar ein unterschätztes Wettbewerbskriterium, aber sie haben kein Konzept für Verbesserungen in diesem Bereich. Da die Ge-

sundheit der Mitarbeiter der Arbeitsproduktivität zugutekommt, habe ich den Eindruck, dass wir ins Hintertreffen geraten, wenn wir uns des Themas nicht annehmen.

Sondern so:
Ein hauseigenes Fitnesscenter wird
– den Krankenstand reduzieren,
– die Gesamtproduktivität erhöhen.

Auch hier benennt die »richtige« Fassung die wichtigsten Punkte, ohne Zeit an Nebenbaustellen zu verschwenden.

4. Untermauern Sie jedes Argument mit Belegen

Die Feststellung einer Tatsache ist so lange noch eine reine Meinungsäußerung, wie Sie nicht beweisen können, dass diese Aussage eine Tatsache ist. Ihre Meinung wird zwar Einfluss auf diejenigen haben, die Ihnen vertrauen, aber in aller Regel werden Sie Belege brauchen, um diese Behauptung zu stützen. Am besten eigenen sich dafür Zitate aus verlässlicher Quelle.

Beispiel:

So nicht:
Ein hauseigenes Fitnesscenter wird die Fehlzeiten reduzieren, weil die Leute dann lieber zur Arbeit kommen, statt zu Hause zu bleiben, denn sie haben dann mehr Energie und werden nicht so schnell krank.

Sondern so:

Reduzierung von Fehlzeiten: Unternehmen mit hauseigenen Fitnesseinrichtungen verzeichnen laut aktuellem Gesundheitsbericht der Regierung eine um 20 Prozent geringere Krankenrate als solche ohne.

Das »richtige« Beispiel ergänzt eines der Argumente mit einer überprüfbaren Tatsache. Machen Sie das mit all Ihren Argumenten.

5. Wiederholen Sie Ihr Fazit als Handlungsaufforderung

Beispiel:

So nicht:

Ihre Unterstützung des Projekts wäre sehr willkommen.

Sondern so:

Sobald Sie in Ihrer Antwortmail Ihre Zustimmung geben, werde ich alles Nötige veranlassen.

6. Nennen Sie den Nutzen in der Betreffzeile

Ihre Betreffzeile (sozusagen die Überschrift) ist der wichtigste Teil Ihrer E-Mail, weil es von der Wahl Ihrer Worte abhängt, ob diese Mail geöffnet und gelesen wird.

Idealerweise sollte die Betreffzeile zwei Anforderungen erfüllen: 1. Genügend Neugier oder Interesse wecken, damit der Empfänger die Mail öffnet und liest, 2. die Schlussfolgerung nahelegen, die Sie sich vom Empfänger wünschen (das heißt, die Entscheidung, die Sie von ihm wollen).

Beispiel:

So nicht:
An: Hans.Meyer@Mustermann.de
Betreff: Die gesundheitlichen Auswirkungen eines hauseigenen Mitarbeiterfitnessprogramms

Sondern so:
An: Hans.Meyer@Mustermann.de
Betreff: Wie wir den Krankenstand reduzieren können

Wie Sie sehen, kennzeichnet das »richtige« Beispiel die E-Mail als etwas, bei dem es Handlungsbedarf gibt, während das »falsche« Beispiel den Inhalt der E-Mail als theoretische Erörterung charakterisiert.

Kurzfassung
E-Mails verfassen

- Seien Sie sich darüber im Klaren, welche Entscheidung getroffen werden soll.
- Formulieren Sie als Erstes diese Entscheidung in Form eines Fazits.

- Stützen Sie dieses Fazit mit einfachen Argumenten.
- Liefern Sie Belege, um Ihre Argumente zu stützen.
- Wiederholen Sie Ihr Fazit als Handlungsaufforderung.
- Schreiben Sie den Betreff zum Schluss und fügen Sie einen Nutzen ein.

Erfolgsgeheimnis Nr. 32: Wie Sie einprägsame Präsentationen machen

Die meisten Businesspräsentationen bestehen aus Auflistungen von Stichpunkten, durchsetzt mit Illustrationen (Tabellen und Grafiken). Manchmal enthalten diese Stichpunkte Anmerkungen, die für gewöhnlich für den Vortragenden gedacht sind, aber auch detaillierte Informationen zu den einzelnen Folien enthalten können.

Die besten Präsentationen sind jedoch die, in denen der Fokus bei den Vortragenden bleibt und dem, was sie zu sagen haben, während die Folien nur der Unterstützung dienen.

Und so erstellen Sie eine Präsentation, die den Leuten nicht nur im Gedächtnis bleibt, sondern sie dazu bringt, aktiv zu werden:

1. Bekämpfen Sie Ihr Lampenfieber

Die schlimmsten Präsentationen sind immer die, bei denen der Vortragende von den Folien abliest. Die Leute tun dies, weil sie es 1. nicht besser wissen und sie 2. Lampenfieber haben. Wenn Sie sich vor etwas fürchten, ist es normal, sich an etwas Überschaubares zu klammern.

Lampenfieber sollte man nicht unterschätzen. Mindestens einer Umfrage zufolge haben mehr Menschen Angst davor, in der Öffentlichkeit zu sprechen, als vor dem Sterben. Dennoch kann man es in den Griff bekommen, wie jede andere Furcht auch (siehe »Erfolgsgeheimnis Nr. 41: Wie Sie mit Sorgen und Ängsten klarkommen?«).

Abgesehen von dieser Methode gibt es noch einen Trick gegen Lampenfieber. Suchen Sie sich eine Person im Publikum und halten Sie den Vortrag quasi für diese Person. Tun Sie so, als würden alle anderen nur zufällig mithören, was Sie sagen, so wie auf einer Party.

Wechseln Sie jedes Mal, wenn Sie zum nächsten Punkt übergehen, zu einer anderen Person. Jeweils nur zu einem Menschen zu sprechen verringert nicht nur das Lampenfieber, es gibt auch jedem Einzelnen im Publikum das Gefühl, als würden Sie zu ihm sprechen, auch wenn Sie nur ein paar Leute »anvisieren«.

Wenn Sie dann immer noch unter Lampenfieber leiden: Ich habe eine Reihe von Leuten getroffen, die es mithilfe spezieller Trainings gegen Lampenfieber losgeworden sind. Es ist leichter, sich mit dieser Angst auseinanderzusetzen, wenn Sie nicht vor Leuten sprechen, mit denen Sie arbeiten.

2. Skizzieren Sie die emotionale Reise

Der Hauptzweck einer Präsentation ist nicht, Informationen zu liefern, sondern die Zuhörer aus ihrer aktuellen Stimmung (skeptisch, gelangweilt, aufgeregt und so weiter) dahin zu bringen, wo Sie sie haben möchten: überzeugt davon, dass die von Ihnen gewünschte Entscheidung die richtige ist.

Mit anderen Worte: Eine Präsentation (das heißt, der Live-Vortrag) ist eine Reise, auf der Sie die Zuhörer vom einen Zustand in den anderen bringen. Sie müssen diese Reise daher als eine Abfolge von Emotionen strukturieren statt als Reihe von Fakten. Zum Beispiel folgendermaßen:

1. Besorgt (lenken Sie die Aufmerksamkeit auf ein Problem)
2. Erleichtert (es gibt eine Lösung für dieses Problem)
3. Zuversichtlich (die Zuhörer glauben, dass Sie und Ihre Firma vertrauenswürdig sind)

Eine andere Möglichkeit:

1. Erstaunt (lenken Sie die Aufmerksamkeit auf etwas, das den Zuhörern bisher unbekannt war)
2. Neugierig (sie erkennen, dass Ihre Idee interessant ist)
3. Inspiriert (sie erkennen, wieso Ihre Idee revolutionär ist)
4. In Gang gesetzt (sie sind nun völlig versessen darauf, Ihr Buch zu kaufen)

3. Überlegen Sie sich »Wegweiser-Folien« für diese Reise

Im echten Leben gibt es zwei Arten von Hinweisschildern. Die einen weisen den Weg (Kleinkleckersdorf, rechts abbiegen, noch 9 km), die anderen teilen Ihnen mit, dass Sie angekommen sind (Ortseingangsschild Kleinkleckersdorf).

Entscheiden Sie, da Sie ja nun wissen, wohin Sie das Publikum bringen wollen, welche Tatsache, Grafik oder Tabelle am geeignetsten ist, um die Zuhörer entweder in die gewünschte Richtung zu leiten oder um zu signalisieren, dass sie an einer der emotionalen Haltestellen angekommen sind.

Möchten Sie etwa eine Lösung für ein spezielles Kundenproblem verkaufen, könnte die Wegbeschreibung so aussehen:

1. Sich der Lage bewusst (es gibt ein Problem)
2. Besorgt (es ist wirklich ein großes Problem)
3. Entsetzt (verdammt, wir stecken in der Scheiße)
4. Erleichtert (uff, andere Firmen sind aus so was schon heil herausgekommen)
5. Beruhigt (diese Lösung wird das Problem beheben)
6. Aufgeregt (mit dieser Lösung können wir vielleicht sogar Geld verdienen)
7. Überzeugt (wir müssten verrückt sein, diese Lösung nicht einzukaufen)

Das Hinweisschild für »sich der Lage bewusst« könnte eine einfache Folie sein, die die Summe des geschätzten Verlusts beziffert, zu dem es ohne die benötigte Lösung kommt.

Das Hinweisschild für »besorgt« könnte ein Zitat aus

dem Bericht eines Auditors sein sowie eine Grafik, die die Entwicklung der Firmenprofite anzeigt.

Das Hinweisschild für »entsetzt« könnte ein Foto vom Hauptsitz eines Unternehmens sein, das vom Markt verschwunden ist, weil es die Warnsignale ignoriert hat.

Das Hinweisschild für »erleichtert« könnte das Foto des Unternehmenssitzes eines Konzerns sein, der eine ähnliche Umstrukturierung durchgestanden hat.

Auch wenn diese Hinweisschilder wichtig sind, sind sie nicht die eigentliche Präsentation. Sie sind das, was zu sehen ist, während Sie die Präsentation halten und jede der angestrebten emotionalen Stationen betonen und herausarbeiten.

4. Konstruieren Sie zu jedem Hinweisschild eine Geschichte

Und das ist das große Geheimnis jeder gelungenen Präsentation: Sie erzählt immer eine Reihe von Geschichten. Eine Geschichte kann eine kurze Erklärung sein, wie Sie zu dieser speziellen Statistik gekommen sind, oder eine fünfminütige Anekdote aus dem Geschäftsalltag. Weil Geschichten uns auf einer allgemein menschlichen Ebene ansprechen, werden Sie mit einiger Wahrscheinlichkeit den emotionalen Effekt erzielen, den Sie haben möchten. Hier sehen Sie eine vereinfachte Darstellung der bisher beschriebenen Schritte und ihrer Umsetzung. In diesem Fall hat eine Person namens Peter Müller Hans Meyer gebeten, eine Lösung für die Lagerbestandsführung der Müller GmbH vorzuschlagen.

Emotion	Folie Hinweisschild
Neugierig	• Lösung für das Problem der Lagerbestandsführung der Müller GmbH Vorschlag Hans Meyer, XYZ Software
Besorgt	• Umsatzverlust: 1 000 000 €
Beruhigt	• Grafik zur Veranschaulichung der Lösung
Zuversichtlich	• Schaubild einer Firma, die einen ähnliche Erneuerungsprozess bewältigt hat
Hoffnungsvoll	• Grafik, die einen vollständigen ROI innerhalb von drei Monaten zeigt
Neugierig	• Fragen?
Überzeugt	• Zeitplan mit den Terminen zur Umsetzung

Anmerkungen zur Story
• Peter Müller: Ich habe Herrn Meyer gebeten, über eine Lagerbestandskontrolle zu sprechen. Er ist Berater bei XYZ mit weitreichender Erfahrung in unserer Branche. Herr Meyer, bitte!
• Hans Meyer: Ja, das ist eine Million Euro. Herr Müller und ich haben uns zusammengesetzt und sind die Zahlen durchgegangen. Und das ist die Summe, die Sie unserer Meinung nach Jahr für Jahr an Verlust machen. Wenn Sie einmal hinschauen, werden Sie an dieser Schautafel erkennen, dass der Umsatz jedes Mal sinkt, wenn neue Aufträge hereinkommen. Das illustriert das generelle Problem.
• Wir schlagen die Einführung eines neuen Systems vor, das Ihren Umgang mit dem Problem verändern wird. Ich möchte mit Ihnen kurz die wesentlichen Punkte durchgehen ...
• Wir wissen, dass dies funktionieren wird, weil wir bereits Erfahrungen mit ähnlichen Ausgangslagen gesammelt haben. Ich kann Ihnen dazu folgende Geschichte erzählen. Vor einiger Zeit ...
• Auf der Grundlage der geschätzten Kosten glauben wir, dass Sie bei diesem Projekt innerhalb von drei Monaten einen vollständigen Return on Investment erreichen können. Ich möchte Ihnen gern aufzeigen, wie wir auf diese Zahl gekommen sind ...
• Gibt es bis hierher irgendwelche Fragen?
• Sobald Sie uns grünes Licht für dieses Projekt geben, können wir Ihr neues System zur Lagerbestandsführung aufbauen und innerhalb von sechs Monaten zum Laufen bringen.

Die Gliederung wird natürlich variieren, je nachdem, wo die Reise hingehen soll. Die Hinweisschilder können auch zusätzliche Details, Belege und Beispiele enthalten.

5. Vereinfachen Sie den Foliensatz

Beachten Sie bei der Erstellung der Folien Folgendes:

- **Achten Sie auf relevante Informationen.** Das Publikum schenkt Ihnen nur dann Aufmerksamkeit, wenn die Geschichten und Vorschläge, die Sie machen, von unmittelbarer Bedeutung sind. Überlegen Sie, welche Entscheidung Sie erreichen wollen, und bauen Sie Ihre Argumentation dementsprechend auf.
- **Machen Sie es kurz und bündig.** Wann haben Sie zum letzten Mal von jemandem gehört, die Präsentation sei zu kurz gewesen? Machen Sie sie nur halb so lang, wie Sie sie ursprünglich geplant hatten (oder sogar noch kürzer).
- **Setzen Sie auf Fakten, nicht auf Allgemeinplätze.** Ungenaue Konzepte verraten unklare Gedanken. Untermauern Sie Ihre Auffassungen so wie Ihre E-Mails mit Fakten, die messbar, nachprüfbar, leicht zu merken und dramaturgisch durchdacht sind.
- **Vereinfachen Sie Ihre Grafiken.** Die meisten Leute schalten ab, wenn sie mit zu komplizierten Zeichnungen und Tabellen konfrontiert werden. Verwenden Sie einfache Grafiken und heben Sie die wichtigen Datenpunkte hervor.

- **Halten Sie die Hintergrundgestaltung im Hintergrund.** Lebhaft gestaltete Folienfonds machen es nur schwieriger, die Konzentration der Zuhörer zu halten. Verwenden Sie eine einzige neutrale Farbe für den Hintergrund.
- **Verwenden Sie gut lesbare Schriften.** Bereiten Sie Ihren Zuhörern keine Kopfschmerzen aufgrund von Überanstrengung durch winzig kleine Schriften. Verwenden Sie große Fonts in einfachen Schnitten wie Arial. Für noch bessere Lesbarkeit sollten Sie außerdem auf Fettungen, *Kursivierungen* und VERSALIEN verzichten.
- **Treiben Sie's nicht zu bunt.** Sie wollen, dass sich die Zuhörer die Message merken und nicht die Spezialeffekte, die Sie verwendet haben. Denken Sie daran, dass aufmerksamkeitsheischende Folien (die als Folien auffallen, nicht durch Inhalt) von dem ablenken, was Sie zu sagen haben.
- **Passen Sie Ihre Präsentation dem Publikum an.** Verwenden Sie wie bei aller anderen Unternehmenskommunikation auch normale Alltagssprache statt Jargon und Abkürzungen, wenn die Anwesenden keine Fachleute sind.
- **Proben Sie Ihre Präsentation.** Übung macht Sie, wenn auch vielleicht nicht zum Meister, dann doch zumindest deutlich besser. Ein Probelauf hilft Ihnen unter anderem, das Timing zu überprüfen, sodass Ihr Vortrag nicht zu lang wird.

6. Befolgen Sie beim Präsentieren folgende Regeln

- **Halten Sie ein gesondertes Handout bereit.** Wenn es Daten gibt, die Sie Ihren Zuhörern an die Hand geben wollen, dann stellen Sie sie in einem Extradokument zusammen, das Sie im Anschluss an die Präsentation austeilen. Machen Sie Ihre Präsentation nicht zur Datenbank.
- **Stehen Sie auf, statt sitzen zu bleiben.** Die Körpersprache, die Sie im Stehen haben, während alle anderen sitzen, hält den Fokus bei Ihnen und Ihren Gedanken. Wenn Sie wie die anderen sitzen, ist es eher eine Unterhaltung. Eine Präsentation ist etwas ganz anderes.
- **Überprüfen Sie vorher die technischen Geräte.** Wenn Sie Powerpoint verwenden müssen oder Videos und dergleichen zeigen wollen, sollten Sie prüfen, ob alles funktioniert. Und dann noch mal. Und noch ein letztes Mal.
- **Sorgen Sie dafür, dass Sie jemand vorstellt.** Schreiben Sie einen kurzen Lebenslauf (100 Worte) und eine kurze Zusammenfassung (50 Worte) dessen, worüber Sie sprechen werden. Lassen Sie beides von der Person, die Sie eingeladen hat, laut vorlesen, oder lassen Sie es in den Einladungstext einfügen.
- **Geben Sie den zeitlichen Rahmen vor.** Da Sie möchten, dass Ihr Publikum gebannt zuhört, ist es nur fair, Ihren Zuhörern zu sagen, wie lange sie gebannt bleiben sollen. (Das wird Sie auch anspornen, sich kurz zu fassen.)
- **Erzählen Sie keine Witze »zum Warmwerden«.** Wenn

Sie nicht gerade von Haus aus ein Spaßvogel sind, verrät ein Witz, dass Sie nervös und unsicher sind. Überlassen Sie die Comedy den Profis.

- **Nehmen Sie Tuchfühlung auf.** Wenn es sich um eine kleine Gruppe handelt, können Sie jeden Einzelnen fragen, was er sich von Ihrem Vortrag erhofft. Wenn die Gruppe groß ist, können Sie eine Frage stellen, die sich mit Handzeichen beantworten lässt.
- **Sprechen Sie zum Publikum.** Große Redner konzentrieren sich auf ihr Publikum, nicht auf ihre Notizen. Wenn Sie Ihre Aufmerksamkeit auf Ihre Zuhörer richten, ermutigt dies die Zuhörer, ihre Aufmerksamkeit auf Sie und Ihre Aussagen zu richten.
- **Springen Sie nicht hin und her.** Wenn Sie abschweifen oder in Ihren Folien hin und her springen, erwecken Sie den Eindruck, unvorbereitet zu sein. Wenn Sie improvisieren müssen, sollte die Struktur der Präsentation erhalten bleiben.
- **Richten Sie Ihre Anmerkungen nicht nur an die Ranghöchsten unter den Anwesenden.** Sie mögen zwar schlussendlich die Entscheidung treffen, aber sehr wahrscheinlich werden Sie auch die anderen Teilnehmer im Raum davon überzeugen müssen, mit Ihnen und Ihrer Firma Geschäfte zu machen.
- **Stellen Sie zu mehreren Leuten Augenkontakt her.** Schauen Sie, wenn Sie ein Argument vorbringen, eine Person im Publikum an und machen Sie dann weiter. Beim nächsten Punkt schauen Sie eine andere Person an und so weiter.

Kurzfassung
Einprägsame Präsentationen

- Sprechen Sie zu einzelnen Personen, nicht zum gesamten Publikum. So verringern Sie das Lampenfieber.
- Legen Sie eine emotionale Reise an.
- Markieren Sie die Stellen, an denen das Publikum bestimmte Empfindungen haben wird.
- Konstruieren Sie eine Geschichte, die die Emotionen in der geplanten Reihenfolge erzeugt.
- Bringen Sie alles in eine einfache Ordnung.
- Erstellen Sie relevante, kurze, verständliche und lesbare Folien.
- Gestalten Sie die Präsentation zielgruppengerecht und proben Sie sie.

Erfolgsgeheimnis Nr. 33: Wie Sie Konferenzen für Kontakte nutzen

Selbst wer eine gesellige Natur ist, kann durch einen Raum voll unbekannter Leute leicht eingeschüchtert werden, erst recht, wenn diese Leute aus der Chefetage sind – Führungskräfte und Entscheidungsträger, die Sie als Kontakte oder Kunden gewinnen möchten.

Der folgende »Fahrplan« hilft Ihnen, sich durch den Raum zu bewegen (»work the room«) und dabei so viele nützliche Kontakte wie möglich zu knüpfen:

1. Seien Sie neugierig auf die Leute, die Sie kennenlernen

Egal, ob Sie sich selbst vorstellen oder von jemand anderem vorgestellt werden: Aufrichtiges Interesse am Gegenüber zu haben und zu zeigen ist oberstes Gebot. Stellen Sie Fragen; etwa warum die Person an der Konferenz teilnimmt, was sie Neues erfahren möchte etc.

Das wird fast immer zu einem Gespräch über die berufliche Tätigkeit und Erfahrung der anderen Person führen und darüber, wen sie noch kennt. Das ist eine wichtige Information, denn es gibt Ihnen eine erste Orientierung, ob sie ein potenziell nützlicher Kontakt ist.

Sofern dies nicht der Fall ist, ist es nett, noch ein wenig zu plaudern, aber reden Sie sich nicht fest. Finden Sie einen Vorwand, sich zu entfernen, oder sprechen Sie mit jemand anderem. Der Grundgedanke ist der, dass Sie durch den Raum spazieren, um auf diese Weise noch mehr Leute kennenzulernen.

2. Positionieren Sie sich in einem einzigen Satz

Wenn Sie das Gespräch fortsetzen, ist nun das Thema dran, womit Sie so Ihre Brötchen verdienen. Das ist Ihre Chance darzulegen, was Sie anzubieten haben, und zu überprüfen, ob die andere Person ein potenzieller Arbeitgeber ist.

Statt einer Berufsbezeichnung oder einer Kurzvita sollten Sie eine Beschreibung dessen parat haben, welchen Nutzen ein Kunde, Investor oder Arbeitgeber davon hätte, bei Ihnen zu kaufen, bei Ihnen zu investieren oder Sie anzustellen. Idealerweise sollte der Nutzen mit einem interessanten Detail daherkommen.

Beispiele:

So nicht:

- *Ich verkaufe topaktuelle Trainingssoftware.*
- *Wir erreichen durch Neuverhandlungen von IT-Verträgen Geldeinsparungen.*
- *Ich suche einen Job in der Programmierung von Computerspielen.*

Sondern so:

- *Einzelhandelskunden verwenden die von mir programmierte Software zur Schulung ihrer Mitarbeiter, was zu Umsatzsteigerungen von circa zehn Prozent führte.*
- *Ich konnte einer IT-Firma dabei behilflich sein, ihre Beschaffungskosten zu senken, indem ich direkt mit den großen IT-Anbieterfirmen verhandelt habe.*

- *Ich habe eine Idee für ein Computerspiel, das soziale Netzwerke mit gemeinschaftlichem Rätsellösen verbindet.*

Gehen Sie nicht zu sehr ins Detail zu sich selbst, den Jobs, die Sie gemacht haben, oder dem Job, den Sie haben wollen. Begnügen Sie sich mit einem Satz, der im Rahmen einer normalen Unterhaltung angebracht ist. Ihnen stehen circa fünf bis zehn Sekunden zur Verfügung, um Eindruck zu machen. Machen Sie guten Gebrauch davon.

3. Beobachten Sie und hören Sie zu

Indem Sie sich ganz zwanglos, aber doch präzise positionieren, geben Sie der anderen Person die Gelegenheit, Interesse an dem zu zeigen, was Sie gerade sagten.

Wenn sie Sie ausdruckslos anschaut oder das Thema wechselt, dann wissen Sie, dass hier keine großen Anknüpfungschancen bestehen, jedenfalls derzeit nicht. Das ist gut zu wissen, so verschwenden Sie keine Zeit darauf, es weiter zu versuchen.

Wenn Ihr Gesprächspartner Interesse hat, wird er diese Unterhaltung vertiefen, indem er etwas sagt wie: »Oh, super, wie machen Sie das?« oder »Witzig, dass Sie das erwähnen, wir hatten auch gerade Probleme mit (*etwas, das Sie soeben erwähnt haben*)«.

Zwischen diesen Extremen gibt es eine, nennen wir es: »gleitende Abstufung« des Interesses. Ihre Aufgabe ist es herauszufinden, ob das Interesse Ihres Gegenübers groß genug ist, um die Unterhaltung fortzusetzen.

Hören Sie dafür nicht nur auf das, was die andere Person sagt, sondern achten Sie auch auf Mimik und Körpersprache. Wenn Sie das Gefühl haben, dass ernstes (also mehr als höfliches) Interesse besteht, können Sie zum nächsten Schritt übergehen.

Falls nicht, lassen Sie das Thema besser fallen. Plaudern Sie noch ein bisschen (»Tolle Konferenz, oder?«) und ziehen Sie sich dann aus der Unterhaltung zurück (zum Beispiel mit: »Oh, entschuldigen Sie mich, ich sehe da drüben gerade jemanden, den ich hier treffen wollte.«).

4. Heben Sie sich ab

Wenn die Person, die Sie auf der Grundlage Ihres Satzes zur Positionierung kennengelernt haben, gewisses Interesse an Ihnen und dem, was Sie tun, gezeigt hat, demonstrieren Sie nun, warum Sie eine unvergleichliche Ressource darstellen.

Geben Sie ganz nebenbei ein oder zwei Fakten über sich preis, die zeigen, auf welche für das Unternehmen des Gesprächspartners interessante oder sogar entscheidende Weise Sie sich von der Konkurrenz unterscheiden. Wie bei Ihrem Eingangs-Statement brauchen Sie einen Satz, der Ihre Einzigartigkeit in einfachen Worten zum Ausdruck bringt.

Beispiele:

- *Am MIT habe ich eine Studie durchgeführt, die zeigte, wie Angestellte im Einzelhandel frühere Einkäufe nutzen können, um Kunden über die in diesem Geschäft erhältlichen Waren optimal zu informieren.*
- *Ich habe in der Vergangenheit mit so vielen IT-Anbietern gearbeitet, dass ich weiß, wie man mit ihnen verhandeln muss, um den besten Preis zu bekommen.*
- *Ich habe anhand bestehender Mehrspielerumgebungen getestet, wie gut Leute zusammenarbeiten können, um komplexe Probleme zu lösen.*

5. Nochmals: Beobachten und zuhören

Genau wie in Schritt drei: Wenn die andere Person weiterhin Interesse zeigt, können Sie zum nächsten Schritt übergehen. Wenn sie Desinteresse oder bloß höfliches Interesse zeigt, lassen Sie das Thema fallen. Plaudern Sie noch ein bisschen und ziehen Sie sich dann aus dem Gespräch zurück.

6. Eröffnen Sie ein Gespräch

Stellen Sie, wenn es immer noch Zeichen von Interesse gibt, eine offene Frage, die Art und Ausmaß dieses Interesses auslotet.

Beispiele:

- *Nur so aus Neugier: Was trägt Ihr aktuelles Kassensystem dazu bei, dass Ihre Leute mehr verkaufen?*
- *Eins würde mich interessieren: Wie verhandelt Ihre Firma derzeit mit IT-Anbieterfirmen?*
- *Sie scheinen an meiner Idee interessiert zu sein. Welche Art von Spielen will Ihr Unternehmen demnächst auf den Markt bringen?*

Das müssen keine ausgefallenen Fragen sein. Es reicht, dass es offene Fragen sind, die nicht mit einem einzigen Wort beantwortet werden können.

Ziel ist es, eine Unterhaltung in Gang zu bringen, damit Sie um einen Termin bitten können, bei dem Sie die Materie in Ruhe erläutern, abseits vom Gewühl der Menge.

7. Bitten Sie um einen richtigen Termin

Je nachdem, wie Ihr Gesprächspartner Ihre Frage beantwortet hat, werden Sie wissen, ob es Sinn hat, diese Bekanntschaft zu vertiefen. Wenn es tatsächlich eine Verbindung zwischen dem, was Sie anbieten, und dem Bedarf der betreffenden Person gibt, können Sie einen Termin vereinbaren, um die Sache näher zu besprechen:

Beispiele:

- *Was halten Sie von einem Termin, bei dem wir die Angelegenheit näher besprechen können?*
- *Das klingt so, als sollten wir uns eingehender darüber unterhalten. Wie sieht es in Ihrem Terminkalender aus?*
- *Wie kommt man am besten in Ihren Terminkalender?*

Wenn die andere Person einverstanden ist, tauschen Sie die Kontaktdaten aus (sofern Sie das nicht schon getan haben) und notieren sich die Zusage, damit Sie später darauf zurückkommen können.

Das Ganze nimmt nur wenige Minuten in Anspruch und hat zwei »Absprungstellen«, um zu vermeiden, dass Sie auf dem falschen Dampfer sind. Die Kürze des Kennenlernens macht es Ihnen leicht, sich den Raum »zu erschließen« und so viele potenzielle Kontakte wie möglich aufzutun.

Kurzfassung
Kontakte auf Konferenzen knüpfen

- Seien Sie neugierig auf andere Leute und das, was sie tun.
- Beschreiben Sie sich mit Blick auf Ihren Wert.
- Gehen Sie weiter, wenn die andere Person kein Interesse zeigt.
- Erklären Sie, wodurch Sie sich von der Konkurrenz unterscheiden.

- Gehen Sie weiter, wenn die andere Person kein Interesse zeigt.
- Eröffnen Sie ein Gespräch, um die gegenseitigen Bedürfnisse auszuloten.
- Fragen Sie bei anhaltendem Interesse nach einem echten Termin.

Erfolgsgeheimnis Nr. 34: Wie Sie Vereinbarungen aushandeln

Verhandeln besteht aus einem steten Vor und Zurück, während verschiedene Entscheidungsmöglichkeiten vorgebracht und diskutiert werden, und schließlich aus einer Entscheidung, auf die man sich einigt. Viele Verhandlungen sind informell, aber sie folgen denselben Prinzipien wie die formellen Verhandlungen, die im Folgenden beschrieben werden.

Verhandlungen finden überall im Geschäftsleben statt. Ihr Verhandlungsgeschick wird in vielen Fällen darüber bestimmen, ob Sie von Chefs, Kollegen und Kunden das bekommen, was Sie möchten.

1. Legen Sie die Kriterien fest

Machen Sie sich klar, worüber wirklich verhandelt wird, ehe Sie in die Verhandlungen gehen.

Jede Geschäftsverhandlung besteht aus zwei Elementen: dem, was auf den Tisch kommt und verhandelbar ist, und dem, was außen vor bleibt. Des Weiteren hat alles, was auf den Tisch kommt, ein Maximum (das, was Sie sich im günstigsten Fall erhoffen können) und ein Minimum (Ihre Schmerzgrenze nach unten).

Außen vor (»off the table«) sind alle Teile eines potenziellen Deals, bei denen es keinerlei Verhandlungsspielraum gibt. Etwa, wenn Sie wegen einer neuen Stelle verhandeln, aber nicht bereit sind, dafür umzuziehen, dann ist dies eben nicht verhandelbar.

Finden Sie für alles, was auf dem Tisch liegt, also verhandelbar ist, heraus, was maximal zu erwarten ist und was das Minimum ist, das Sie noch akzeptieren können. Wenn es beispielsweise um Gehaltsverhandlungen geht, läge ihr Traumergebnis vielleicht bei 100 000 Euro und Ihre Schmerzgrenze bei 60 000 Euro.

2. Sortieren Sie die verhandelbaren Punkte nach Wichtigkeit

Verhandeln Sie nicht, ehe Sie die Punkte aus Schritt eins nicht in der Reihenfolge ihrer Wichtigkeit für Sie und der potenziellen Wichtigkeit für die andere Person sortiert haben.

Verwenden Sie eine Skala von eins (sehr wichtig) bis drei (nicht wichtig).

Wenn Sie zum Beispiel mit jemandem verhandeln, den Sie einstellen wollen, ist Ihnen vielleicht nicht sonderlich wichtig, welchen Jobtitel der Kandidat am Ende hat, aber vielleicht ist es dem neuen Stelleninhaber sehr wichtig. Oder umgekehrt.

Sie werden dieses geistige Ranking für die andere Person dem anpassen, was Sie im Verhandlungsgespräch tatsächlich über den Verhandlungspartner erfahren. Es kann gut sein, dass Sie Ihre eigenen Prioritäten ebenfalls neu sortieren, wenn die andere Person überzeugende Argumente anführt.

3. Finden Sie Argumente, die Ihre Position stärken

Finden Sie Argumente, mit denen Sie Ihre Minimal- und Maximalforderungen stichhaltig begründen können. Für gewöhnlich sprechen höchst unterschiedliche Gründe für die jeweilige Position.

Nehmen wir an, Sie erwarten aufgrund Ihrer Ausbildung und Ihrer Erfahrung eine Bezahlung, die über das hinausgeht, was die meisten anderen Leute bekommen. Um das höhere Gehalt zu rechtfertigen, werden Sie vielleicht anführen, dass Sie spezielle Kenntnisse haben, die Ihren Wert für die Firma erhöhen.

Nehmen wir im Gegensatz dazu an, Ihnen wird ein Jobtitel angeboten, der weniger Prestige mit sich bringt, als Sie erwartet haben. In diesem Fall könnte Ihr Argument sein:

»Ich finde es schwierig, meine Tätigkeit mit einer Bezeichnung auszuüben, die so klingt, als hätte ich nicht die entsprechende Kompetenz und Befugnis.«

4. Sorgen Sie für brauchbare Alternativen

Sie haben einen Verhandlungsnachteil, wenn Sie zu einem Vertragsabschluss kommen *müssen,* die andere Seite aber nur gern zum Abschluss kommen *möchte.*

Nehmen wir an, Sie sind in den abschließenden Vertragsverhandlungen, doch wenn Sie den Vertrag nicht an diesem Tag zum Abschluss bringen, werden Sie Ihren Job verlieren und Ihre Kredite nicht mehr bedienen können. Ihr Gegenüber hat hingegen kein besonderes Interesse daran, die Verhandlungen zügig abzuschließen. Unter diesen Umständen werden Sie ihm wahrscheinlich Zugeständnisse machen müssen.

Aus diesem Grund sollten Sie möglichst einen Plan B haben. Wenn Sie beispielsweise über die Einzelheiten eines Stellenangebots verhandeln, sollten Sie weiter nach anderen Stellen Ausschau halten, und am besten haben Sie schon weitere Vorstellungstermine in der Hinterhand.

Geben Sie Ihren Plan B (und übrigens auch Ihr Wichtigkeitsranking) nicht preis. Auch wenn es am Ende womöglich darauf hinausläuft, dass Sie als letzten Versuch mit diesem Plan B herausplatzen, dient er doch hauptsächlich dazu, dass Sie sich nicht in verzweifelter Lage fühlen und aus dieser Position heraus verhandeln.

5. Lassen Sie die andere Person den ersten Schritt tun

Es ist fast immer von Vorteil, dem Gesprächspartner den Einstieg ins Verhandeln zu überlassen. Ich selbst beispielsweise habe mehr als einmal Honorare für meine Artikel angeboten bekommen, die ein Mehrfaches von dem betrugen, was ich selbst verlangt hätte.

Wenn es Sie getroffen hat, der Erste zu sein, beginnen Sie mit etwas, das in etwa Ihrer Maximalforderung entspricht (bei einem der Dinge, die Ihnen wichtig sind), samt einer Begründung, warum das gerechtfertigt ist. Achten Sie darauf, noch Spielraum zum Verhandeln zu lassen.

Beispiel:

So nicht:

- *Ich berechne 1000 Euro pro Tag.*

Sondern so:

- *Die meisten meiner Kunden zahlen mir für diese Tätigkeit etwa 1000 Euro pro Tag. Die genaue Summe hängt allerdings von den Einzelheiten der Vereinbarung ab, etwa vom Ausmaß der erforderlichen Arbeiten.*

6. Machen Sie Positionen zu Problemen

Wenn Sie Ausdrücke verwenden wie: »Meine Position ist folgende« oder »Die Position meiner Firma ist folgende«, erklären Sie diese Positionen zu Ihrem Besitz. Dadurch werden sie zu einem Teil Ihrer Identität, was es wiederum schwierig macht, darüber zu verhandeln oder sie aufzugeben.

Statt eine Position zu besitzen, sollten Sie sie lieber zu einem externen Problem machen, das beide Parteien gemeinsam lösen wollen. Beispielsweise so: »Wenn wir die Vereinbarung so formulieren (...), würde es von meiner Seite aus funktionieren. Wie sieht das bei Ihnen aus?«

Das Ziel ist, die Verhandlung für die Problemlösung zu nutzen, wobei Sie sich gegenseitig helfen herauszufinden, wie man weiterkommt – statt sich die Köpfe einzurennen.

7. Richten Sie sich nach Ihren Prioritäten

In Schritt zwei haben Sie die Reihenfolge der Prioritäten für Sie und die andere Person bestimmt. Beim Verhandeln kommt es darauf an, einerseits Flexibilität zu zeigen, um sich andererseits in den Dingen treu zu bleiben, die einem wirklich wichtig sind.

Angenommen, Sie verkaufen ein komplexes Software-System und wissen, dass Ihr Einrichter-Team gerade zu wenig zu tun hat. Daher ist es für Sie wichtig, dass Ihr Team so schnell wie möglich Arbeit bekommt und Geld einbringt.

In der Diskussion merken Sie, dass es für Ihren Kunden

wichtig ist, dass das Projekt zügig in Angriff genommen wird. Daher ist es für Sie beide von Vorteil, rasch zu einem Abschluss zu kommen und alles sofort in Gang zu setzen.

Selbst wenn Sie mit den besten Absichten in die Verhandlungen gehen, kann man wohl davon ausgehen, dass Ihr Gegenspieler oder Ihre Gegenspielerin an einem bestimmten Punkt sehen möchte, dass Sie zumindest in einer Sache nachgeben. Auch in Ihnen wird es einen Teil geben, dem es genauso geht.

Nehmen Sie es also nicht persönlich, wenn Ihr Gegenüber plötzlich Dinge verhandeln möchte, die für Sie keinen Sinn ergeben. Lassen Sie stattdessen Ihren Gegenpart wissen, dass jedes Zugeständnis von Bedeutung ist und bloßes Beharren nicht zu lohnenswerten Ergebnissen führt.

8. Wissen, wann es nichts mehr zu verhandeln gibt

Wenn die Verhandlungen gut laufen und Sie das meiste von dem erreicht haben, was Sie haben wollten, sollten Sie nicht weiterverhandeln. Wenn Sie Ihre Ziele zu 90 Prozent erreicht haben, sollten Sie aufhören. Über diesen Zeitpunkt hinaus zu verhandeln lohnt sich nicht.

Kurzfassung

Verträge aushandeln

- Legen Sie fest, was in den Verhandlungen zur Diskussion steht.
- Entscheiden Sie, was Ihnen wichtig ist und was nicht.
- Begründen Sie, warum diese Dinge für Sie wichtig sind.
- Sorgen Sie immer für einen Plan B, sodass Sie nicht mit dem Rücken zur Wand stehen.
- Lassen Sie nach Möglichkeit die andere Person die Verhandlung eröffnen.
- Arbeiten Sie zusammen, statt sich stur zu stellen.
- Treffen Sie Vereinbarungen, die dem entsprechen, was beiden Parteien wichtig ist.
- Hören Sie auf zu verhandeln, sobald die wichtigsten Punkte geregelt sind.

Erfolgsgeheimnis Nr. 35: Wie Sie mit Alarm-Mails umgehen

So wie alle anderen Kommunikationsmedien sind auch E-Mails nicht perfekt. Wie die meisten schriftlichen Medien sind sie nicht sonderlich geeignet, Emotionen angemessen wiederzugeben, zumindest sofern der Verfasser nicht ein ausgesprochenes Händchen dafür hat. Hinzu kommt, dass die Unmittelbarkeit von E-Mails unvermeidlich zu unüberlegten Nachrichten führt.

Dieses Erfolgsgeheimnis offenbart, wie man auf drei weitverbreitete Alarm-Mails reagiert, die man ungern bekommt und die, wenn Sie nicht angemessen damit umgehen, Ihren Beziehungen oder Ihrer Karriere schaden können.

1. Die ominöse Bitte um Rückruf

Das sind die extrem kurzen Mitteilungen von einer Autoritätsperson (wie Ihrem Chef oder einem wichtigen Kunden), die nahelegen, dass etwas schiefgelaufen ist und Ihrer Aufmerksamkeit bedarf, aber ohne nähere Angaben zu machen.

Beispiele:

- *Wir müssen uns unterhalten.*
- *Bitte rufen Sie mich an.*
- *Es gibt ein großes Problem.*

Da diese Mail von jemand Wichtigem kommt, ist Ihre erste Reaktion wahrscheinlich, zum Hörer zu greifen. Dies ist aus zwei Gründen ein Fehler.

Erstens ist die Wahrscheinlichkeit hoch, dass Sie überrumpelt werden, wenn Sie zwar vermuten können, worum es geht, es aber nicht genau wissen. Im schlimmsten Fall sprechen Sie zu Beginn des Gesprächs ein Problem an, das gar keines ist oder war, bis Sie es aufgebracht haben.

Und zweitens wissen Sie, selbst wenn Sie mit Ihrer Vermutung richtigliegen, nicht genug darüber, wie die andere Person die Situation sieht, um sie konstruktiv zu besprechen.

Die beste Strategie besteht daher darin, kurzfristig Termine anzubieten, zu denen eine Unterhaltung möglich wäre, und die andere Person um ein paar Details zu bitten, um sich angemessen vorbereiten zu können. Nehmen wir an, Sie erhalten folgende Mail:

Beispiel:

Von: Abteilungsleiter
Betreff: Gespräch
Wir müssen uns unterhalten.

So nicht:
AW: Gespräch
Rufe Sie umgehend an.

Sondern so:
AW: Gespräch

Ich kann Sie in 30 Minuten zurückrufen. Können Sie mir kurz mitteilen, worum es geht? Wenn ich bereits im Thema bin, können wir uns gezielter darüber unterhalten.

Diese Vorgehensweise hat zwei Vorteile. Erstens lässt sich das Problem unter Umständen per E-Mail klären, was Ihnen mehr Zeit gibt, über Ihre Antworten nachzudenken. Zweitens ist die Wahrscheinlichkeit geringer, dass Sie die Situation verschlimmern, wenn es doch zu einem Gespräch kommt.

2. Das provokative Argument

Manchmal sind E-Mails voller »Fakten« und »Beobachtungen«, die Ihrer Sicht der Dinge nicht entsprechen, oder sie enthalten eine verzerrte Darstellung von Ereignissen oder Unterhaltungen.

Nehmen wir zum Beispiel an, Sie erhalten von einem Kollegen eine Mail, in der er Ihnen vorwirft, Sie hätten in einer bestimmten Situation falsch gehandelt, bei der Sie der Meinung sind, sich genau richtig verhalten zu haben.

Ihre erste Reaktion ist wahrscheinlich der Wunsch, in einer vernichtenden Mail zurückzuschießen, in der Sie Ihre Seite der Auseinandersetzung darlegen und dabei Ihre Verärgerung darüber zum Ausdruck bringen, dass Ihnen etwas unterstellt wird, das dermaßen dumm ist und so wenig der Wahrheit entspricht.

Das Ergebnis einer solchen Rechtfertigung ist jedoch, dass Sie sich in eine E-Mail-Schlacht nach dem Prinzip »Aussage gegen Aussage« verwickeln. Schlimmstenfalls werden andere Leute auf CC gesetzt und in die Streiterei hineingezogen.

Statt Anstoß zu nehmen und dadurch den Konflikt nur zu schüren, ist es klüger, zum Ausdruck zu bringen, dass Sie irritiert sind, eine Klärung der Fakten benötigen und bereit sind, zur Lösung des Problems beizutragen. Nehmen wir an, Sie erhalten folgende Nachricht:

Beispiel:

Betreff: Fehlende Informationen
CC: Geschäftsführung
Sie sollten meiner Abteilung bis Ende letzter Woche die Spezifikationen zukommen lassen. Ich habe bis heute keinerlei Informationen erhalten. Aufgrund dessen können meine Techniker ihre Deadlines nicht einhalten.

So nicht:
AW: Fehlende Informationen
CC: Geschäftsführung
Die Deadlines der technischen Abteilung sind nicht mein Problem. Wenn Sie die Spezifikationen bis Ende letzter Woche gebraucht haben, hätten Sie zwei Wochen vorher etwas sagen müssen. Ich bin es ehrlich gesagt langsam leid, dass Sie immer mir die Schuld für die mangelhafte Kommunikation geben.

Sondern so:
AW: Fehlende Informationen

CC: Geschäftsführung
Ich bin ein wenig irritiert, denn mir war nicht bewusst, dass Sie die Spezifikationen innerhalb dieses Zeitraums gebraucht hätten. Es wird ein paar Tage dauern, die verschiedenen Spezifikationen zusammenzustellen. Wie können wir am besten dafür sorgen, dass die Techniker den Zeitverlust aufholen können?

3. Die Hasstirade

Das ist die Art von E-Mail, die überquillt vor groben, ungefilterten negativen Emotionen. Es ist das elektronische Äquivalent zu jemandem, der Sie anschreit (siehe »Erfolgsgeheimnis Nr. 7: Wie Sie sich einem unbeherrschten Chef gegenüber verhalten«).

Wenn man so eine E-Mail liest, fällt es schwer, nicht selbst zornig zu werden oder verletzt zu sein, dass jemand so garstig sein kann und vielleicht sogar insgeheim Spaß daran hat – haben Sie doch gerade den Beleg bekommen, dass der andere ein echter Armleuchter ist.

Die beste Art, darauf zu reagieren, ist dennoch, eine solche Hasstirade mit einer Kombination aus Empathie und Professionalität zu erwidern.

Empathie ist deshalb angemessen, weil der Absender einer solchen Mail sie in aller Regel schon zwei Sekunden, nachdem er auf »Senden« gedrückt hat, bereut. Andererseits können Sie den Ton der E-Mail nicht einfach ignorieren, sonst vermitteln Sie dem Absender, dass es in Ordnung sei, bei Ihnen mal so richtig Dampf abzulassen. Und an der Stelle kommt die Professionalität ins Spiel.

Sie sind gefordert, wenn es darum geht, jenseits der Emotionen das wahre Problem aufzuspüren und darauf zu reagieren. Gleichzeitig müssen Sie Grenzen setzen, sodass der Hitzkopf erkennt, dass Sie weitere Flammreden nicht tolerieren werden. Nehmen wir an, Sie erhalten folgende Mail:

Beispiel:

Betreff: Riesenproblem
Es ist unfassbar, dass ihr Typen die Sache schon wieder dermaßen verkackt habt! Ich habe jetzt eine Stunde mit unserem größten Kunden am Telefon gehangen, um den Schaden wiedergutzumachen, den ihr Idioten angerichtet habt, weil ihr die vertraglichen Vereinbarungen nicht eingehalten habt!

So nicht:
AW: Riesenproblem
Tut mir echt leid, und ich werde alles dafür tun, es wiedergutzumachen.

Sondern so:
AW: Riesenproblem
Ich verstehe, dass Sie aufgebracht sind, und ich werde mich des Problems annehmen. Davon abgesehen sind der Ton Ihrer E-Mail und zum Teil auch Ihre Wortwahl un-

professionell. Sie haben sicher Verständnis dafür, dass ich zukünftig derartige Mails ignorieren werde.

Wichtig: Warten Sie mindestens drei Stunden, ehe Sie die Antwort abschicken. Sie sollten dem Hitzkopf Gelegenheit geben, sich abzukühlen (und sich ein wenig blöd vorzukommen), ehe Sie die Grenzen ziehen.

Kurzfassung
Alarm-Mails

- Bitten Sie um Erläuterung kryptischer Gesprächsanfragen.
- Schieben Sie Verwirrung vor, um eine direkte Konfrontation zu vermeiden.
- Gehen Sie das Problem an, aber setzen Sie Beschimpfungen gegenüber Grenzen.

Teil 6

Wie Sie mit Ausnahmezuständen klarkommen

Manchmal läuft nicht alles so wie gewohnt – kein *business as usual.* Früher oder später werden Sie sich einer Situation gegenübersehen, wo die normalen Regeln nicht greifen oder wo Sie rasch Hilfe benötigen, um ein Problem zu lösen.

Ihre Fähigkeit, mit solchen Notfällen umzugehen, ist oft davon abhängig, wie gut Sie sich darauf vorbereitet haben. Viele Notfälle verlieren zum Beispiel an Dringlichkeit, wenn Sie die Grundlagen geschaffen haben, um rasch einen anderen Job zu finden (siehe »Erfolgsgeheimnis Nr. 22: Wie Sie Ihre Karriere absichern«).

Davon abgesehen braucht man manchmal schnell einen Schlachtplan, um die Karriere wieder in die richtigen Bahnen zu lenken. Dieser Teil des Buches beschäftigt sich mit den sieben wesentlichen Methoden:

- *Wie Sie vorgehen, wenn Sie Ihren Job hassen* hält eine Schritt-für-Schritt-Anleitung bereit, die Sie davor bewahrt, dass Ihre negative Energie Sie daran hindert, entweder Gefallen an Ihrem jetzigen Job zu finden oder eine Stelle zu suchen, die besser zu Ihnen passt.
- *Wie Sie reagieren, wenn Sie etwas vermasselt haben* erklärt, wie Sie die Nerven bewahren, wenn Sie vor allen Leuten etwas falsch gemacht haben, wie Sie verhindern, dass Sie alles noch schlimmer machen, und schließlich, wie Sie sich aufrichtig entschuldigen und weitermachen.

- *Wie Sie sich in einer schwierigen persönlichen Situation verhalten* ist der Plan für die persönlichen Probleme und Krisen, die plötzlich in Ihrem Leben auftauchen. Er hilft Ihnen, sich die Zeit zu nehmen, die Sie zur Bewältigung der Situation brauchen, ohne sich zusätzlich auch noch bei der Arbeit neue Probleme zu schaffen.
- *Wie Sie mit Massenentlassungen umgehen* hilft Ihnen zu erkennen, wann eine Entlassungswelle bevorsteht, wie Sie jetzt am geschicktesten taktieren und sich selbst so positionieren, dass die Wahrscheinlichkeit geringer wird, dass es Sie trifft, während Sie gleichzeitig nach einem besseren Job suchen.
- *Wie Sie Stress abbauen* erklärt, wie Sie permanenten Stress in Ihrem (Privat-)Leben vermeiden können, samt einem Rezept, wie Sie den größten, wenn nicht allen Stress in Ihrer Arbeitsumgebung ausräumen.
- *Wie Sie mit Sorgen und Ängsten klarkommen* gibt Ihnen eine Methode an die Hand, mit der Sie Schritt für Schritt mit Ihren Plänen und Zielen vorankommen, selbst wenn Sie befürchten, diese nicht voll und ganz verwirklichen zu können.
- *Wie Sie das Gefühl von Zurückweisung bewältigen* ist ein Erste-Hilfe-Programm, um die Sorge zu mindern, dass andere Leute Sie nicht leiden könnten oder nicht respektieren. Sie werden nicht nur erfahren, wie Sie Zurückweisungen ignorieren, sondern wie Sie sie zu Ihrem Vorteil nutzen.

Erfolgsgeheimnis Nr. 36: Wie Sie vorgehen, wenn Sie Ihren Job hassen

Viele Leute hassen ihren Job. Es mag zwar *üblich* sein, dass Leute ihren Job hassen, aber *normal* ist es nicht. Das ist ein wichtiger Unterschied. Wenn Sie glauben, es sei normal, seine Arbeit zu hassen, dann sind Sie auch überzeugt, es sei *anormal,* wenn Menschen ihre Arbeit nicht hassen.

Tatsächlich ist es so, dass manche Leute ihren Job leidenschaftlich lieben, manche ihn leidenschaftlich hassen, aber die Mehrheit bewegt sich irgendwo im Mittelfeld der Gleichgültigkeit. Der im Folgenden geschilderte Ablauf versetzt Sie (zumindest) in diesen Zustand der Gleichgültigkeit, um so die Voraussetzungen zu schaffen, eine Stelle zu finden, die besser zu Ihnen passt.

1. Erkennen Sie das Kernproblem

Sie sind wahrscheinlich sicher, Sie hätten gute Gründe, Ihren Job zu hassen: Ihren Chef, Ihre Kollegen, Ihre Kunden, Ihre Mitarbeiter, die Routine, die Unvorhersehbarkeiten, die langen Arbeitszeiten, die geringe Bezahlung, was auch immer.

Diese Dinge mögen echte Herausforderungen sein, aber bevor Sie sie ändern können, müssen Sie das Kernproblem erkennen, das darin besteht, dass Sie die Wahrnehmung Ihrer Arbeit zu Hass oder etwas, das so ähnlich aussieht, verkommen lassen.

Manche Leute glauben, seinen Job zu hassen könne einen dazu motivieren, einen neuen zu finden. Das mag möglich sein, aber an dieser Theorie ist zweierlei problematisch: Erstens schwächt Hass eher, als dass er motiviert. Er verbraucht geistige und emotionale Energie, die man besser darauf verwenden könnte, einen Job zu finden, der eher zu einem passt. Aus diesem Grund scheinen so viele der Leute, die ihre Arbeit hassen, nie etwas dagegen zu tun.

Zweitens ist es umso wahrscheinlicher, dass Sie Ihren neuen Job genauso hassen werden, denn wenn Sie gehen, nehmen Sie Ihre Emotionen mit. Wenn Sie sich für einen anderen Job vorstellen, hängt Ihr Hass (und die daraus resultierende Verzweiflung) an Ihnen, und Ihr potenzieller Arbeitgeber wird vermutlich spüren, dass etwas nicht stimmt.

Ich habe zum Beispiel einen Bekannten, der zehn Jahre lang verschiedene Jobs gemacht hat, die er hasste, weil (wie er sagt): »Jeder, für den ich arbeite, entpuppt sich als Arsch.« Die Arbeitsplätze waren aber in unterschiedlichen Branchen, das Einzige, was sie gemeinsam hatten, war … er.

Seine Wut auf seine Chefs wurde zu einer sich selbst erfüllenden Prophezeiung. Beim Vorstellungsgespräch gelang es ihm nicht, damit hinterm Berg zu halten, dass er seinen vormaligen Vorgesetzten die Schuld für sein Ausscheiden gab. In der Folge waren die Einzigen, die ihn einstellten, miese Chefs, die es gewohnt waren, dass man sie hasste.

Das Kernproblem ist also nicht Ihr Job, Ihr Chef oder Ihre Kollegen, sondern Ihre emotionale Reaktion auf sie. Sie mögen durchaus einen miesen Job haben, aber das ist erst recht ein Grund, Ihre Emotionen unter Kontrolle zu bekommen, sodass Sie umso leichter etwas Besseres finden können.

2. Ändern Sie Ihr geistiges Vokabular

Viele Leute glauben, dass Sie bestimmte Gefühle hätten, und wählen dann, um diese Gefühle zu beschreiben, Wörter, die ihnen am treffendsten erscheinen. Das ist so weit erst mal richtig, aber es gehört noch einiges mehr in diese Rechnung.

Weil Ihr Verstand bestimmte Wörter mit bestimmten Emotionen gleichsetzt, haben Ihre Worte ebenso die Macht, diese Emotionen zu erzeugen, wie sie zu beschreiben. Das Wort »hassen« ist besonders intensiv, sodass Sie, je öfter Sie denken »Ich hasse meinen Job«, desto öfter auch Hass erzeugen.

Daher ist der erste Schritt, der aus diesem Zustand herausführt, der, andere, weniger starke Wörter zu wählen, um Ihre Empfindung zu beschreiben. Hier sind ein paar zur Auswahl.

- Ich fühle mich in diesem Job nicht wohl.
- Ich bin für diese Stelle nicht so gut geeignet.
- Ich finde meine Arbeit an manchen Stellen nervig.

Wann immer Sie sich sagen hören (egal, ob zu sich oder zu anderen), dass Sie Ihren Job »hassen«, zwingen Sie sich, es durch schwächere, weniger intensive Wörter zu ersetzen. Ganz ähnlich, wenn Sie beispielsweise »Ihren Chef hassen«. Statt in sich selbst giftige Gefühle anzuhäufen, sollten Sie

sie mit Sätzen abschwächen, die eine eher neutrale Reaktion hervorrufen, wie diese:

- Mein Chef ist nicht gut im Umgang mit Leuten.
- Mein Vorgesetzter hat seltsame Prioritäten.
- Mein Chef und ich sind manchmal nicht derselben Ansicht.

Das Vokabular zu entschärfen, mit dem Sie Ihre Situation beschreiben, ändert die Lage natürlich nicht, aber es hindert Sie daran, die Situation noch zu verschärfen, indem Sie sie zu sehr dramatisieren.

3. Konzentrieren Sie sich auf das, was Ihnen an dem Job gefällt

Es steht außer Frage, dass manche Jobs wirklich furchtbar sind. Solange Sie sich jedoch nicht in einer wirklich außergewöhnlichen Situation befinden, gibt es bestimmt einiges in Ihrem Job, an dem Sie Gefallen finden und woran Sie Freude haben können. Da Sie jetzt zum Glück aufgehört haben, sich mit Hass zu hypnotisieren, sind Sie offen dafür, diese Dinge wahrzunehmen.

Listen Sie sie auf, egal, wie geringfügig sie erscheinen mögen. Schauen Sie mal, wie viele Ihnen einfallen. Machen Sie ein Spiel daraus, einen Sport. Es lohnt sich, selbst scheinbar banale Dinge aufzuschreiben. Hier ein paar Vorschläge für den Anfang:

- Die erste Tasse Kaffee
- Das Lächeln, das ich von den Leuten am Empfang jeden Morgen bekomme
- Zu wissen, dass ich einem Kunden geholfen habe
- Auf dem Weg zur Arbeit Hörbücher zu hören
- Zu merken, dass ich in einer schwierigen Situation mein Bestes gegeben habe
- Bezahlte Urlaubs- und Krankheitstage
- Die zweite Tasse Kaffee
- Zu wissen, dass ich meinen Beitrag leiste
- Zu wissen, dass es vorübergehend und daher auszuhalten ist
- Erstaunt und amüsiert zu sein, wie blöd die Leute sein können
- Jeden Tag etwas Neues über die Geschäftswelt zu erfahren
- Das Vergnügen, einfach nur die Schultern zu zucken bei Unsinn, der mich früher wahnsinnig gemacht hat
- Meine erste Tasse koffeinfreier Kaffee

Kleben Sie ein Exemplar der fertigen Liste an Ihren Badezimmerspiegel. Lesen Sie die Liste laut nach dem Aufstehen und ehe Sie ins Bett gehen. Damit verbessern Sie Ihre Leistung im Ihrem derzeitigen Job, was Sie sowohl für Ihren jetzigen als auch für Ihren zukünftigen Arbeitgeber wertvoller macht. Sich auf das Positive zu konzentrieren kann zudem für einen extra Energieschub sorgen, der sich für den letzten Schritt als nützlich erweisen wird.

4. Finden Sie einen Job, der besser zu Ihnen passt

Wenn ein Missverhältnis besteht zwischen dem, was Sie möchten und brauchen, und dem, was Ihr aktueller Job Ihnen zu bieten hat, sind Sie es sich selbst (ganz zu schweigen von Ihrem Boss und Ihren Kollegen) schuldig, einen anderen Job zu finden.

An anderer Stelle in diesem Buch finden Sie »Erfolgsgeheimnis Nr. 24: Wie Sie Ihren Traumjob finden« und »Erfolgsgeheimnis Nr. 25: Wie Sie ein Vorstellungsgespräch ergattern«. Sie werden es viel leichter finden, diese Techniken anzuwenden, wenn Sie sie von einer Warte der Unzufriedenheit oder der Amüsiertheit aus betrachten statt von einer des Hasses und der Verzweiflung.

Kurzfassung

Wenn Sie Ihren Job hassen

- Ihr Hass hält Sie wahrscheinlich in dem Job, den Sie hassen.
- Reduzieren Sie Ihren Hass, indem Sie die Wörter abschwächen, die Sie verwenden.
- Wiederholen Sie häufig, was Sie an Ihrem Job mögen.
- Nutzen Sie die verbesserte Einstellung, um einen besseren Job zu finden.

Erfolgsgeheimnis Nr. 37: Wie Sie reagieren, wenn Sie etwas vermasselt haben

Im Eifer des Gefechts rutscht uns manchmal etwas heraus, von dem wir uns wünschen, wir hätten es nicht gesagt, oder wir verschicken eine E-Mail, die mit Grobheiten gespickt ist. Unter Leistungsdruck liefern wir halb gare Informationen, die zu schlechten Entscheidungen führen oder zu irgendwelchen anderen Katastrophen.

Dass etwas danebengeht, gehört zum Leben. Selbst die größten Genies machen Fehler. Wenn Sie etwas verbocken, ist es jedoch nicht wichtig, was Sie versaut haben (das ist Geschichte), sondern was Sie dann tun. Hier ist eine Schritt-für-Schritt-Anleitung.

1. Atmen Sie tief durch

Der Moment, in dem Sie realisieren, dass Sie einen großen Fehler gemacht haben, ist meist nicht der richtige Augenblick, um etwas dafür zu tun, ihn zu beheben. Alles, was Sie im Panikmodus unternehmen, wird das Problem wahrscheinlich nur schlimmer machen.

Angenommen, Sie platzen in einem Meeting mit Ihrem Chef und Kunde A damit heraus, dass Ihre Firma Kunde B einen großen Nachlass gewährt hat. Ihnen wird augenblicklich klar, dass die Erwähnung des Preisnachlasses zur Folge haben wird, dass Kunde A wohl einen ähnlichen Rabatt verlangt.

Das auf der Stelle wiedergutmachen zu wollen ist keine gute Idee. Wenn Sie dem Kunden sagen »Normalerweise geben wir keine großen Preisnachlässe«, werden Sie dem Thema Rabatt nur noch mehr Aufmerksamkeit zukommen lassen. Dasselbe gilt, wenn Sie sich in dem Moment bei Ihrem Chef entschuldigen, in dem Sie beide die Sitzung verlassen.

Wenn Sie merken, dass Ihnen ein Schnitzer unterlaufen ist, ist das oberste Gebot, in eine vernünftige geistige Verfassung zu kommen, sodass Sie das *Richtige* tun und nicht das *Erstbeste,* das Ihnen einfällt.

Nehmen Sie also, wenn es irgend möglich ist, einen tiefen Atemzug, schütteln Sie sich aus, machen Sie vielleicht einen kleinen Spaziergang. Gewinnen Sie etwas Abstand von der Situation, ehe Sie reagieren.

Wenn Sie sich Zeit lassen, können Sie im obigen Beispiel etwa schauen, wie sich die Situation entwickelt. Vielleicht ist Kunde A weniger an einem Rabatt als an einer raschen Lieferung interessiert und kommt daher gar nicht darauf zu sprechen.

Aber angenommen, Kunde A verlangt einen Abschlag. In diesem Fall könnten Sie Ihrem Chef darlegen, dass große Preisnachlässe sich ohnehin herumsprechen und Sie dadurch, dass Sie es angesprochen haben, ein zukünftiges Problem mit Kunde A im Vorfeld vermieden haben.

Ihnen wird mit erheblich größerer Wahrscheinlichkeit eine »kreative Lösung« für Ihren Patzer einfallen, wenn Sie nicht befangen sind vor Verlegenheit, ihn begangen zu haben.

2. Behalten Sie den Blick für die Verhältnismäßigkeit

Wie bei den meisten Leuten wird Ihre Vorstellungskraft wahrscheinlich ein Worst-Case-Szenario heraufbeschwören. Während Ihnen jedoch Ihr Ausrutscher immens erscheinen mag, ist er für andere Beteiligte vielleicht weit weniger schlimm.

Wenn der Fehler für Sie untypisch ist, besteht die Chance, dass Leute, die Sie bereits kennen, es einfach darunter verbuchen, dass Sie einen schlechten Tag hatten. Das heißt zwar nicht, dass Sie ihn nicht wiedergutmachen müssten, aber die Lage ist möglicherweise nicht so finster, wie Sie annehmen.

Darüber hinaus werden die Leute in zehn Jahren – ach was, in zehn Tagen – Ihren Fehler schon komplett vergessen haben.

Ich hatte zum Beispiel mal ein Gespräch mit einem meiner Chefs, bei dem ich hinterher das Gefühl hatte, ich hätte mich total unvernünftig verhalten, weil ich ihn unter Druck gesetzt hatte und ihn schlecht dastehen ließ, als er um seinen eigenen Job kämpfte, den er bald darauf verlor.

Ich habe mich wegen dieses Gesprächs zehn Jahre lang *furchtbar* gefühlt, bis ich mich aufgerafft habe, den Mann anzurufen und mich zu entschuldigen. Und es stellte sich heraus, dass er sich nicht einmal mehr daran erinnern konnte. Während die Angelegenheit in meinem Kopf enorme Ausmaße angenommen hatte, war er schon lange darüber hinweg.

Wenn Sie erkennen, dass Ihr irre peinlicher Fehler im großen Gang des Weltgeschehens ziemlich unbedeutend ist, hilft Ihnen das, Ihre darauffolgenden Versuche, die Sache wieder in Ordnung zu bringen, ins rechte Verhältnis zu setzen. Ja, Sie wollen den Schaden wiedergutmachen, aber das ist kein Grund, das Kind gleich mit dem Bade auszuschütten.

3. Sondieren Sie die Lage

Da Sie nun etwas Abstand und die richtige Verhältnismäßigkeit gefunden haben, gehen Sie den Patzer noch mal mit einer oder mehreren Personen durch, die ihn miterlebt haben. Da Sie herausfinden müssen, welcher Schaden entstanden ist, formulieren Sie Ihre Erkundigungen am besten als Frage.

Beispiele:

- *Peter, als ich vorhin abweisend auf deinen Vorschlag reagiert habe, war ich, glaube ich, etwas zu harsch. Ich wollte nur sichergehen, dass du weißt, dass ich es nicht so meine und nichts gegen dich habe.*
- *Herr Müller, ich habe gerade entdeckt, dass in der gestrigen Präsentation ein paar Daten nicht ganz korrekt waren. Gehe ich recht in der Annahme, dass ich die neuen Daten noch nachreichen kann, bevor die endgültige Entscheidung getroffen wird?*
- *Anne, ich mache mir Gedanken, ob der Witz, den ich bei der letzten Mitarbeiterversammlung erzählt habe, einigen der Teilnehmer unpassend erschienen sein könnte. Wie siehst du das?*

Diese Reality-Checks oder Lagesondierungen kann man am besten per E-Mail vornehmen, denn E-Mails schaffen Abstand zu den Emotionen des betreffenden Moments und geben dabei sowohl Ihnen als auch der anderen Person die Gelegenheit, die tatsächliche Bedeutung des Schnitzers zu überprüfen.

4. Entschuldigen Sie sich und machen Sie sich auf die Reaktion gefasst

Die Antworten, die Sie auf Ihre Sondierungsfragen aus dem vorigen Schritt erhalten, geben Ihnen eine Einschätzung, was Sie tun müssen, damit der Fehler ad acta gelegt werden kann. Wenn die Antwort zum Beispiel so etwas ist wie »Das hast du echt gründlich vermasselt, du Idiot«, werden Sie wohl zu Kreuze kriechen müssen.

Wenn die Antwort hingegen mehr klingt wie »Ja, ich fühlte mich in dem Augenblick angegriffen«, »Ich war sauer« oder »Ich war überrascht, aber das ist nicht so schlimm«, kann Ihre Entschuldigung etwas lapidarer ausfallen. Sie eröffnet jedoch die Möglichkeit, ein etwaiges aktuelles Problem anzusprechen, das Ihr Patzer verursacht hat.

Beispiele:

- *Peter, es tut mir wirklich leid, dass ich so überreagiert habe, und ich würde mich gern mit dir treffen, um mich persönlich zu entschuldigen und zu versprechen, dass ich mich zukünftig nicht so gehen lassen werde.*

- *Herr Müller, es tut mir leid, dass ich das übersehen habe. Ich habe die korrigierte Präsentation angehängt, die korrekten Zahlen darin hervorgehoben und sie allen Sitzungsteilnehmern zugeschickt. Was kann ich noch tun, um den Schaden zu begrenzen?*
- *Anne, ich komme mir wie ein absoluter Volltrottel vor, dass ich diesen blöden Witz gemacht habe. Es wird nicht wieder vorkommen. Wie lässt sich die Sache am besten aus der Welt schaffen?*

Generell kann man sagen, dass eine korrekte Entschuldigung eher persönlich oder am Telefon möglich ist als per E-Mail. Die Hauptsache ist jedoch, sich für das Fehlverhalten zu entschuldigen und dann zur Tagesordnung überzugehen.

Kurzfassung
Wenn Sie etwas vermasselt haben

- Versuchen Sie nicht, den Schaden sofort zu beheben; lassen Sie sich Zeit zum Nachdenken.
- Denken Sie daran, dass sich schlussendlich niemand mehr daran erinnern wird.
- Finden Sie heraus, wie sehr Sie etwas verbockt haben.
- Entschuldigen Sie sich, aber richten Sie Ihre Aufmerksamkeit vor allem darauf, die Auswirkungen zu beseitigen.

Erfolgsgeheimnis Nr. 38: Wie Sie sich in einer schwierigen persönlichen Situation verhalten

Eine persönliche Krise ist etwas Unerwartetes, das zusätzliche körperliche und emotionale Aufmerksamkeit verlangt: eine Krankheit, ein Todesfall in der Familie, eine Steuerprüfung und dergleichen. Da so etwas jeder einmal erlebt, erklärt dieses Erfolgsgeheimnis, wie man sich im Voraus darauf vorbereitet und was zu tun ist, wenn man tatsächlich in eine solche Krisensituation kommt.

1. Nehmen Sie wahr, wie tolerant Ihr Chef ist

Jeder Chef hat ein persönliches Maß an Toleranz, was das Eindringen einer persönlichen Krise in den Arbeitsablauf angeht. Manche Vorgesetzte haben im Einzelfall Verständnis für eine solche Krise, andere interessieren sich nur dafür, dass die Arbeit erledigt wird. Beobachten Sie, wie Ihr Chef reagiert, wenn andere Leute privat in eine schwierige Situation geraten. Der Grad an Sympathie und Empathie, den Sie dabei beobachten können, ist genau das, was Sie erwarten können, wenn es Sie trifft.

Ich hatte zum Beispiel mal einen Chef, der mir Drückebergerei vorwarf, als ich nach einer Nasenoperation eine Woche nicht zur Arbeit gegangen bin. Ich war überrascht und beunruhigt, aber ich hätte es nicht sein brauchen, denn meinen Kollegen gegenüber war er schon ähnlich verständnislos gewesen.

Zu wissen, wie Ihr Vorgesetzter wahrscheinlich reagieren wird, bietet eine Orientierung dafür, wie viel Vorarbeit Sie leisten müssen, um sich selbst für den Fall einer Krisensituation abzusichern.

2. Machen Sie es sich zur Gewohnheit, Projekte zeitig abzuschließen

Wenn Sie sich angewöhnen, Ihre Projekte auf den letzten Drücker fertigzustellen, kann schon ein kleiner Störfaktor wie eine schwere Erkältung bedeuten, dass Sie den gesetzten Termin nicht einhalten können. Wenn Sie Ihre Projekte frühzeitig abschließen, haben Sie noch etwas Puffer, wenn etwas dazwischenkommt.

Wenn Sie jedoch – und das ist wichtig – Ihre Projekte vorzeitig *abliefern,* wird Ihr Chef alle weiteren Deadlines enger setzen und dadurch Ihren Puffer zunichtemachen. Beenden Sie stattdessen Ihre Projekte zeitig, behalten sie bis zum Termin und geben sie dann erst ab.

Um keine Missverständnisse aufkommen zu lassen: Ich wollte damit nicht anregen, in den projektierten Zeitraum einen Puffer einzubauen, um dann herumzuhängen. Ich empfehle, in der gewonnenen Zeit bereits an den nächsten Projekten zu arbeiten und auf diese Weise dafür zu sorgen, dass Sie auch die kommenden Projekte frühzeitig abschließen können.

Das vorzeitige Abschließen hat noch einen weiteren positiven Nebeneffekt: Sie haben dadurch Zeit, noch mal über das Projekt nachzudenken, ehe Sie es abliefern. Wenn ich das mache, kommen mir in der Regel noch ein paar rasche Änderungen in den Sinn, die das Endergebnis deutlich besser machen, als wenn ich damit bis zur letzten Minute gebraucht hätte.

Das Hauptargument für gewohnheitsmäßig frühes Abschließen von Projekten ist jedoch das: Sie schaffen so die ideale Ausgangssituation für Krisenmanagement, welche Ihnen erlaubt, eine Krise zu bewältigen, ohne dass bei der Arbeit überhaupt jemand bemerkt, dass etwas nicht in Ordnung ist.

3. Gut, wenn Ihnen jemand noch einen Gefallen schuldet

In »Erfolgsgeheimnis Nr. 9: Wie Sie eine saubere Büropolitik betreiben« erkläre ich, wie Sie Gefälligkeiten »sammeln« und im Blick behalten, wer Ihnen etwas schuldet. Ein Grund dafür, genug Leute zu haben, die einem noch einen Gefallen schulden, ist der, ihn einfordern zu können, wenn Sie in der Klemme sind: »Hallo. Du, bei mir gibt es was Privates, um das ich mich kümmern muss. Könntest du das Projekt Meyer und Co. für mich zu Ende bringen?«

Das ist eine vertretbare Frage, wenn Sie dem Kollegen bereits geholfen haben oder sicher sind (und sich Ihr Kollege sicher sein kann), dass Sie imstande sind, den Gefallen später zu erwidern – was aus der Tatsache hervorgehen kann, dass Sie beide sich in der Vergangenheit bereits gegenseitig Gefallen erwiesen haben.

Beachten Sie jedoch bitte, dass es nicht dasselbe ist, ob Sie Ihren Kollegen um Hilfe bei Ihrer Arbeit oder um emotionalen Rückhalt bitten. Es mag sich herzlos anhören, aber Ihre Kollegen wollen nichts mit Ihren persönlichen Problemen zu tun haben. Sie haben ihre eigenen Schwierigkeiten, die ihnen Sorgen bereiten.

Wenn Sie auf der Arbeit über persönliche Probleme sprechen, werden sich die negativen Auswirkungen der Krise auf Ihren Arbeitsplatz ausweiten. Wenn der Kollege wirklich Anteil nimmt, wird das Mitgefühl auch seine Arbeit beeinträchtigen. Andernfalls langweilen Sie ihn einfach.

Noch schlimmer: Ihre Kollegen könnten in Ihrer persönlichen Ausnahmesituation eine Chance sehen, ihre eigene Karriere voranzutreiben, und sich etwa die Sahnestückchen unter Ihren Aufgaben unter den Nagel reißen.

Statt sich emotionale Unterstützung bei einem Kollegen zu holen, würde ich Ihnen eher raten, sich ein Netzwerk aus Freunden (außerhalb der Arbeit), Familie oder auch Beratungseinrichtungen und dergleichen aufzubauen und zu unterhalten.

4. Handeln Sie Ihre Prioritäten neu aus

Wenn die Grundlagen, die Sie geschaffen haben, nicht ausreichen, um Ihre Situation in den Griff zu bekommen, müssen Sie zusammen mit Ihrem Chef Ihre Abgabefristen ändern, Projekte anders verteilen und ganz allgemein dafür sorgen, dass Ihre Krise nicht alle anderen in Mitleidenschaft zieht.

Die beste Herangehensweise an diese Verhandlung ist es, sie daran festzumachen, wie die Arbeit erledigt werden kann, nicht, wie Ihnen das Leben erleichtert werden kann. Gehen Sie möglichst mit einer Lösung in das Gespräch, statt bloß anzukündigen, dass Sie private Probleme haben.

Natürlich ist das schwierig, wenn Sie gleichzeitig mit einer persönlichen Krise zu tun haben. Das Letzte, was Sie jetzt brauchen können, ist, offen gesagt, sich über Arbeitsprioritäten Sorgen zu machen, die im Vergleich wahrscheinlich banal erscheinen. Ihnen zumindest.

Aber wahrscheinlich nicht Ihrem Chef und Ihren Kollegen. Auch wenn sie einige Sympathie oder Empathie für Sie haben mögen, müssen sie doch auch immer noch ihre eigene Arbeit erledigt bekommen, ihre eigenen Deadlines einhalten und nun (wahrscheinlich) auch noch Ihre Arbeit übernehmen.

Sie sollten sich daher wenigstens nach Kräften bemühen herauszufinden, wie Sie Ihre Krisensituation meistern können, ohne allen anderen Unannehmlichkeiten zu bereiten. Davon abgesehen gibt es einen Punkt, an dem Sie eben tun müssen, was zu tun ist.

Widmen Sie sich Ihrem Problem, selbst wenn es bedeutet, die Arbeit sausen zu lassen, Deadlines nicht einhalten zu können und andere auf der Arbeit zu nötigen, sich der Situation anzupassen. Sofern Sie versucht haben, die Auswirkungen Ihres Problems in Grenzen zu halten, können Sie sich reinen Gewissens mit ihm befassen.

Kümmern Sie sich um sich. Die anderen werden schon ohne Sie klarkommen.

Kurzfassung

Eine private Krise in den Griff bekommen

- Treffen Sie eine Einschätzung, wie viel Mitgefühl Sie erwarten können.
- Machen Sie es sich zur Gewohnheit, Ihre Projekte frühzeitig abzuschließen.
- Tun Sie anderen Gefallen, für die Sie bei Bedarf Gegenleistungen einfordern können.
- Minimieren Sie den Schaden für die Arbeit, wenn Sie in eine Krisensituation geraten.
- Tun Sie, was Sie für sich tun müssen.

Erfolgsgeheimnis Nr. 39: Wie Sie mit Massenentlassungen umgehen

Entgegen der landläufigen Meinung ist eine Kündigungswelle in Ihrer Firma keine persönliche Katastrophe. Vielmehr können Sie, wenn Sie rechtzeitig Vorkehrungen treffen und einen kühlen Kopf bewahren, Vorteile aus der Situation ziehen. Und zwar wie folgt.

1. Beherzigen Sie die Warnzeichen

Wenn es zu Kündigungen kommt, sind viele Leute nicht darauf vorbereitet, weil sie der Wahrheit lieber nicht ins Auge sehen. Emotional ist es viel einfacher, die Versicherungen des Managements hinzunehmen, dass alles nach Plan läuft und ihr Job nicht in Gefahr ist.

Sie müssen Ihre Karriereentscheidungen jedoch nach der Realität richten, und die Realität ist die, dass Kündigungen für gewöhnlich einige der folgenden Punkte, wenn nicht alle, vorausgehen:

- **Mehrere Quartale mit finanziellen Verlusten.** Wenn ein etabliertes Unternehmen mal ein Quartal ohne Profit hat, ist das kein großes Ding. Eine Reihe solcher Quartale hingegen bedeutet, dass es, was auch immer das Management unternimmt, um die Probleme zu beheben, nicht funktioniert, was bedeutet, dass man wahrscheinlich auf Kündigungen zurückgreifen wird, um die Kosten zu reduzieren.

- **Reisen des Managements in die Dritte Welt.** Solange es keinen triftigen Grund (wie einen großen Kunden vor Ort) dafür gibt, dass das Management in die Teile der Welt fliegt, wo Arbeit billig ist, ist es sehr wahrscheinlich, dass Ihr Unternehmen eine Phase größeren Outsourcings einleitet. Kündigungen sind unvermeidlich, wenn die Arbeitsplätze abwandern.
- **Eine Fusion oder ein Firmenkauf.** Unternehmen fusionieren oder kaufen andere Unternehmen zu dem Zweck, dass das Gesamtunternehmen (nach der Fusion) mehr Geld verdienen wird als zuvor die einzelnen Firmen. Dazu gehört für gewöhnlich, »Überkapazitäten abzubauen« (also Kündigungen). Da viele Fusionen und Firmenkäufe am Ende scheitern, sind weitere Entlassungen oft das Ergebnis.
- **Außerbörsliche Unternehmensbeteiligungen.** Das Geschäftsmodell privater Kapitalbeteiligungen sieht folgendermaßen aus: 1. Erwerb eines Unternehmens, bei dem die Vermögenswerte des Unternehmens als Sicherheit dienen. 2. Den Wert des Unternehmens durch Kündigungen steigern. 3. Verkauf des Unternehmens (oder von Teilen) mit Gewinn, was üblicherweise zu weiteren Kündigungen führt.
- **Offizielle Dementis von Kündigungsgerüchten.** Anders als andere Gerüchte, die in Unternehmen kursieren, bringen diejenigen über Kündigungen niemandem

sonderliche Vorteile. Aus diesem Grund sind sie meistens wahr. Die Unternehmensführung bestreitet solche Gerüchte nur, wenn sie sie ernst nimmt, was wiederum nur geschieht, wenn die Gerüchte der Wahrheit entsprechen.

2. Schaffen Sie sich Alternativen

Wenn eines der zuvor genannten Alarmzeichen aufleuchtet, sollten Sie umgehend Ihren Fluchtplan aktivieren (siehe »Erfolgsgeheimnis Nr. 22: Wie Sie Ihre Karriere absichern«). Wenn Sie abwarten, werden Sie am Ende mit Ihren Kollegen um dieselben Jobs konkurrieren, weil Sie wahrscheinlich größtenteils dieselben Kontakte haben wie sie.

Auch wenn Sie schon darüber nachgedacht haben, Ihre eigene Firma zu gründen, ist das der Zeitpunkt, damit ernst zu machen. Schreiben Sie Ihren Businessplan, suchen Sie Investoren und bereiten Sie alles vor, sodass Sie sofort loslegen können, wenn es nötig ist.

3. Machen Sie sich unentbehrlich

Finden Sie, während Sie andere Optionen auftun, Wege, sich selbst für Ihre Führungskräfte noch wertvoller zu machen.

Die einfachste Möglichkeit ist, in der Krise ruhig zu bleiben. Da es eine Menge eigenartiger Emotionen geben wird, die vor und während der Entlassungswelle aufwallen, wird jeder, der weiter mitarbeitet (statt in Schreckstarre zu verfallen), wahrscheinlich Wertschätzung erfahren.

Intensivieren Sie darüber hinaus Ihre Mitarbeit, besonders in Bereichen, die Ihr Chef persönlich schwierig findet. Wenn Ihrem Vorgesetzten das nötige technische Wissen fehlt, um sich den Respekt der Ingenieure zu verschaffen, dann machen Sie sich zu seinem Sprachrohr gegenüber dieser Abteilung.

Ja, es ist eine Herausforderung, das zu tun, während Sie sich gleichzeitig nach anderen Möglichkeiten umschauen. Bedauerlicherweise ist dies eine der Situationen, in denen Sie zumindest für eine Weile Ihr Privatleben opfern müssen.

4. Erwägen Sie einen internen Wechsel

Wenn Sie sich nicht unentbehrlich machen können, sollten Sie darüber nachdenken, in eine Arbeitsgruppe zu wechseln, die der Wucht der Kündigungen wahrscheinlich weniger ausgesetzt sein wird. Wenn die Entlassungen die Folge einer Fusion oder eines Outsourcings sind, sollten Sie in die Gruppe gehen, die davon am wenigstens betroffen sein wird.

Angenommen, Sie arbeiten im Kundenservice, und Ihre Geschäftsleitung hat Gespräche mit einer Firma in Pakistan geführt, die auf Kundenservice spezialisiert ist. Das ist ein guter Zeitpunkt, in den Vertrieb oder ins Marketing zu wechseln.

Ähnlich verhält es sich, wenn Sie in der Marketingabteilung arbeiten und Ihr Unternehmen gerade eine Firma gekauft hat, die ein Produkt herstellt, das zusätzlich zu Ihrer aktuellen Produktpalette verkauft werden soll. Es wird zweifellos Überhänge im Marketing geben, denken Sie also darüber nach, etwa in die Produktionsabteilung zu wechseln.

Da ich Massenentlassungen in verschiedenen großen Unternehmen genauer betrachtet habe, ist mir aufgefallen, dass sie meist in dieser Reihenfolge ablaufen:

1. **Verwaltungsabteilung.** Während die Leute, die unmittelbar mit Mitgliedern der Geschäftsführung arbeiten, die Kündigungen überstehen werden (sofern die jeweiligen Manager bleiben), wird der Rest des Personals abgebaut.
2. **Marketing.** Die Marketer gehen mit als Erste, weil man in ihnen eher Dienstleister für den Vertrieb sieht, statt sie in ihrer eigenständigen strategischen Funktion zu betrachten.
3. **Kundendienst.** Die Kundenbetreuer gehen als Nächste, weil das Management immer behaupten kann, dass die Kunden das verzeihen, solange das Unternehmen wieder auf die Beine kommt.
4. **Produktionsabteilung.** Da Ihre Firma kein Geld verdient, haben Sie bestimmt Waren am Lager, die nicht verkauft wurden. Wozu also noch mehr produzieren?
5. **Entwicklungsabteilung.** Da die Ingenieure die Zukunft der Firma darstellen, gehen sie, wenn das Management beschließt, dass die Zukunft nicht stattfinden wird.
6. **Vertrieb.** An dieser Stelle ist die Lage schon so verzweifelt, dass Ihre Firma, um Geld zu sparen, die Leute feuert, die das Geld reinbringen.

7. **Personalabteilung.** Hey, irgendwer muss doch den ganzen Papierkram machen und sich um die rechtlichen Dinge kümmern, wenn Ihr Unternehmen sich weiter selbst zerstört!

Davon abgesehen neigen sehr dumme Unternehmen, die von sehr dummen Geschäftsführern geleitet werden, dazu, sehr dumme Dinge zu tun, wie etwa die Vertriebskräfte zu entlassen, ehe sie das Marketingvolk feuern.

5. Akzeptieren Sie die Abfindung (wenn es eine gibt)

Sich selbst unentbehrlich zu machen und in eine relativ sichere Abteilung zu wechseln sind defensive Maßnahmen zu dem Zweck, die Stelle behalten zu können, bis Sie woanders etwas Besseres finden.

Aber machen Sie sich nichts vor: Kündigungen leiten das Ende ein, wenn nicht für Ihre Firma, so doch für die Chancen, Freude an der Arbeit zu haben oder die eines beruflichen Fortkommens.

Meistens erzeugen Entlassungen eine Abwärtsspirale, die erst im Bankrott endet oder damit, dass irgendein anderes Unternehmen die leere Hülle kauft, die einmal Ihre Firma war.

Selbst wenn das nicht geschieht, wird es unangenehm. Das Management wird Überstunden verlangen, weniger Gehaltserhöhungen bewilligen (oder sogar das Gehalt kürzen) und jede noch so kleine Vergünstigung streichen.

Je länger Sie bleiben, desto mehr wird Ihnen zudem das

Scheitern anhaften. Am besten, Sie sehen zu, dass Sie wegkommen, solange der Rest der Welt denkt, das wird wieder, statt zu warten, bis nur noch traurige Reste übrig sind.

Auch wenn die Praxis allmählich nicht mehr sehr verbreitet ist, steigen manche Firmen immer noch mit der Suche nach Freiwilligen in den Entlassungsprozess ein und bieten ihnen Anreize zu gehen.

Wenn Ihnen ein Abfindungspaket angeboten wird, dann nehmen Sie es. Es kann gut sein, dass Sie, wenn Sie bleiben, letztlich doch entlassen werden, und dann ohne irgendwelche Sonderzahlungen.

Ich habe mal mit einem Kollegen gearbeitet, dem als Abfindung eine Zahlung von zwei Wochenlöhnen für jedes seiner 25 Jahre in der Firma angeboten wurde – praktisch also ein komplettes Jahresgehalt.

In der Hoffnung, seinen Job behalten zu können, hat er auf die Abfindung verzichtet, ohne sich darum zu kümmern, etwas anderes aufzutun. Zwei (miese) Jahre später wurde er mit einer Mini-Abfindung geschasst.

6. Ergattern Sie einen anderen Posten

Das perfekte Szenario ist, dass Sie die Abfindung akzeptieren und schon am nächsten Tag eine bessere Arbeitsstelle haben. Das nächstbeste Szenario ist, dass Sie so lange auf dem Posten sitzen bleiben, bis Sie etwas Besseres finden. Das schlechteste Szenario ist, dass Sie entlassen werden, ohne sich etwas Neues organisiert zu haben.

Egal, zu welchem Szenario es kommt, ist ihnen eines gemein: Sie sind raus. Aber lassen Sie uns annehmen, es ist das Worst-Case-Szenario. Ein weiser alter Mann sagte mir mal: »Jeder, den ich kenne, dem gekündigt wurde, war erst mal total aufgebracht. Aber innerhalb von 18 Monaten haben sie alle gesagt, es war das Beste, was ihnen je passiert ist.«

Kurzfassung
Entlassungen bewältigen

- Bringen Sie in Erfahrung, wann Entlassungen anstehen, und planen Sie entsprechend.
- Sorgen Sie für Alternativen.
- Keine Panik, wenn es passiert. Machen Sie sich nützlich.
- Wechseln Sie möglichst in eine Abteilung, die wahrscheinlich nicht betroffen sein wird.
- Akzeptieren Sie die Abfindung, wenn Ihnen eine angeboten wird.
- Nehmen Sie einen anderen Job an, so schnell Sie einen guten finden können.

Erfolgsgeheimnis Nr. 40: Wie Sie Stress abbauen

Stress kann zu Kopfschmerzen, Muskelverspannungen, Muskelschmerzen, Schmerzen in der Brust, Erschöpfung, Magenverstimmungen, Schlafstörungen, Angstzuständen, Unruhe, Antriebslosigkeit, Konzentrationsschwäche, Reizbarkeit, Depressionen, Essstörungen, Sucht und sozialem Rückzug führen. Und so können Sie ihn vermeiden:

1. Arbeiten Sie 40 Stunden (oder weniger)

Viele Firmen und Branchen pflegen eine Unternehmenskultur, die ihren fest angestellten Arbeitnehmern nahelegt, regelmäßig unbezahlte Überstunden zu machen (also mehr als 40 Stunden zu arbeiten). Wenn Sie sich danach richten, werden Sie leider viel Zeit verschwenden und Ihren Stress erhöhen.

Es ist ein Mythos, dass Sie konstant mehr geschafft bekommen, wenn Sie länger arbeiten. Um 1900 herum hat Ford zig Tests an Arbeitern durchgeführt und dabei festgestellt, dass eine 60-Stunden-Woche (statt 40) nur eine kurzfristige Erhöhung der Produktivität mit sich bringt. Nach drei bis vier Wochen mit längerer Arbeitszeit schafften die Leute schließlich weniger Arbeit als bei 40 Stunden, weil sie gestresster waren und vermeidbare Fehler machten.

Workaholics mögen denken, sie würden mehr schaffen als die weniger fanatischen, aber in Wirklichkeit führen lange Arbeitszeiten zu überarbeiteten Menschen, die zu krank sind, um zu arbeiten, oder die schlampige Arbeit machen, die man entweder einstampfen oder neu machen muss.

2. Gehen Sie Gestressten aus dem Weg

Ihr Hirn ist darauf programmiert, das Verhalten derer, die Sie hören und sehen, zu übernehmen. Das ist ein neurologisches Phänomen, das durch die Spiegelneuronen in Ihrem Gehirn erzeugt wird. Mit anderen Worten: Sie können sich den Stress anderer Leute »einfangen«.

Auch wenn es nicht immer möglich sein wird, gestressten Leuten aus dem Weg zu gehen, sollten Sie versuchen, den Kontakt mit ihnen weitestgehend einzuschränken – zumindest bis Sie Ihren eigenen Stress besiegt haben.

An dieser Stelle tritt der umgekehrte Effekt ein, denn die Ruhe, die Sie dann ausstrahlen, ist ebenfalls ansteckend – vorausgesetzt, Sie haben sie genügend verankert. Anders gesagt: Den eigenen Stress zu reduzieren kann auch allen um Sie herum helfen, das Gleiche zu tun.

3. Schaffen Sie sich eine Oase und gehen Sie hin

Früher arbeiteten die Leute von neun bis fünf. In der heutigen Geschäftswelt besteht der Druck, rund um die Uhr zu arbeiten (oder zumindest erreichbar zu sein). Unnötig zu sagen, dass dieser Druck immensen Stress erzeugt.

Eine schon absurd einfache Methode, diesen Stress zu reduzieren, besteht darin, Ihren Computer herunterzufahren und das Handy auszumachen. Nicht nur, während Sie schlafen, sondern auch jeweils eine Stunde, ehe Sie schlafen gehen und nachdem Sie aufgewacht sind. Das erfordert Disziplin, weil Sie wahrscheinlich gewohnheitsmäßig ständig E-Mails checken, SMS verschicken und so weiter.

Das zu tun verlangt außerdem Selbstbewusstsein, denn Sie müssen davon überzeugt sein, dass Sie nicht ständig für Ihren Chef, Ihre Kollegen oder Kunden auf Abruf sein müssen.

4. Belasten Sie sich nicht mit Unkontrollierbarem

Wenn Sie so sind wie die meisten anderen Menschen, dann rührt ein Großteil Ihres Stresses daher, dass Sie sich über Dinge Gedanken machen, die Sie gar nicht beeinflussen können: die Wirtschaft, das Wetter, den Verkehr, die Politik oder die Gedanken und Gefühle anderer Leute, die Entscheidungen der Kunden und so weiter.

Es kann nützlich sein, solche Ereignisse zu beobachten und vorherzusehen (um sich auf sie einzustellen). Doch wenn Sie sich einmal entschieden haben, wie Sie damit umgehen wollen, ist es stressig (und ehrlich gesagt auch ein wenig bekloppt), sich wie besessen damit zu beschäftigen.

Sich wegen Kram, den Sie nicht kontrollieren können, Gedanken zu machen, macht weder auf kurze noch auf lange Sicht einen Unterschied. Es ist Energieverschwendung und zusätzlicher Stress, den Sie nicht brauchen. Ändern Sie, was Sie ändern können, und schütteln Sie den Rest einfach ab.

5. Klären Sie Ihre Arbeitsbelastung

Unsinnige Erwartungen hinsichtlich dessen, was Sie bewältigen können, sind eine enorme Stressquelle – egal, ob diese Erwartungen von Ihnen selbst kommen, von Ihrem Chef oder Ihren Kunden.

Das Gegenmittel für die Art von Stress ist eine kurze realistische Betrachtung. Schauen Sie sich an, wie viel Zeit Ihnen zur Verfügung steht, schätzen Sie den Umfang der anstehenden Tätigkeiten ein und seien Sie auf dieser Grundlage realistisch hinsichtlich dessen, was Sie schaffen können.

Wenn Sie A, B, C und D erledigen sollen, die Zeit aber nur für drei dieser vier Dinge reicht, sollten Sie entscheiden – oder Ihren Chef dazu bringen, es zu tun –, welche drei erledigt werden und was nicht.

6. Schalten Sie die Nachrichten ab

Nachrichten erhöhen, wie jede andere Form der Unterhaltung, ihre Einschaltquote mit starken Emotionen beim Publikum. Abgesehen von Wirtschaftsnachrichten sind diese Emotionen ausschließlich negativ: Wut, Angst, Besorgnis, Schrecken und Frustration.

Auch wenn diese künstlich erzeugten Gefühle eine temporäre Ablenkung vom Arbeitsstress darstellen, tun sie dies durch zusätzlichen Stress. Nachrichten anzuschauen oder zu hören, um zu entspannen, ist wie Biertrinken gegen den Kater.

Wann immer Sie also auf einen Nachrichtenbeitrag stoßen, der Sie wütend macht oder aufregt, dann schalten Sie – sofern es für Ihr Leben nicht absolut von Bedeutung ist – um oder klicken Sie eine andere Seite an.

7. Lernen Sie, Nein zu sagen

Viele Leute sind gestresst, weil sie »viel zu viel Arbeit haben«. Das klingt absolut plausibel, aber in Wirklichkeit ist es nicht die Arbeit, die den Stress erzeugt. Es ist die Sorge, was passieren könnte, wenn all diese Arbeit nicht erledigt wird.

Ich habe mal gehört, wenn man sich vornimmt, zehn Prozent mehr zu erledigen, als man tatsächlich schaffen kann, fühlt es sich so an, als hätte man 50 Prozent mehr zu tun, und erzeugt damit sogar noch mehr Stress. Ich weiß nicht, ob das stimmt, aber mir ist aufgefallen: Wenn ich mir zu viel vornehme, kommt es mir vor, als würde alles den Bach runtergehen, wenn ich auch nur einen Tag – huch! – freinehmen würde.

Es reicht nicht, zu seinem Chef oder den Kollegen auch mal Nein sagen zu können. Manchmal besteht die wahre Herausforderung darin, zu sich selbst Nein zu sagen, wenn man mal wieder drauf und dran ist, sich zu viel zuzumuten. Wie alle guten Gewohnheiten fällt es mit der Zeit leichter.

8. Bleiben Sie im Hier und Jetzt

Die größte Stressquelle ist wahrscheinlich, sich Sorgen um die Zukunft zu machen. Es ist zwar gut, einen Plan zu haben, aber Sie werden eher in der Lage sein, diesen Plan auch auszuführen, wenn Sie nicht allzu viel an diese Zukunft denken.

Sich auf die Gegenwart zu konzentrieren verringert den Stress selbst dann, wenn eine Katastrophe hereinbricht. Angenommen, mitten in Ihrem Arbeitstag erreicht Sie die Nachricht, dass Ihr größter Kunde abspringt. Sie können dann natürlich ausflippen.

Oder Sie bleiben ganz im Augenblick, nehmen zur Kenntnis, was geschehen ist, machen mit dem weiter, womit Sie gerade beschäftigt waren, und entwerfen dann, wenn Sie sich entspannt und kreativ fühlen, einen Schritt-für-Schritt-Plan, wie Sie den Kunden zurückgewinnen oder neue finden.

9. Kein Streit mit Blödmännern oder Unbekannten

Wenn Sie mit dem Auto unterwegs sind, werden Sie Leute sehen, die auf blöde, gefährliche und nervige Art Auto fahren. Dennoch würden Sie nur Ihre Energie damit verschwenden, sich über das, was sie tun, aufzuregen, ganz zu schweigen davon, darauf zu reagieren, indem Sie hupen oder den Stinkefinger zeigen.

Sich online mit Leuten anzulegen (etwa in den Kommentaren von Blogs oder unter kontrovers diskutierten Artikeln) ist eine ebenso kolossal unsinnige Art, seine Zeit zu verbringen. Machen Sie sich wirklich Gedanken darum, was irgendein Unbekannter denkt?

Ich wage zu behaupten, dass es in der ganzen Geschichte des Internets nicht ein einziges Mal vorgekommen ist, dass jemand die Meinung von jemand anderem ändern konnte. Online-Zankerei ist pure Zeitverschwendung.

10. Vermeiden Sie Multitasking

Der Versuch, mehrere Dinge gleichzeitig zu tun, vermittelt die Illusion, man bekäme viel auf einmal getan, wo man die Dinge in Wahrheit einfach nur schlecht macht. Das Ergebnis ist Stress, nicht weil Sie versuchen, zu viel auf einmal zu tun, sondern weil Sie (tief im Inneren) wissen, dass das, was Sie da tun, kein Meisterstück werden wird (und auch nicht sein kann).

Sich hingegen auf eine Sache zu konzentrieren, sie zu erledigen, und zwar gut, gibt Ihnen das Gefühl, etwas geleistet zu haben, und geistige Gelassenheit. Dadurch sind *Sie* derjenige, der die Kontrolle über Ihr Leben hat, und nicht all die Anforderungen um Sie herum.

Kurzfassung

Stress reduzieren

- Mehr als 40 Stunden die Woche zu arbeiten wird rasch unproduktiv.
- Stress ist ansteckend, gehen Sie daher Leuten aus dem Weg, die ihren Stress nicht im Griff haben.
- Suchen Sie sich einen Platz, an dem Sie Abstand von der Arbeit gewinnen können.
- Entwickeln Sie die Geduld und die Zuversicht, sich die Dinge entwickeln zu lassen.
- Sorgen Sie für eine vertretbare Arbeitsbelastung, wenn Sie überfordert sind.
- Abgesehen von Wirtschaftsnachrichten ziehen Nachrichten nur Ihre Energie ab.
- Verzichten Sie auf Projekte, die Sie nicht gut machen können.
- Konzentrieren Sie sich auf das, was Sie gerade tun, statt schon an die Ergebnisse zu denken.
- Sich mit Blödmännern oder Unbekannten herumzustreiten ist absolut sinnlos.
- Multitasking ist ermüdend und hält Sie davon ab, irgendetwas richtig zu machen.

Erfolgsgeheimnis Nr. 41: Wie Sie mit Sorgen und Ängsten klarkommen

Die meisten Leute sind schlichtweg deshalb nicht so erfolgreich, wie sie sein könnten, weil ihre Ängste sie daran hindern, etwas anzugehen.

Die Angst vor Zurückweisung, die Angst vor dem Scheitern, die Angst vor Fehlern, die Angst vor der Laune des Chefs – Angst, Angst, Angst … es spielt keine Rolle, was Sie befürchten: Wenn Sie Angst haben, werden Sie nicht die notwendigen Risiken eingehen, die zum Erfolg führen.

Angst ist normal und nützlich. Sie ist ein Signal, dass Sie vorsichtig sein und die Dinge gut durchdenken sollten. Und was noch wichtiger ist: Sie kann die Energie und die Spannung erzeugen, die Sie benötigen, um sich auf die nächsthöhere Ebene zu bringen. Und zwar so:

1. Gewöhnen Sie sich an angstauslösende Faktoren

Je mehr Sie sich mit dem konfrontieren, was Ihnen Angst macht, und damit umgehen, desto weniger beängstigend wird es. Psychotherapeuten, die einschränkende Phobien (wie Klaustrophobie) behandeln, setzen ihre Patienten dem aus, wovor sie Angst haben, schrittweise und mit zunehmender Häufigkeit.

Dasselbe kommt am Arbeitsplatz zur Anwendung, wenn

Sie etwas tun *müssen,* wovor Sie Angst haben. Berufsanfänger im Vertrieb zum Beispiel, die mit sogenannter Kaltakquise Kontakte knüpfen müssen, haben anfangs Angst vor einer abweisenden Antwort.

Vertriebsleute, die gut sind in Kaltakquise, überwanden mit der Zeit jedoch diese Furcht, weil sie Erfahrung mit dieser Ablehnung gemacht und dabei festgestellt haben, dass sie gar nicht so schlimm ist.

Eine andere typische Arbeitsplatzsituation ist die Angst davor, Nein zu sagen, selbst wenn die fraglichen Projekte unsinnig sind. Wie ich in »Erfolgsgeheimnis Nr. 6: Wie Sie mit unzumutbaren Anforderungen umgehen« erklärt habe, wird das Neinsagen einfacher, je öfter Sie es tun.

Das Wundervolle daran, sich mit der Angst vertrauter zu machen, ist, dass es zum Automatismus wird. Solange Sie nicht zulassen, dass die Angst Sie lähmt, wird es Ihnen gelingen, in der ein oder anderen Weise mit ihr umzugehen und sie dabei weniger einschüchternd werden zu lassen.

2. Üben Sie den Mut geistig ein

Es ist neurologisch erwiesen, dass das Hirn zwischen vorgestellten Empfindungen und Empfindungen, die von äußeren Ereignissen hervorgerufen werden, nicht unterscheiden kann. Emotionen gehen aus dem hervor, was Sie tun, nicht aus dem, was Ihnen geschieht.

Wenn Sie sich also wiederholt etwas vorstellen, das Sie fürchten, und sich dabei selbst als ruhig, selbstbewusst und gefasst sehen, dann trainieren Sie Ihren Geist, genau so zu handeln, wenn dieses Ereignis in der realen Welt stattfindet.

Nehmen wir an, Sie haben Angst davor, in der Öffentlichkeit zu sprechen. Wenn Sie sich lebendig ausmalen, wie Sie eine wohlformulierte und interessante Rede halten, und dabei das empfinden, was ein imaginierter Applaus bewirkt, dann wird dieses Selbstvertrauen sich auch wieder einstellen, wenn Sie am Rednerpult stehen.

3. Geben Sie Ihrer Angst einen neuen Rahmen

Der Rahmen eines Bildes stellt eine Grenze dar, die das Bild in einen bestimmten Kontext stellt und Ihnen sagt, was daran wichtig ist. Etwa wenn ein Rahmen eine Person aus einem Gruppenbild herauslöst, macht er aus dem Gruppenbild ein Porträt.

Das gilt auch für Emotionen – der »Rahmen«, den Sie drum herum bauen, bestimmt, wie Sie diese Emotionen wahrnehmen.

Stellen Sie sich beispielsweise vor, Sie steckten hilflos in einer engen Metallkiste, aus der nur Kopf, Schultern und Arme herausschauen, und stürzten damit über eine Klippe. Stellen Sie sich vor, wie Sie schneller und schneller fallen und der nackte, kalte Abgrund immer schneller auf Sie zukommt. Ganz schön gruselig, oder?

Man nennt es Achterbahn. Diese Umdeutung in ein neues Bild, das »Reframing«, beinhaltet, dass Sie sich aus eigenem freien Willen auf diesem Trip befinden, es höchst unwahrscheinlich ist, dass Sie auf dem Boden aufschlagen werden, und Sie sogar Spaß an der Sache haben!

Oder nehmen wir die Angst vor dem Sprechen in der Öffentlichkeit. Die meisten darstellenden Künstler haben vor einer Vorstellung auch so ein »Kribbeln« im Bauch, aber sie verwandeln ihre Nervosität, kurz bevor sie auf die Bühne gehen, in Energie. Letztlich sind Sie nur dann nervös, wenn Sie sich Gedanken über das machen, was am Ende dabei herauskommt.

4. Nutzen Sie die Angst

Und schließlich schwächt uns Angst keineswegs, sie setzt etwas in uns frei. Wie ich bereits erwähnte, ist Angst ein Signal dafür, dass Sie etwas tun müssen. Es mag sich abgedroschen anhören, aber es liegt ein wahrer Kern in der Redensart: Frisch gewagt ist halb gewonnen.

Das gilt für verschiedenste Geschäftssituationen. Wenn ein Vertriebler sich zum Beispiel scheut, beim Kunden nachzuhaken, ist dies ein Zeichen, dass die Diskussion an den Punkt gekommen ist, den Handel dingfest zu machen. Das ist eine nützliche Information.

Das Gleiche gilt, wenn Sie paradoxerweise Angst haben, einen »sicheren Job« zu verlieren: Es ist ein Zeichen, dass der Job, an den Sie sich klammern, nicht länger Ihre Bedürfnisse erfüllt.

Ich habe das selbst durchgemacht, als ich die Geschäftswelt verlassen habe, um mich als Autor selbstständig zu machen. Ich hatte einen Höllenschiss, aber ich wusste, was ich wollte. Ich habe die notwendigen Grundlagen geschaffen und tat, was ich tun musste – ich kündigte. Hätte ich das nicht getan, würden Sie dieses Buch nicht lesen!

Kurzfassung
Angst nutzen

- Je öfter Sie sich mit einer Angst konfrontieren, desto mehr verliert sie an Kraft.
- Stellen Sie sich vor, wie Sie mit der Angst umgehen, damit sie weniger bedrohlich wird.
- Denken Sie immer daran, dass Angst nur verkappte Begeisterung ist.
- Gewinnen Sie aus der Angst die nötige Energie zur Umsetzung.

Erfolgsgeheimnis Nr. 42: Wie Sie das Gefühl von Zurückweisung bewältigen

Jede ernst zu nehmende Businessunternehmung muss andere Leute einbinden, und das trägt das Risiko einer Zurückweisung in sich, denn wenn Sie Ihre Idee unter die Leute bringen, setzen Sie sich der Möglichkeit aus, Ablehnung zu erfahren.

So kommt es, dass die Angst vor Zurückweisung viele Leute davon abhält, etwas zu unternehmen, das ihre Lebensumstände deutlich verbessern würde. Dieser Abschnitt erklärt nicht nur, wie Sie der Zurückweisung ihren Schrecken nehmen, sondern auch, wie Sie sie als Mittel zur Verfolgung größerer Ziele nutzen können.

1. Erkennen, dass Zurückweisung eine Illusion ist

Zurückweisung ist ein emotional aufgeladener Begriff, den die Leute unbedacht nutzen, wenn sie ein Ziel nicht erreichen, das mit der Einbeziehung anderer Leute zu tun hat. Niemand fühlt sich »zurückgewiesen«, wenn er sich meinetwegen vornimmt, 1000 Meter in vier Minuten zu laufen, und am Ende fünf Minuten braucht.

Das Konzept der Zurückweisung geht davon aus, dass das Scheitern mit etwas Persönlichem zu tun hat, aber das ist eine Illusion. Tatsächlich wurde das Ziel nicht erreicht, weil die Beteiligten verschiedene Lebensvorstellungen hatten. Das ist eine unpersönliche Tatsache.

Angenommen, Sie machen einen Kaltakquiseanruf, und die Person am anderen Ende beschimpft Sie und legt auf. Oder das Telefonat beginnt gut, aber dann sagen Sie etwas, das dem anderen nicht gefällt, und er beendet das Gespräch.

Auch wenn diese Ergebnisse nicht toll sind, sind sie nur

dann »Zurückweisungen«, wenn Sie beschlossen haben, sich deswegen schlecht zu fühlen.

Manchmal läuft es blöd. Oft sind daran andere Leute beteiligt. Manchmal hätten Sie vielleicht etwas anders machen können und wären zu einem anderen Resultat gelangt. In jedem Fall aber kam es zu einer »Zurückweisung«, weil Sie zufällig gegen die Regeln von jemand anderem verstoßen haben. Mit anderen Worten: Das Gefühl, zurückgewiesen worden zu sein, ist nur ein seltsamer Streich, den Ihnen Ihre Emotionen spielen.

2. Nehmen Sie der Zurückweisung ihren Schrecken

Jedes Mal, wenn ich auf die schlichte Tatsache in Schritt eins hingewiesen habe, kam jemand (meist mit weinerlicher Stimme) darauf zurück und sagte etwas wie: »Aber ich fühle mich immer noch zurückgewiesen.«

Menschen *fühlen* sich zurückgewiesen, und zwar immer aus demselben Grund: Sie haben sich im Geist ein negatives Bild davon gemacht (und haben Zeit und Energie hineingesteckt), was es heißt, wenn sie ein bestimmtes Ziel mit einer bestimmten Person nicht erreichen.

Denken Sie doch mal drüber nach: Warum fühlen Sie sich zurückgewiesen oder abgelehnt? Was an diesem Ereignis ist so wichtig, dass Sie es so behandeln, als würde es Ihre Meinung über sich selbst, ja sogar Ihre ganze Identität bedrohen?

Wenn Sie zu der Situation etwas Abstand gewinnen, werden Sie feststellen, dass der Schrecken der Zurückweisung von Ihren Regeln im Umgang mit anderen Leuten herrührt.

Beispiele:

- *Nach dem fünften mies gelaufenen Kaltaquiseanruf reicht's mir.*
- *Wenn ich mich mit einem Kunden so gut verstehe, dass ich ihn um einen Gefallen bitten könnte, wäre eine Ablehnung schmerzhaft.*
- *Leute auf der Führungsebene sind wichtig, daher kommt es darauf an, welche Meinung sie von mir haben.*

Sie fühlen sich »zurückgewiesen« (das heißt schlecht), weil Sie Ihre Regeln für so unglaublich wichtig halten und dabei unterschätzen, dass die andere Person auch Regeln hat, die Sie möglicherweise gar nicht komplett erfassen können.

Um der Zurückweisung ihren Schrecken zu nehmen, sollten Sie diese Überzeugungen hinterfragen und sie idealerweise durch bessere ersetzen, die eher Ihr Selbstvertrauen bestärken statt Ihre Furcht.

Beispiele:

- *Jeder Kaltakquiseanruf ist eine neue Chance, was war, ist vorbei.*
- *Eine Beziehung, die kein Risiko verträgt, braucht man auch nicht.*

- *Wenn ich mit übellaunigen Geschäftsführern klarkomme, heißt das, ich spiele in der Oberliga.*

3. Formen Sie jede Zurückweisung zu einer Stufe auf der Erfolgsleiter um

Manchmal ist Erfolg einfach ein Zahlenspiel. Es wurde schon unzählige Male darauf hingewiesen, dass Reggie Jackson, einer der größten Schlagmänner aller Zeiten, in der Major League Baseball auch den Rekord der meisten Strikeouts hält: Niemand musste so oft wegen erfolgloser Schlagsituationen auf die Bank wie er.

Als ich mein erstes Buch veröffentlichen wollte, schickte ich mein Exposé an zig Verleger und bekam haufenweise Ablehnungsschreiben. Statt mich davon entmutigen zu lassen, legte ich sie jeden Tag auf dem Fußboden aus und begann meinen Tag damit, über sie hinwegzulaufen, als seien es Stufen.

Dabei dachte ich insgeheim: »Je mehr Ablehnungen ich kassiere, desto besser wird der Vertrag, den ich bekomme.« Und dann wurde das Buch tatsächlich von Random House angenommen, was schlussendlich der Beginn meiner Karriere als Autor war.

Meine Mutter, die im Vertrieb erfolgreich Karriere gemacht hat, klebte sich Post-its ins Auto und an den Badezimmerspiegel, auf denen Schlagwörter standen wie: »Zurückweisung = Geld«. Sie hatte erkannt, dass der Weg zum langfristigen Erfolg kein leichter ist.

Wenn man Zurückweisung als einen Teil des Erfolgs ansieht, bringt es einen dazu, die Aufmerksamkeit nicht länger auf die »Zurückweisung« zu richten, sondern auf Dinge, die man unter Kontrolle hat.

Wenn Sie zum Beispiel nicht die nötigen Investoren finden, dann gehen Sie Ihren Businessplan noch einmal mit einem Profi durch oder suchen Sie sich ein geeignetes Vorbild, dem Sie nacheifern können.

Wenn Sie mit Ihren Kaltakquiseanrufen ständig auf die Nase fallen, dann arbeiten Sie an dem, was Sie sagen. Statt sich abgelehnt zu fühlen, sollten Sie verschiedene Herangehensweisen ausprobieren.

Kurzfassung

Zurückweisungen überwinden

- Zurückweisungen bedeuten lediglich, dass die andere Person andere Regeln hat.
- Zurückweisung schmerzt, weil Sie der anderen Person zu viel Bedeutung beimessen.
- Jede Zurückweisung bringt Sie unausweichlich Ihrem Ziel näher.

Teil 7

Wie Sie Missstände in den Griff bekommen

Sosehr wir uns auch alle wünschen, es wäre nicht so, gibt es in der Geschäftswelt doch auch einige üble Sitten. Dieser letzte Teil soll Ihnen als Anleitung dienen, solche Missstände zu erkennen und sich vor ihren schlimmsten Auswirkungen zu schützen.

Beachten Sie jedoch, dass es sich hierbei teilweise um gefährliche Informationen handelt, denn es ist unmöglich, das Schlechte zu offenbaren, ohne zu beschreiben, wie man schlechte Dinge tut. Wenn ich Ihnen beispielsweise erkläre, wie man einen Trick der schmutzigen Büropolitik aufdeckt, dann erkläre ich Ihnen auch, wie er anzuwenden ist.

Ich lege Ihnen dringlichst ans Herz, diese (Erfolgs-)Geheimnisse nicht dazu zu verwenden, selbst anderen übel mitzuspielen. Vergessen Sie nicht: Sie müssen weiterhin mit sich selbst leben, und wenn Sie sich wie ein Arschloch benehmen, dann müssen Sie Ihr Leben am Ende mit einem Arschloch verbringen ... nämlich Ihnen. Mit dieser Warnung im Hinterkopf werden Sie Folgendes erfahren:

- *Wie Sie schmutziger Büropolitik entgegenwirken* schützt Sie vor Chefs, Kollegen und Mitarbeitern, die versuchen, Sie dahingehend zu manipulieren, bestimmte Dinge dann zu tun, wenn es nicht voll und ganz in Ihrem Interesse ist.
- *Wie Sie Managementmarotten beikommen* verrät die Wahrheit über Managementberater sowie die teuren Me-

thoden, die sie empfehlen, und zeigt, wie man diese überflüssigen Mätzchen abbiegt oder sie umgeht.

- *Wie Sie Lügen im Arbeitskontext aufdecken* gibt Ihnen Werkzeuge an die Hand, mit denen Sie herausfinden, wann Sie jemand belügt (auch wenn der Lügner streng genommen nichts Falsches sagt), sodass Sie eigene Pläne verfolgen können, ohne sich zum Narren halten zu lassen.
- *Wie Sie geschönte Zahlen erkennen* listet die gängigsten Methoden auf, mit denen Geschäftsleute Zahlenmaterial manipulieren, um die Wahrheit zu verdrehen, Angestellte in die Irre zu führen oder eine Unwahrheit zurechtzubiegen, wenn nicht gar zu »beweisen«.
- *Wie Sie mit den acht häufigsten Lügen der Chefs umgehen* erläutert die Un- (oder Halb-)Wahrheiten, die mit schönster Regelmäßigkeit im Verhältnis zwischen Chef und Angestellten auftauchen, warum es sie gibt und was Sie wissen sollten, wenn Sie ihnen an Ihrem Arbeitsplatz begegnen.
- *Bei welchen sieben Gelegenheiten Sie Ihren Vorgesetzten belügen dürfen* stellt die Gelegenheiten vor, bei denen Sachzwang vor Moral geht – spezielle Situationen, in denen es gerechtfertigt ist, Ihrem Chef und anderen am Arbeitsplatz die Wahrheit vorzuenthalten.
- *Wie Sie gefahrlos Missstände aufdecken* erklärt, was zu tun ist, wenn Sie entdecken, dass Ihre Firma ethisch nicht vertretbar oder illegal handelt – ohne sich dabei die Karriere völlig zu ruinieren.

Erfolgsgeheimnis Nr. 43: Wie Sie schmutziger Büropolitik entgegenwirken

Manche Leute glauben, sie könnten das, was sie haben wollen, dadurch erreichen, dass sie andere mit schmutzigen Tricks im Büro manipulieren. Dieses Erfolgsgeheimnis deckt die neun gängigsten dieser Tricks auf und verrät Ihnen auch, wie Sie sich davor schützen können.

1. Entwicklungschancen

Die *Entwicklungschance* ist ein Trick, den Chefs anwenden, wenn sie wollen, dass Mitarbeiter eine Aufgabe oder ein Projekt übernehmen, der oder dem sie normalerweise aus dem Weg gehen würden.

Entwicklungschancen sind keine echten Aufgaben, die es Ihnen ermöglichen würden, Ihrem Vorgesetzten oder dem Rest der Firma Ihren Wert zu demonstrieren. Es ist die Drecksarbeit, die als lehrreiche Erfahrung verkauft wird.

Es gibt zwei Arten von »Entwicklungschancen« – solche, die angestammten Mitarbeitern gegeben werden, und solche für neue Mitarbeiter (insbesondere Praktikanten).

Entwicklungsaufgaben, die den schon länger dazugehörenden Mitarbeitern übertragen werden, sind die Scheißjobs, die gemacht werden müssen, die aber keiner machen will. Wieso hat sich Ihr Chef Sie dafür herausgepickt? Möglicherweise haben Sie es nicht so deutlich von sich gewiesen wie Ihre Kollegen.

Es kann realistischerweise auch so sein, dass Ihr Chef miese Aufgaben bei Ihnen ablädt, um Sie dazu zu bringen zu kündigen, was ihm die Zeit und den damit verbundenen lästigen Papierkram erspart, Sie zu feuern.

Entwicklungschancen, die sich an neue Mitarbeiter richten, kommen als die berühmt-berüchtigten unbezahlten Praktika daher. Jedes Jahr sind Zehntausende von Berufseinsteigern überzeugt, dass es in ihrem Interesse sei, unbezahlt zu arbeiten, im naiven Glauben, dass dies ihnen zu einem Job verhelfen wird.

Sicher, es gibt Praktikanten, die einen Job ergattert haben, nachdem sie gratis gearbeitet haben. Sie bekommen diese Jobs jedoch, *obwohl* sie ohne Bezahlung gearbeitet haben, nicht *deswegen.* Fragen Sie die Tausenden von Praktikanten, die nie ein bezahltes Engagement hatten.

In dem Moment, in dem Sie bereit sind, gratis zu arbeiten, setzen Sie den Wert Ihrer Arbeit exakt mit null an. Gratis oder für einen Billiglohn zu arbeiten reduziert schlicht und ergreifend den Wert Ihrer Arbeit auf Gratis- oder Billigware.

2. Steine holen

Steine holen bedeutet, dass ein Chef von seinem Mitarbeiter als Vorbedingung für eine bestimmte Entscheidung verlangt, einen oder mehrere nutzlose Gegenstände zu beschaffen oder anzufertigen. Diese Beschaffensbedingung ermöglicht dem Chef, diese Entscheidung nicht fällen zu müssen.

Steine zeichnen sich durch zweierlei aus: Sie sind hart, und sie sind sinnlos. Wann immer ein Chef von Ihnen verlangt, erst etwas für ihn zu tun oder zu beschaffen, ehe er eine Entscheidung trifft, überlegen Sie genau, wie schwierig oder wie sinnvoll das ist, was Sie tun sollen.

Wenn es sich um ein sinnvolles Anliegen handelt (wie das Startsignal eines anderen Managers, dessen Abteilung betroffen sein könnte), schickt man Sie nicht Steine holen. Wenn es sich um ein absurdes Anliegen handelt, etwa einen 50-Seiten-Bericht, ehe man die Erlaubnis erhält, an einen anderen Schreibtisch zu wechseln, schickt man Sie Steine holen.

Wann immer Sie den Verdacht haben, dass man Sie Steine holen schickt, sollten Sie sich fragen, warum Ihr Chef die Entscheidung, die Sie von ihm möchten, nicht treffen will. Würde es etwas am gegenwärtigen Zustand ändern? Würde es die Macht Ihres Vorgesetzten mindern oder seine Möglichkeiten einschränken? Versuchen Sie, die Wurzel des Problems ausfindig zu machen.

Dies herauszufinden ist fast immer eine bessere Verwendung Ihrer Zeit und Ihrer Energie, als Steine zu holen. Holen Sie sich, wenn Sie glauben, die Gründe zu kennen, eine Bestätigung des Problems, indem Sie nachfragen. Beispielsweise so: »Ich merke, dass Ihnen bei dieser Entscheidung unbehaglich ist. Hat das firmenpolitische Gründe, die ich nicht kenne?«

Indem Sie dem Problem auf den Grund gehen, bringen Sie es aus dem Bereich des Manipulativen heraus auf eine Ebene, auf der Sie mit Ihrem Chef daran arbeiten können, gemeinsam ein Ziel zu erreichen.

3. Bauernopfer

Ein Chef oder Kollege kann Sie vorschieben wollen, um sich selbst aus der Schusslinie nehmen zu können, wenn etwas schiefgeht, aber die Lorbeeren einheimsen zu können, wenn es gut läuft.

Nehmen wir zum Beispiel an, Ihr Kollege will bei einem Meeting mit Ihrem gemeinsamen Chef eine Idee ins Spiel bringen, aber er ist sich nicht sicher, ob sie gut ankommt. Er fürchtet, er könnte an Glaubwürdigkeit verlieren, wenn der Vorgesetzte die Idee blöd findet. Eine bequeme Methode, das Terrain zu sondieren, ist, *Sie* die Idee präsentieren zu lassen.

Ihr Kollege hilft Ihnen, die Folien vorzubereiten, und sorgt dabei dafür, dass der heikle Vorschlag so eingebaut wird, als käme er von Ihnen. Wenn die Idee bei dem Meeting abgeschmettert wird, meldet sich der Kollege zu Wort und tritt noch mal nach, um sich auf die Seite des Chefs zu stellen.

Wenn die Idee jedoch positiv aufgenommen wird, wird sich der Kollege in die Diskussion einklinken und die Lorbeeren für sich beanspruchen, etwa indem er eine Bemerkung macht wie: »Frau Meyer, Sie haben meine Idee ganz toll präsentiert. Dann kann ich ja jetzt mal übernehmen und die Details erläutern.«

Bedenken Sie, dass dieser Trick nur funktioniert, wenn Sie sich dazu bringen lassen, sich eine Idee »anzueignen«, die nicht Ihre ist. Dagegen wehrt man sich am einfachsten, indem man vorsorglich demjenigen die Anerkennung zukommen lässt, dem sie gebührt.

Statt also etwas zu sagen wie: »Diese Grafik zeigt, wie der Online-Verkauf unserer Erotikartikel den Umsatz um 100 Prozent steigern wird«, sagen Sie lieber etwas wie: »Diese Grafik zeigt, wie sich nach Herrn Schulzes Schätzung die Umsatzsteigerung darstellen könnte, wenn wir unsere Erotikartikel über das Internet verkaufen.«

Wenn die Idee abgelehnt wird, machen Sie (nochmals) deutlich, dass die Idee nicht von Ihnen, sondern von Herrn Schulze stammt. Ebenso natürlich, wenn sie großes Lob erhält. Das ist nur fair.

Dieses Manöver ist heikler, wenn die Person, die Sie vorschieben will, Ihr Chef ist, denn es ist in der Regel keine gute Idee, den Chef den Löwen zum Fraß vorzuwerfen. (»Mein ist die Rache, sprach der Herr«, äh, der Boss.) Wenden Sie dieses Manöver also nur an, wenn Sie Ihrem Chef zuvor gesagt haben, dass Sie gern sein Sprachrohr sein wollen, aber nicht der Prügelknabe.

4. Karten forcieren

Annähernd die Hälfte der Kartentricks basiert darauf, dass der Zauberkünstler dafür sorgt, dass ein Freiwilliger eine ganz bestimmte Karte zieht und es fürs Publikum so aussieht, als sei es eine zufällige Wahl. Das nennt man »eine Karte forcieren«.

Die Entsprechung in der Geschäftswelt ist, wenn Ihnen jemand (meist jemand, der für Sie arbeitet) drei verschiedene Vorschläge zum weiteren Vorgehen präsentiert, sodass es für Sie so aussieht, als hätten Sie eine Wahl, dabei aber nur eine Option wirklich sinnvoll ist.

Nehmen wir an, ein Mitarbeiter möchte, dass Sie einen seiner Freunde einstellen. Er schlägt drei Kandidaten vor: 1. seinen Freund, 2. jemanden Unqualifizierten, der noch eine Menge Schulungen bräuchte, und 3. jemanden Überqualifizierten, der wahrscheinlich geht, sobald er ein besseres Angebot erhält. Sie entscheiden sich für den Freund und denken, dies sei eine gute Entscheidung, obwohl sie in Wirklichkeit forciert ist.

Die Herausforderung bestand für Ihren Mitarbeiter darin, die beiden miesen Optionen plausibel genug erscheinen zu lassen, um zu garantieren, dass Sie sie ernsthaft in Erwägung ziehen, und sie gleichzeitig nicht so überzeugend erscheinen zu lassen, dass Sie sich tatsächlich für einen der beiden »Blindgänger« entscheiden.

Für Sie besteht die Herausforderung darin zu erkennen, wenn Ihnen falsche Alternativen präsentiert werden. Ist dies der Fall, sollten Sie sich weigern, die Liste anzunehmen. Sagen Sie etwas wie: »Ich wollte drei echte Alternativen, und von denen, die Sie mir hier gegeben haben, ist eine brauchbar und die anderen beiden nicht.«

Höchstwahrscheinlich wird die andere Person in die Defensive gehen und behaupten, dass die Alternativen echt seien und so weiter. Ignorieren Sie das und sagen Sie: »Seien Sie ehrlich, versuchen Sie, mir eine Entscheidung aufzudrängen? Denn ich möchte wirklich echte Alternativen sehen!«

Ihr Ziel ist es, Aufrichtigkeit in die Beziehung zu bringen und den anderen dabei wissen zu lassen, dass Sie sich nicht manipulieren lassen wollen.

5. Verschleierungstaktik oder: Kehricht unterm Teppich

Verschleierungstaktik bedeutet in diesem Zusammenhang, dass ein Angestellter oder Kollege über Informationen verfügt, die er vor Ihnen lieber verheimlichen, also »unter den Teppich kehren möchte« – und Sie wären mit Fug und Recht verärgert, wenn Sie davon wüssten.

Angenommen, Sie sind Chef der Entwicklungsabteilung, und einer Ihrer Ingenieure erfährt, dass das Produkt, das er entwickelt hat, eine überdurchschnittlich hohe Fehlerquote aufweist. Der Ingenieur ist jedoch für eine Beförderung vorgesehen, die gefährdet wäre, sollten Sie davon erfahren.

In diesem Fall könnte der Ingenieur darauf verfallen, Ihnen diese Information in einer Weise zukommen zu lassen, bei der ihre Bedeutung nicht sofort klar wird. Der Ingenieur wird die Beförderung erhalten, und sollte die schlechte Nachricht herauskommen, dann kann er behaupten, Ihnen alles gesagt zu haben.

Das Unter-den-Teppich-Kehren funktioniert normalerweise so, dass man die »stinkende« Info ziemlich am Ende (aber nicht ganz am Ende) einer langen E-Mail unterbringt. Eine andere Methode besteht darin, die Nachricht offen zu präsentieren, sie aber durch Fachchinesisch und Businessphrasen zu tarnen.

Den Kehricht unter dem Teppich aufzuspüren ist eine Frage des gesunden Menschenverstands und des »richtigen Riechers«. Wenn Sie einen langen Bericht erhalten, der etwas Problematisches enthalten könnte, scrollen Sie am besten zum Ende des Textes und schauen sich dann ein paar Abschnitte davor an. Wenn etwas faul ist, werden Sie es für gewöhnlich dort finden.

Und wenn jemand, der sich normalerweise klar und deutlich ausdrückt, plötzlich in halb verständlichen Jargon verfällt, sollten bei Ihnen die Alarmglocken läuten. Wenn man Ihnen mit solchem Fachchinesisch begegnet, ist es das Beste, rundheraus zu fragen: »Was heißt das jetzt im Klartext?«

Sie stolpern beispielsweise gegen Ende einer E-Mail über so etwas:

Beispiel:

Einzelberichte aus der Praxis legen nahe, dass es bei unseren Erzeugnissen, sei es durch unsachgemäßen Gebrauch oder eine Kombination aus teils sachgemäßem, teils unsachgemäßem Gebrauch oder gar bei empfohlener Anwendung, zu Folgeereignissen kommen könnte oder würde, die unter limitierten Umständen zur Aufhebung der Vitalfunktionen von aktuellen und potenziellen Anwendern sowie von Anwendern in der Vergangenheit führen könnten oder geführt haben.

Sie könnten diesen Absatz überfliegen und vergessen. Das ist genau das, was sich der Unter-den-Teppich-Kehrer (in diesem Fall sogar eher Tretminen-Verstecker) erhofft. Stattdessen sollten Sie also die Person, die diesen unverständlichen Quatsch geschrieben hat, drängen klarzustellen, was dieser Absatz besagen soll. (In diesem Fall ist die versteckte Tretmine: »Unser Produkt bringt die Kunden um.«)

6. Nebelbomben werfen

Wenn jemandem die Zielsetzung eines Meetings nicht in den Kram passt, kann er versuchen, das Thema zu wechseln, indem er die Sprache auf etwas bringt, das mit Sicherheit alle Teilnehmer ablenken wird. Das nennt man *Nebelbomben werfen.*

Nehmen wir an, in einer Besprechung soll es darum gehen, den aktuellen Stand eines Projekts zu besprechen, aber Susanne Müller hat noch nicht viel daran getan. Statt dazu zu stehen, bringt sie das Gerücht auf, dass der größte Kunde der Firma zu einem anderen Anbieter wechseln könnte.

Plötzlich wird die Projektbesprechung zu einer Planungssitzung, wie man die drohende Katastrophe abwenden kann. Die Diskussion nimmt die verbleibende Zeit in Anspruch, sodass das letzte Projekt zu einem späteren Zeitpunkt besprochen werden muss (wenn Susanne voraussichtlich besser vorbereitet sein wird).

Nebelbomben funktionieren nur, wenn derjenige, der das Meeting leitet, sich einnebeln lässt. Wenn Sie für jedes Meeting eine Tagesordnung haben und sich daran halten, werden die Sitzungen dem geplanten Ablauf folgen, auch wenn jemand Ablenkungsmanöver versucht.

Wann immer Sie Lunte riechen, sollten Sie bestätigen, dass es sich bei der Nebelbombe um ein wichtiges Thema handelt (auch wenn das nicht der Fall ist), und es dann für später zur Diskussion einplanen. Am Ende werden die Leute einsehen, dass das Nebelbombenwerfen sich nicht lohnt, zumindest nicht, wenn Sie das Meeting leiten.

7. Ein Meeting kapern

Dies ist eine raffiniertere Variante des Nebelbombenwerfens. In diesem Fall besteht das Ziel darin, von vorneherein das Meeting offensiv in eine andere Richtung als die vom Sitzungsleiter vorgesehene zu lenken.

Und zwar folgendermaßen: Angenommen, ein Kollege, den Sie zu einer Besprechung eingeladen haben, will einen Punkt aufbringen, den Sie nicht auf der Tagesordnung haben, der Ihrer Planung womöglich sogar zuwiderläuft. Der Kollege beschließt, das Meeting für seien Zwecke zu *kapern.*

In der Vorbereitung schlägt er eine Reihe anderer Leute vor, die dazu eingeladen werden sollten. Im Vorfeld trifft er sich privat mit so vielen von ihnen wie möglich und sichert sich deren Unterstützung für sein eigenes Vorhaben.

Wenn das Meeting stattfindet, erklärt sich der Kollege freiwillig bereit, Protokoll zu führen. Seine Verbündeten ändern den Verlauf des Meetings, um sich mehr mit den Tagungspunkten des Kollegen zu befassen statt mit Ihren. Nach der Sitzung verschickt der Kollege das Protokoll, das seine Agenda stützt.

Es gibt zwei Möglichkeiten, die Kaperung einer Besprechung zu verhindern. Erstens: Setzen Sie eine klare Tagesordnung auf, die Sie lange im Vorfeld verschicken. Zweitens: Führen Sie selbst das Protokoll zu Ihrer Sitzung oder übertragen Sie diese Aufgabe jemandem, dem Sie vertrauen. Verschicken Sie das Protokoll unmittelbar nach dem Meeting, um etwaigen Kaper-Protokollen zuvorzukommen.

8. Sich mit fremden Federn schmücken

Im Amerikanischen gibt es eine alte Redensart, die etwa folgendermaßen lautet: »Dem Chef der Hölle kann man leicht aus dem Weg gehen – es sind die kleinen Teufel, die einen drankriegen.« Auf das Abstauben von Verdiensten trifft das sicher zu. Die groben Fehltritte – wenn jemand seinen Namen an etwas heftet, das Sie geschrieben haben – sind offensichtlich.

Es sind die subtileren Formen des Ruhm-Einheimsens, die schwerer zu verhindern sind. Ich bin Leuten begegnet, die ihre gesamte berufliche Laufbahn darauf aufgebaut haben, sich in Projekten einzunisten, die nahezu abgeschlossen waren, um dann die Lorbeeren einzuheimsen.

Der beste Schutz vor solcher Verdienst-Abzocke ist, Berichte über den Entwicklungsstand von Projekten zu schreiben und zu verschicken, wann immer auch nur die *Mög-*

lichkeit besteht, dass Ihnen jemand den Verdienst streitig machen könnte.

Sollte es Uneinigkeit darüber geben, wer welchen Anteil an einem Projekt hat oder für seinen Erfolg verantwortlich ist, können Sie ganz einfach auf diese Zwischenberichte verweisen. Diese Berichte bewahren einen davor, sich auf eine Diskussion einzulassen, bei der Aussage gegen Aussage steht.

Davon abgesehen müssen Sie bereit sein, die Person, die versucht, sich mit fremden Federn zu schmücken, öffentlich bloßzustellen. (Es sei denn, es ist Ihr Chef; in dem Fall sind Sie besser beraten, nichts zu sagen und Ihre Berichte für sich sprechen zu lassen.)

Wenn zum Beispiel jemand in einem Meeting über den Erfolg Ihres Projekts spricht und dabei andeuten will, er sei dafür verantwortlich gewesen, dann müssen Sie unbedingt *umgehend* darauf hinweisen (selbst wenn Sie ihn dafür unterbrechen müssen), dass der Betreffende nicht wirklich beteiligt war.

Sie brauchen nicht unhöflich zu sein, aber Sie müssen geradeheraus sein. Sagen Sie so etwas wie: »Ich möchte Frank Schulze danken, dass er den aktuellen Stand des Projekts XY vorgestellt hat, allerdings geht leider die Tatsache, dass es sich um mein Projekt handelt, aus den Folien nicht hervor.«

Wenn Sie das zwei- oder dreimal gemacht haben, wird niemand mehr wagen, Ihre Verdienste für sich in Anspruch zu nehmen.

Wenn Sie es umgekehrt auch nur einmal durchgehen lassen, weiß der Ruhm-Einheimser, dass Sie ein Weichei sind, und wird es wieder tun.

9. Bananenschalen erkennen

Dieser Trick ist wirklich heimtückisch. Wenn ein Kollege oder Mitarbeiter insgeheim hofft, dass Sie scheitern, wird er Fakten oder Gerüchte sammeln, die Sie im entscheidenden Moment aus der Bahn werfen.

Kurz vor einer wichtigen Präsentation vor der oberen Chefetage könnte ein (insgeheim missgünstiger) Mitarbeiter Ihnen zum Beispiel mitteilen: »Es geht das Gerücht um, Sie seien medikamentenabhängig. Na, dann gehen Sie mal rein, und viel Glück!«

Sie können sich sicher vorstellen, dass eine solche Nachricht Sie aus dem Konzept bringt und es Ihnen schwerfallen wird, sich zu konzentrieren, sodass Sie sich am Ende wahrscheinlich blamieren. Das ist natürlich genau das, was Ihr Mitarbeiter wollte.

Der einzige Grund, warum dieser Trick so erfolgreich ist, ist der, dass Ihnen diese Bananenschale von jemandem vor die Füße geworfen wird, von dem Sie (fälschlicherweise) glauben, dass er Ihnen wohlgesinnt ist und Ihr Bestes will. Käme diese Art von »Nachricht« von einem offenkundigen Gegner, dann würden Sie sie wahrscheinlich einfach links liegen lassen.

Um diesen Trick zu entschärfen, müssen Sie daher die Feinde erkennen, die sich als Freunde tarnen. (Dies sind die »Freinde«, die ich in »Erfolgsgeheimnis Nr. 11: Wie Sie die zehn nervigsten Kollegentypen in den Griff bekommen« charakterisiert habe.)

Fragen Sie sich bei jeder Arbeitsbeziehung: »Wird diese Person durch meinen Erfolg etwas gewinnen oder verlieren?«

Beleuchten Sie diese Frage sowohl aus einer beruflichen Perspektive (zum Beispiel: Konkurrieren wir um dieselbe Beförderung?) als auch aus einer psychologischen (zum Beispiel: »Wird mir diese Person meinen Erfolg verübeln?«). Ein Kollege, der schadenfroh reagiert, wenn Erfolgreiche von einer Katastrophe heimgesucht werden, wird sich wohl auch heimlich freuen, wenn Sie auf die Nase fallen.

Auch das Timing ist wichtig. Solange es keinen Grund gibt, aus dem Sie diese spezielle Detailinformation in genau diesem Moment brauchen, können Sie davon ausgehen, dass der wahre Grund für die Enthüllung der ist, Sie zu Fall zu bringen. Ein wahrer Freund hätte den Mund gehalten.

Kurzfassung

Schmutzige Politik

- Entwicklungschancen: Gehen Sie ihnen aus dem Weg, man will Sie ausnutzen.
- Steine holen: Ihr Chef drückt sich vor einer Entscheidung – setzen Sie nach.
- Bauernopfer: Man will Sie vorschieben, also zollen Sie Ehre, wem Ehre gebührt.
- Forcierte Karten: Zwei von drei Alternativen sind keine echten, also verlangen Sie neue.
- Kehricht unterm Teppich: Prüfen Sie die vorletzte Seite, akzeptieren Sie kein Geschwafel.

- Nebelbomben im Meeting: Hüten Sie sich vor Themen, die von der Tagesordnung ablenken.
- Kapern eines Meetings: Lassen Sie nicht zu, dass andere Ihre Besprechung mit eigenen Verbündeten »vollstopfen«.
- Sich mit fremden Federn schmücken: Dokumentieren Sie die Fortschritte Ihres Projekts und stellen Sie Abräumer öffentlich bloß.
- Bananenschalen werfen: Ignorieren Sie Leute oder Bemerkungen, die Sie aus dem Konzept bringen würden.

Erfolgsgeheimnis Nr. 44: Wie Sie Managementmarotten beikommen

In manchen Firmen ist es so sicher wie das Amen in der Kirche – alle paar Jahre entscheidet jemand in der Chefetage, dass nur ein neuer Managementansatz das Unternehmen *wirklich* produktiver machen würde.

Anders als Sie vielleicht glauben, sind Managementmätzchen nicht deshalb in Mode, weil sie etwas Neues sind. Sie sind vielmehr deshalb eine Marotte, weil die Unternehmen so daran festhalten – und eine Mode nach der anderen mitmachen.

Hier finden Sie neun der verbreitetsten Managementmarotten sowie Tipps, wie Sie unbehelligt Ihre Karriere voranbringen können, auch wenn Ihre Firma falschen Heilsversprechen nachläuft.

1. Six Sigma

Ich werde mich jetzt nicht damit befassen, wofür die sechs Sigma stehen, denn das können Sie im Internet nachlesen. Es reicht zu wissen, dass der Grundgedanke der ist, die Qualität Ihrer Prozesse durch eine klare Beschreibung der Geschäftsvorgänge sowie die Identifizierung und Eliminierung von Fehlern und Irrtümern zu verbessern.

In der Theorie ist das keine schlechte Idee, aber in der Praxis scheint es geradezu einem Comic entsprungen zu sein. Da werden Leuten Gürtel unterschiedlicher Farbe verliehen (wie beim Karate), je nach Kenntnisstand in der Six-Sigma-Methodik. Das Ergebnis ist eine Hierarchie von Gürtelträger-Experten, die durch die Firma laufen und allen erzählen, sie wüssten besser, wie die Arbeit anderer Leute zu machen sei, als die Leute, die sie tatsächlich machen. Es folgen endlose Meetings mit geringem oder gänzlich ohne Effekt.

Was also tun? Nun, wenn Ihre Firma Six Sigma einführt, können Sie davon ausgehen, dass alles 10 bis 20 Prozent länger dauert als sonst, weil irgendwelche »Experten«, die sich überall einmischen, Sand im Getriebe der Firma sind.

Diese Einbuße an Produktivität wird so etwa zwei Jahre anhalten, nach denen allmählich alle aufwachen wie aus einem Traum, ihre lustigen kleinen Gürtel wieder wegpacken und so tun, als hätte es Six Sigma gar nicht gegeben. Abwarten ist also das Beste, was Sie tun können.

2. Reengineering

Reengineering ist einer von einem halben Dutzend Euphemismen, die Führungskräfte gebrauchen, wenn sie vorhaben, eine Reihe von Leuten zu feuern. (Ein paar andere sind Downsizing, Rightsizing, Schrumpfkuren, schöpferische Zerstörung, Rationalisierung und Freisetzung.)

Manager verwenden diese Euphemismen, weil es sich durch die hochtrabenden Begriffe so anhört, als täten sie etwas Eindrucksvolleres, als schlicht Mitarbeiter zu entlassen, ein Vorgehen, das sich stets aus einem der folgenden beiden Dinge (oder beiden) ergibt:

1. **Schlechte Planung.** Die Manager haben das Unternehmen zu schnell erweitert, haben nicht begriffen, wohin der Markt tendierte, waren nicht in der Lage, notwendige Anpassungen am Geschäftsmodell vorzunehmen, oder sonst etwas in der Art.
2. **Börsenkapitalismus.** Das Management versucht, den Wert seiner Aktien zu erhöhen, indem es eine große Zahl an Leuten entlässt, weil die kurzfristige Erhöhung der Rentabilität den Aktienkurs vorübergehend steigen lässt.

Beim Reengineering besteht die Herausforderung darin, es schon kommen zu sehen, bevor es tatsächlich stattfindet. Meiner Erfahrung nach gibt es drei Arten von E-Mails, die *immer* ankündigen, dass Entlassungen bevorstehen:

Betreff: *Büroutensilien*
An alle Mitarbeiter:
Uns ist aufgefallen, dass wir alle als Teil des Unternehmens sparsamer mit unserem Büromaterial umgehen können. Wir kaufen zum Beispiel jedes Jahr über eine Million Büroklammern, die sämtlich wiederverwendet werden könnten und sollten.

Betreff: *Flugreisen*
An alle Mitarbeiter:
Mit sofortiger Wirksamkeit ist die Nutzung des Firmenjets allein den Mitgliedern der Unternehmensleitung vorbehalten. Des Weiteren werden alle Vielflieger-Meilen, die durch Mitarbeiter erworben wurden, in einem Pool zusammengeführt und sind ausschließlich für Geschäftsreisen zu verwenden.

Betreff: *Gehaltszahlungen*
An alle Mitarbeiter:
Aufgrund eines unvorhergesehenen Computerproblems wird es zu Verzögerungen bei den Gehaltszahlungen kommen. Die Techniker arbeiten daran, und wir gehen davon aus, dass das Problem in Kürze behoben sein wird.

Wenn Sie eine dieser E-Mails im Posteingang haben, ist Reengineering nicht mehr fern. Bei der dritten Art von Mail ist es schon in den folgenden Wochen fällig.

Wenn Ihre Firma eine Entlassungswelle erlebt oder demnächst erleben wird, dann ist es an der Zeit, sich einen neuen Job zu suchen, egal, wie gut Sie aufgestellt sind, um durchzukommen. Kündigungen erfüllen fast nie ihren Zweck und sind fast immer ein Signal, dass sich eine Firma in einer Abwärtsspirale befindet (siehe »Erfolgsgeheimnis Nr. 39: Wie Sie mit Massenentlassungen umgehen«).

3. Matrixorganisation

Der Gedanke dahinter ist der, dass Leute mit ähnlichen Kenntnissen »gebündelt« werden, damit man ihnen unter verschiedenen Anforderungsprofilen bestimmte Aufgaben übertragen kann. Die Mitarbeiter stehen dabei zugleich in zwei gleichrangigen Weisungsbeziehungen, denn die Leitungsfunktion wird in einen funktionellen und in einen produzierenden Aufgabenbereich unterteilt.

Angenommen, Sie haben eine Gruppe von Ingenieuren. Statt dass sie bloß einem leitenden Ingenieur gegenüber Rechenschaft ablegen müssen, müssen sie auch dem Leiter Marketing und dem technischen Direktor Arbeitsberichte vorlegen.

Das Resultat ist absehbar: ein endloses, zermürbendes Zuständigkeitsgerangel, bei dem jeder Manger darum ringt, die »entscheidende« Weisungsbefugnis zu haben, und deshalb

Extra-Reifen erfindet, durch die man springen muss, oder sich sonstige sinnlose Sonderaufgaben ausdenkt.

Die Produktivität bleibt dabei völlig auf der Strecke. Ich war zum Beispiel mal in einer Firma beschäftigt, in der die Matrixorganisation angewendet wurde. Mit dem Ergebnis, dass man von den Leuten erwartete, jeweils drei Stunden pro Woche in drei verschiedenen Mitarbeiterbesprechungen zuzubringen, was insgesamt neun Stunden Arbeitszeit pro Woche gekostet hat.

Und es gibt noch weitere Nachteile. Weil dieses System verstärkt Führungskräfte hervorbringt, wird die Firmenstruktur schnell kopflastig. Das Management ist voll und ganz mit Streitereien beschäftigt, wer was wann zu tun hat.

Wenn Sie vorhaben, in dem Unternehmen zu bleiben, bis sich dieser Unfug von selbst erledigt hat, sollten Sie eine Menge Zeit dafür einplanen, E-Mails und SMS-Nachrichten zu beantworten, während Sie in bis zur Besinnungslosigkeit langweiligen Meetings sitzen.

Aber verzweifeln Sie nicht! Das Konzept der Matrixorganisation ist von vornherein instabil, es kann sich nur so lange halten, bis ein Manager den Grabenkrieg gewinnt, woraufhin die gesamte Struktur in sich zusammenbricht, für gewöhnlich innerhalb von sechs Monaten. Auch hier brauchen Sie einfach nur abzuwarten.

4. Konsensmanagement

Konsensmanagement gilt gemeinhin als Alternative zu den oben getroffenen und nach unten hin vorgegebenen Entscheidungen, wie sie in hierarchisch strukturierten Unternehmen üblich sind.

Der Theorie nach werden wichtige Entscheidungen mit der Zustimmung aller Gruppenmitglieder getroffen.

Da sich jeder an der Entscheidungsfindung beteiligen kann, kann im Prinzip auch jeder Entscheidungen effektiv verhindern. Dadurch werden nur solche getroffen, die unverfänglich sind und den Status quo erhalten. Schwierige Entscheidungen – solche, mit denen man jemanden verärgern könnte – werden eher beiseitegelassen.

Konsensmanagement unterliegt nicht zuletzt auch dem Abilene-Paradox: Eine Gruppe wird sich einstimmig auf eine Vorgehensweise einigen, die einzeln betrachtet niemand will. Aber es will auch niemand dem widersprechen, was er für den Willen der Mehrheit hält.

Das Gute am Konsensmanagement ist, dass es leicht ist, den Konsens zu manipulieren, egal für welches Vorhaben. Und zwar, indem Sie bei allen Meetings, bei denen Konsens erzielt werden soll, freiwillig Protokoll führen.

Wenn Sie das Protokoll ausformulieren, um es an alle weiterzuleiten, können Sie die Diskussion dann so darstellen, als hätte ein Konsens zu einer bestimmten Entscheidung bestanden, statt dass einfach nur diskutiert wurde. Damit werden Sie dem gesamten Team einen wertvollen Dienst erweisen.

5. Kernkompetenz

Es klingt nach einem guten Ratschlag: sich auf eine einzige Sache zu konzentrieren, die Ihre Firma besser kann als andere. Auf diese Weise machen Sie es Ihren Konkurrenten schwer, Sie nachzuahmen, und bewahren Ihre Firma davor, ihre Zeit an Dinge zu verschwenden, in denen sie nicht gut ist.

Leider sind Unternehmen genau wie die, die für sie arbeiten, meist so selbstreflektiert wie eine Runkelrübe. Daher wissen sie selten, was sie wirklich gut können, und glauben, sie seien ganz toll auf Gebieten, auf denen sie erschreckend mittelmäßig sind.

Und was noch wichtiger ist: Diese Managementmarotte fesselt eine Firma an das, womit sie in der Vergangenheit erfolgreich war, und macht sie weniger anpassungsfähig an sich ändernde Gegebenheiten.

Wenn die Marotte der Kernkompetenz Einzug hält, besteht Ihre einzige Zuflucht darin, Teil der Arbeitsgruppe zu werden, die die Kernkompetenz festlegt. Während die Arbeitsgruppe noch darüber brütet, können Sie Ihre Loyalität (und Ihren Arbeitsplatz) in den Teil der Firma verlagern, der allem Anschein nach den Sieg davonträgt.

6. Management durch Zielvereinbarungen

Beim Management durch Zielvereinbarungen (Management by Objectives, kurz: MbO) legt man innerhalb des Unternehmens Ziele fest, auf die sich Betriebsführung und Mitarbeiter einigen. Dann werden die tatsächlichen Leistungen des Mitarbeiters mit den vereinbarten Zielvorgaben abgeglichen.

Oberflächlich betrachtet ist daran nichts auszusetzen. Es wird jedoch zur Marotte, wenn das, was eine ziemlich simple Übung sein sollte, zu einem Albtraum an Papierkrieg wird. In dem Fall erfordert der Prozess der Arbeitsplanung und -auswertung mehr Energieaufwand als die Arbeit selbst.

Und was noch schlimmer ist: Wenn man Zielvorgaben und deren Entlohnung genau festlegt, ist es für das Unternehmen wie für den Einzelnen schwierig, eine andere Gangart an den Tag zu legen, wenn etwas Unvorhergesehenes geschieht.

Die beste Art, mit dem MbO umzugehen, ist, den Vorgang dafür zu nutzen, die Bedingungen auszuhandeln, nach denen Sie eine Gehaltserhöhung oder Beförderung erhalten. Ich bespreche das in »Erfolgsgeheimnis Nr. 4: Wie Sie Ihr Mitarbeitergespräch für sich nutzen« und »Erfolgsgeheimnis Nr. 5: Wie Sie eine Gehaltserhöhung verlangen«.

7. Erfolgsmethoden

Seit Tom Peters' Buch *Auf der Suche nach Spitzenleistungen* haben Managementgurus daran festgehalten, dass Erfolg dadurch möglich ist, dass man Strategie und Taktik bereits erfolgreicher Firmen übernimmt.

Es gibt nur ein Problem: Das klappt nicht besonders oft. Die erfolgreichsten Unternehmen – Apple, Coke, IBM, Procter & Gamble – sind sich mehr oder weniger ähnlich. Die Strategien, die bei ihnen funktionieren (oder funktioniert haben), werden in anderen Branchen oder kleineren Unternehmen wahrscheinlich nicht funktionieren.

Noch schlimmer: Die »erfolgreichen« Firmen, die in Büchern zu »Erfolgsmethoden« vorkommen, haben ihre besten Zeiten meist ohnehin schon hinter sich. *Auf der Suche nach Spitzenleistungen* ist ein Paradebeispiel dafür. Die meisten Unternehmen, die dort angeführt werden, hatten schon bald fürchterliche Probleme, einige gingen sogar bankrott.

Glücklicherweise laufen sich Managementmarotten, die auf »Erfolgsmethoden« basieren, immer tot, sobald Unternehmen versuchen, diese Methoden bei sich einzuführen.

Das Beste ist ein inbrünstiges Lippenbekenntnis zu den Methoden und ansonsten so weiterzumachen wie immer.

8. Stack Ranking

Diese Marotte ist wirklich übel. Um die Erfolgsbilanz jedes Jahr zu steigern, gewährt das Management den 20 Prozent der Spitzenleister den Großteil der Beförderungen, Gehaltserhöhungen und Zulagen, bietet den nächsten 70 Prozent Weiterbeschäftigung, und die untersten 10 Prozent werden gefeuert.

Der Theorie nach soll Stack Ranking eine Leistungselite hervorbringen und stärken. In der Praxis zwingt es Führungskräfte und Mitarbeiter, eine enorme Menge an Zeit und Energie darauf zu verwenden, politische Kämpfe auszutragen.

In Unternehmen, die nach dem Prinzip des Stack Rankings geführt werden, haben die Manager Erfolg, die sich für das Ranking ihrer Mitarbeiter starkmachen, statt deren Potenzial zu fördern. Die Mitarbeiter kommen voran, weil sie gut dastehen (und andere schlecht dastehen lassen), statt dadurch, dass sie wirklich arbeiten.

Wenn Sie für eine Firma arbeiten, die Stack Ranking anwendet, ist die beste Strategie die, sich einer Gruppe zuteilen zu lassen, in der Sie der Star sein werden, sodass Sie im Ranking ganz oben stehen und somit die finanziellen Zuwendungen erhalten. Und dann müssen Sie dafür sorgen, dass Ihr Chef erfährt, wie viel besser Sie sind als alle anderen.

Dementsprechend sollten Sie es vermeiden, in ein Team zu kommen, das voller talentierter Leute ist, denn dann ist die Wahrscheinlichkeit größer, dass jemand im Ranking besser abschneidet als Sie.

Auf lange Sicht werden Sie eine Firma, die Stack Ranking praktiziert, wahrscheinlich lieber verlassen. Unternehmen, die danach arbeiten, tendieren zu allmählichem Stillstand und sind weniger innovativ (Microsoft und Motorola kommen einem da in den Sinn), oder sie verwandeln sich in eine Schlangengrube, wo alle möglichen Arten unethischen Verhaltens geduldet werden (wie Enron).

9. Umstrukturierungen

Umstrukturierungen, manchmal auch als *Reorganisierungen* bezeichnet, sind eine Managementmarotte, die nie aus der Mode kommt. Umstrukturierungen bestehen meist darin, Verantwortlichkeiten von einem Manager zu einem anderen zu schieben, meist davon begleitet, verschiedene Projektgruppen und Abteilungen umzubenennen.

Manager lieben Umstrukturierungen, weil sie die Illusion breit angelegter strategischer Veränderungen erwecken, ohne wirklich etwas ändern zu müssen. Viele große Unternehmen strukturieren nahezu jedes Jahr um, ohne zu erklären, warum die letzte Umstrukturierung nicht funktioniert hat.

Das soll nicht heißen, dass es niemals nötig wäre, eine Firma umzustrukturieren. Wenn Unternehmen wachsen oder sich die Ausrichtung ändert, ist es tatsächlich notwendig, einiges anzupassen. Die meiste Zeit jedoch erzeugen Umstrukturierungen nur die Illusion von Veränderung, statt echte Veränderungen zu bringen.

In den meisten Fällen sind Umstrukturierungen lediglich die Manifestationen der Machtkämpfe unter den Managern, begleitet von zünftigen politischen Flügelkämpfen nach Art von »Wer ist dabei und wer ist raus?«. Das entstehende Durcheinander bringt alles zum Erliegen, während alle versuchen herauszufinden, was vor sich geht, wem sie künftig Rechenschaft ablegen müssen und wie diese Person so drauf ist.

Nach einer Umstrukturierung eingestellte Manager können wahre Kopfschmerzen bereiten. Sie haben oft das Gefühl, sie müssten ihre Autorität gegenüber ihrer neuen Arbeitsgruppe durch ein paar gewagte Entscheidungen unter Beweis stellen. Da sie als Neulinge aber noch keinen Überblick über die Gesamtsituation haben, sind diese Entscheidungen fast immer schlecht.

Wenn Sie gerade eine Umstrukturierung durchmachen, ist es am besten, die damit verbundenen politischen Verwicklungen zu ignorieren, sich stattdessen in ein stilles Eckchen zurückzuziehen und einfach gute Arbeit zu machen. Idealerweise sollten Sie darum bemüht sein, unmittelbar, nachdem der neue Manager an Bord ist, verkünden zu können, dass Sie ein wichtiges Ziel erreicht haben.

Kurzfassung

Managementmarotten

- *Six Sigma* bringt Wichtigtuer hervor. Ignorieren Sie sie, bis sie von allein verschwinden.
- *Reengineering* bedeutet Kündigungen. Aktivieren Sie Ihren Fluchtplan.
- *Matrixorganisation* steht für endloses Autoritätsgerangel. Sitzen Sie sie aus.
- *Konsensmanagement* bedeutet, dass Sie den »Konsens« lenken sollten.
- *Kernkompetenz* heißt, eine Arbeitsgruppe erhält Vorrang. Sehen Sie zu, dort hineinzugelangen.
- *Management durch Zielvereinbarungen* ist Papierkram. Nutzen Sie es, um Ihre Leistungen zu dokumentieren.
- *Erfolgsmethoden* imitieren alte Strategien. Loben Sie die Strategie und vergessen Sie sie gleich wieder.
- *Stack Ranking* bringt Halsabschneidergebaren hervor. Gehen Sie oder lernen Sie, Hälse durchzuschneiden.
- *Umstrukturierungen* bedeuten einen neuen Manager. Beeindrucken Sie ihn mit dem Erreichen eines Ziels.

Erfolgsgeheimnis Nr. 45: Wie Sie Lügen im Arbeitskontext aufdecken

Aus zwei Gründen ist es wichtig, Lügen zu erkennen. Erstens wollen Sie natürlich Ihre Entscheidungen auf der Grundlage der Realität und nicht von Unwahrheiten treffen – Lügen machen es schwieriger, gute Entscheidungen zu treffen. Zweitens hilft es Ihnen, den Charakter der Leute zu beurteilen, mit denen Sie arbeiten, wenn Sie Lügen aufspüren. Wenn Sie ein Schema von Hinterhältigkeiten ausmachen können, wissen Sie bereits im Vorfeld, dass man Sie belügen wird, und können Ihre Pläne danach ausrichten. In diesem Sinne kann man vier prinzipielle Arten der Lüge am Arbeitsplatz benennen:

- **Die klare, eindeutige Lüge.** Der Lügner weiß, dass A der Wahrheit entspricht, aber er behauptet, B sei wahr. Das ist die klassische Lüge. Der Rest ist subtiler.
- **Halbwahrheiten.** Der Lügner sagt in strengem Sinn die Wahrheit, aber er erwähnt nur den Teil, der die andere Person irreführt.
- **Indirekte Lügen.** Der Lügner sagt streng genommen die Wahrheit, indem er die Lüge einer anderen Person oder Firma zuschreibt.
- **Gefälschte Statistik.** Der Lügner verklausuliert numerische Fakten so, dass sie wahrscheinlich missgedeutet werden (ich gehe darauf in »Erfolgsgeheimnis Nr. 46: Wie Sie geschönte Zahlen erkennen« ein).

1. Wie Sie eine klare Lüge erkennen

Offensichtliche Lügen kommen in zwei Varianten daher: mündlich oder schriftlich.

Mündlich sind klare Lügen häufiger als schriftlich, weil es für die geschriebenen Lügen Belege gibt, mit denen man die Lüge nachweisen kann. Solange es sich um eine mündlich geäußerte Lüge handelt, kann sie immer zu einem »Missverständnis« erklärt werden oder zu einer Meinungsverschiedenheit führen, bei der Aussage gegen Aussage steht.

Es gibt acht Hinweise darauf, dass eine Person eindeutig lügt:

1. Der Sprecher zappelt herum oder zeigt andere Anzeichen von Nervosität.
2. Die betreffende Person weicht Ihrem Blick aus.
3. Der Sprecher überkompensiert, indem er Sie anstarrt.
4. Die Geschichte hört sich allzu einstudiert an.
5. Die Geschichte wird mit der Zeit abgeändert.
6. Der Sprecher besteht darauf, die Wahrheit zu sagen.
7. Die betreffende Person hat guten Grund zu lügen.
8. Der Sprecher hat schon in der Vergangenheit gelogen.

Im Fall der geschriebenen Lüge gelten nur die Hinweise fünf bis acht. In beiden Fällen lautet die Faustregel: Hören Sie auf Ihr Gefühl. Wenn Sie das Gefühl haben, Sie werden belogen, ist es wahrscheinlich auch so.

2. Wie Sie eine Halbwahrheit erkennen

Die Leute erzählen Halbwahrheiten, weil sie den Nutzen einer Lüge suchen (nämlich Sie zu ihrem Vorteil in die Irre zu führen), ohne zu riskieren, erwischt zu werden oder damit leben zu müssen, dass man sie für einen Lügner hält.

Nehmen wir zum Beispiel an, Ihr Chef weiß genau, dass Sie bald entlassen werden, aber er braucht Sie, um das aktuelle Projekt abzuschließen. Wenn Sie ihn fragen: »Ist mein Job sicher?«, kann Ihr Chef Ihnen die Wahrheit sagen (»Nein«) oder Sie klar anlügen (»Ja«).

Für Ihren Vorgesetzten hat jedoch beides Nachteile. Auf der einen Seite könnte die Wahrheit dazu führen, dass Sie die Firma verlassen, bevor Ihr aktuelles Projekt abgeschlossen ist. Auf der anderen Seite zwingt ihn eine klare Lüge, sich selbst als Lügner zu sehen.

Deswegen wird Ihnen Ihr Chef wahrscheinlich eher eine Wahrheit auftischen, die Sie auf die falsche Fährte führt, so etwas wie: »Seien Sie versichert, Ihre Mitarbeit wird sehr geschätzt.« Wenn Sie diese Halbwahrheit hören, könnten Sie daraus (fälschlicherweise) folgern, dass Ihr Job sicher sei.

Der Trick beim Entlarven einer Halbwahrheit besteht darin, dass Sie den mutmaßlichen Lügner in die Ecke drängen und ihm Fragen stellen, bei denen es ihm schwerfällt, die Halbwahrheit im Niemandsland zwischen Aufrichtigkeit und Unaufrichtigkeit beizubehalten.

Um das Beispiel oben aufzugreifen, nehmen wir an, Frank Meyer weiß, dass Susanne Müller gekündigt werden soll, aber er will dennoch, dass sie sich noch mit einem größeren Projekt abmüht. Ihre Unterhaltung beginnt folgendermaßen:

Beispiel:

Susanne Müller: *Ist mein Job sicher?*
Frank Meyer: *Seien Sie versichert, dass Ihre Arbeit sehr geschätzt wird.*

Wenn Susanne Müller sich mit dieser Antwort zufriedengibt, wird sie davon ausgehen, dass ihr nicht gekündigt wird. Sie sollte stattdessen die Frage nochmals stellen, aber Frank dabei weniger Spielraum lassen.

Beispiel:

Susanne Müller: *Oh, das freut mich. Werde ich entlassen?*

An der Stelle muss Frank Meyer entweder die Wahrheit sagen (»Ja«) oder klar lügen (»Ich weiß es nicht«). Wenn die Antwort eine klare Lüge ist, dann wird sich Frank Meyers Körpersprache wahrscheinlich hinreichend verändern, um Susanne Müller zu warnen, dass sie belogen wird.

Natürlich könnte Frank Meyer auch eine weitere Halbwahrheit von sich geben:

Beispiel:

Frank Meyer: *Es sind noch keine endgültigen Entscheidungen getroffen worden.*

Mit einer weiteren mehrdeutigen Aussage hat Frank Meyer Susanne Müller jedoch ein zusätzliches Indiz an die Hand gegeben. Faustregel: Zwei mehrdeutige Antworten hintereinander bedeuten, dass der andere lügt. (Mit anderen Worten: Zwei Halbwahrheiten ergeben eine Lüge.)

Wenn Mitarbeiter ihren Chefs Halbwahrheiten erzählen, ist es für gewöhnlich ein Versuch, sich aus der Affäre zu ziehen. Der Mitarbeiter gibt eine Antwort, die positiv klingt, aber ein oder mehrere Hintertürchen offenlässt.

Beispiel:

Sabine Schulze (Chefin): *Werden Sie mit dem Projekt rechtzeitig fertig?*
Peter Maier (Ingenieur): *Ja, die Techniker schließen die Testreihen am Montag ab.*

Doch Moment mal! Wie kann Peter wissen, dass sein Projekt pünktlich abgeschlossen sein wird, wenn er die Testergebnisse noch gar nicht kennt? Peters Halbwahrheit sollte für Sabine daher ein Zeichen sein nachzubohren.

Beispiel:

Sabine Schulze: *Was, wenn die Tests negativ ausfallen?*

Zu erkennen, welche Leute Halbwahrheiten erzählen, ermöglicht es Ihnen zu beurteilen, ob Sie ihren Versprechungen und Zusagen vertrauen können. So können Sie bessere Entscheidungen treffen.

3. Wie Sie indirekte Lügen erkennen

Zu einer indirekten Lüge kommt es, wenn jemand Informationen weitergibt, von denen er weiß, dass sie nicht stimmen, aber behauptet, er habe diesen Hinweis von jemand anderem bekommen.

Wenn Frank Meyer zum Beispiel weiß, dass Kündigungen bevorstehen, aber auf Nachfragen antwortet: »Max Muster meint, das sei nicht so.« Frank Meyer mag in engerem Sinn die Wahrheit sagen (weil Max Muster schlecht informiert ist), aber die Aussage ist darauf angelegt, einen in die Irre zu führen.

Und noch ein Beispiel. Man kann fast jede falsche Aussage zu einer im Wortsinn wahren machen, indem man sie mit der Phrase »Es geht ein Gerücht um, dass …« einleitet. Diese Aussagen sind schon deshalb immer »wahr«, weil die Aussage das Gerücht in Gang setzt.

Wenn Sie eine indirekte Lüge entlarven wollen, dann bohren Sie nach der Quelle, die der mutmaßliche Lügner zitiert.

Wenn die Antwort zu wünschen übrig lässt, stellen Sie die Frage direkter.

Beispiel:

Susanne Müller: *Wird es Entlassungen geben?*
Frank Meyer: *Max Muster meint, dass nicht.*
Susanne Müller: *Und ist Max Muster in der Position, das genau zu wissen?*
Frank Meyer: *Na ja … schon irgendwie.*
Susanne Müller: *Wird es nach Ihrer Kenntnis zu Kündigungen kommen?*

Auch hier haben Sie Frank Meyer in eine Position gebracht, in der er Ihnen entweder die Wahrheit sagen oder Sie offen anlügen muss.

Kurzfassung
Lügen am Arbeitsplatz

- Lügner verraten sich durch ihre Körpersprache.
- Lügner beharren oft allzu sehr darauf, dass sie die Wahrheit sagen.
- Halbwahrheiten sind im Wortsinn wahr, aber dazu gemacht, missverstanden zu werden.
- Räumen Sie die Halbwahrheiten aus, indem Sie genau nachfragen.

- Indirekte Lügen schreiben die Lügen Leuten zu, die nicht anwesend sind.
- Räumen Sie indirekte Lügen aus, indem Sie nach der Quelle fragen.

Erfolgsgeheimnis Nr. 46: Wie Sie geschönte Zahlen erkennen

Vom englischen Schriftsteller und Politiker Leonard Henry Courtney stammt der Ausspruch: »Es gibt drei Arten von Lügen: Lügen, verdammte Lügen und Statistiken.« Da Statistiken am Arbeitsplatz mit wahrer Hingabe gehandelt werden, ist es in Ihrem Interesse, darunter die zu erkennen, in denen die Wahrheit nicht korrekt wiedergegeben wird. Dazu dienen folgende fünf Fragen:

1. Sind die Daten aus einer unabhängigen Quelle?

Statistiken taugen nur so viel wie die Daten, die ihnen zugrunde liegen. Generelle Regel: Wenn die Person oder das Unternehmen, das die Daten erhebt, finanziellen Nutzen davon hat, wenn die Daten verzerrt werden, dann werden sie auch verzerrt.

Wenn zum Beispiel eine Firma, die in hohem Maße für Umweltverschmutzungen verantwortlich ist, eine Studie finanziert, die »beweist«, dass diese Verschmutzungen harmlos sind, dann sind die Daten dieser Studie mit einiger Sicherheit verfälscht, denn sonst wäre der Umweltverschmutzer gezwungen, Geld für deren Beseitigung auszugeben.

2. Handelt es sich um eine zufällige Stichprobe?

Firmen führen häufig Webbefragungen durch, in denen Leute, die die Webseite besuchen, entscheiden können, ob sie an der Umfrage teilnehmen wollen oder nicht. Statistiken, die auf solchen »selbst gewählten« Umfragen basieren, sind jedoch automatisch verfälscht.

Wenn ich zum Beispiel auf einer Webseite die Frage stelle: »Wie gut ist unser Kundenservice?«, dann werden nur Leute, deren Erfahrungen mit dem Kundenservice sehr gut oder sehr schlecht waren, sich die Mühe machen, diese Frage zu beantworten. Und Sie haben hinterher immer noch keine Ahnung, was der Durchschnittskunde denkt.

3. Werden Durchschnittsangaben missbraucht?

Viele geschönte Statistiken verwenden Durchschnittswerte in einer Weise, die ganz klar darauf angelegt ist, in die Irre zu leiten. In einem Raum, in dem sich ein Milliardär und 999 Leute befinden, die keinen Cent in der Tasche haben, beträgt das durchschnittliche Vermögen eine Million pro Person. Auch wenn das rechnerisch richtig ist, ist es dennoch irreführend.

Statt Durchschnittswerte anzugeben, setzen valide, aussagekräftige Statistiken eher auf das Prinzip des Medians, welches der Wert ist, der an mittlerer Stelle steht, wenn alle Werte in der richtigen Anordnung wiedergegeben werden. Im obigen Beispiel ist der Median für den Wohlstand pro Person gleich null, ungeachtet der Anwesenheit des Milliardärs.

4. Wird eine Kausalität vermutet?

Auch wenn zwei Datensätze Parallelen aufweisen, lässt sich nicht sagen, ob es einen Zusammenhang gibt, solange Sie nicht sicher wissen, dass das eine durch das andere verursacht wurde. Korrelationen sind noch keine Kausalitäten.

Bei einem steilen Anstieg der Verkaufserlöse nach einer Fortbildung des Vertriebsteams kann der gestiegene Umsatz ein Ergebnis der Fortbildung sein oder Folge von etwas, was nichts damit zu tun hat, etwa einer Verbesserung der wirtschaftlichen Lage.

5. Ist die Grafik sinnvoll?

Auch die grafische Darstellung von Daten (egal, ob geschönt oder echt) kann in die Irre führen. Indem Sie zum Beispiel den Maßstab eines Diagramms anders einstellen, können

Sie einen kleinen Unterschied groß erscheinen lassen (oder andersherum):

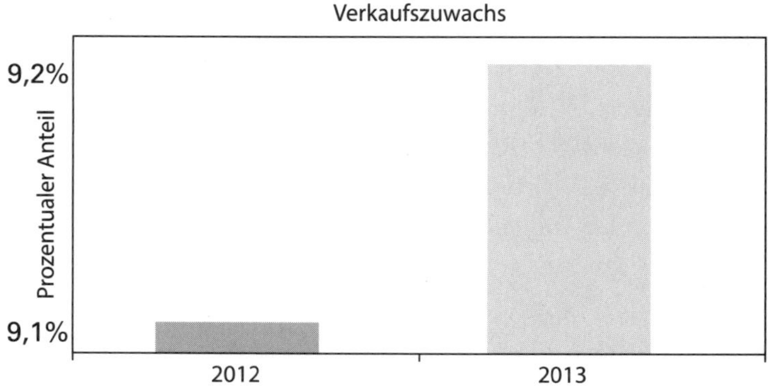

Die Grafik vermittelt den Eindruck, es habe einen enormen Verkaufszuwachs gegeben, wo der Absatz in Wahrheit lediglich um mickrige 0,1 Prozent gestiegen ist. Faustregel: Je ausgefallener eine Grafik, desto höher die Wahrscheinlichkeit, dass die Präsentation vorsätzlich irreführend ist.

Eine weitere Möglichkeit, Grafiken zu verzerren, besteht darin, unbedeutende Summen so darzustellen, dass sie bedeutsam aussehen. Wenn Sie beispielsweise neun Kunden eine Frage stellen, und acht antworten mit Ja, dann können Sie eine Grafik erstellen, die folgendermaßen aussieht:

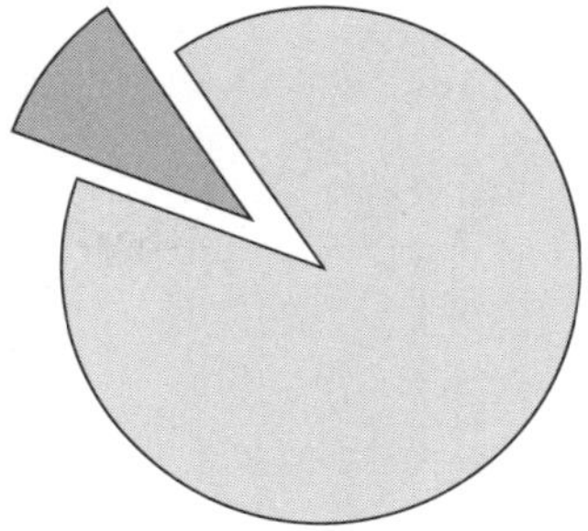

Wenn Sie jedoch Tausende von Kunden haben, ist es ausgeschlossen, dass diese neun Ihren gesamten Kundenstamm repräsentieren. Am Ende haben Sie eine Statistik, die respektgebietend aussieht, aber im Grunde ein kompletter Fake ist.

Kurzfassung
Geschönte Statistiken

- Wenn die Datenquelle Geld mit der Statistik verdient, sind die Daten wahrscheinlich geschönt.
- Wenn die Leute, die an einer Umfrage teilgenommen haben, sich dafür freiwillig gemeldet haben, ist die Statistik ohne Belang.
- Durchschnittsangaben werden oft missbräuchlich verwendet, fragen Sie nach dem Median.
- Wenn Entwicklungen parallel stattfinden, müssen sie nicht notwendig in Beziehung zueinander stehen.

- Grafiken lassen Statistiken bedeutsamer erscheinen, als sie sind.

Erfolgsgeheimnis Nr. 47: Wie Sie mit den acht häufigsten Lügen der Chefs umgehen

Der Beziehung zwischen Chef und Mitarbeitern ist eine Ungleichverteilung an Macht eigen, und da Wissen Macht ist, versuchen die meisten Chefs, bestimmtes Wissen den Mitarbeitern vorzuenthalten. Dazu gehört oft, folgende Lügen aufzutischen:

1. »Wir können Ihnen nicht mehr bezahlen«

Der Knackpunkt liegt bei dieser Lüge im Wort »können«. Wenn eine Firma irgendwelche Barreserven hat, trifft der Chef die Entscheidung darüber, wo sie auszugeben sind, nach seinen Prioritäten. Ihr Gehalt ist keine Priorität, also bedeutet »können nicht« »werden nicht«.

Idealerweise sollte die Entlohnung natürlich wenigstens in mancher Hinsicht dem Wert entsprechen, den ein Mitarbeiter generiert. Weil das selten der Fall ist, sind Vorgesetzte oft gezwungen, ihre Angestellten anzulügen, um sich dem Druck zu entziehen, mehr zahlen zu müssen.

Da Ihre Bezahlung immer wiedergibt, was Ihr Chef für das Minimum hält, das Sie akzeptieren werden, ist es ein Zeichen, dass Sie Ihre Gehaltsvereinbarung mit Ihrem Chef neu verhandeln müssen, sobald Sie diese Lüge hören. (Siehe »Erfolgsgeheimnis Nr. 5: Wie Sie eine Gehaltserhöhung verlangen«.)

2. »Ihre Gehaltserhöhung liegt über dem Durchschnitt«

Wenn Sie in einem Unternehmen arbeiten, in dem die Gehälter für alle Angehörigen einer Arbeitsgruppe aus einem bestimmten Budget bezahlt werden, ist es nicht unwahrscheinlich, dass Ihr Chef fast jedermanns Gehaltserhöhung als »überdurchschnittlich« bezeichnet.

Unternehmen, die nicht tarifvertraglich gebunden sind, reagieren überaus sensibel auf den Austausch von Gehaltsinformationen, denn solch ein Austausch wird unausbleiblich dazu führen, dass sich jemand benachteiligt fühlt. Deshalb lügen Chefs diesbezüglich, denn sie haben Angst, Sie würden entrüstet kündigen, wenn Sie wüssten, was Ihre Kollegen verdienen. Um herauszufinden, ob diese Behauptung eine Lüge ist, sollten Sie nachhaken. (Siehe »Erfolgsgeheimnis Nr. 45: Wie Sie Lügen im Arbeitskontext aufdecken«.)

3. »Wir sind alle eine große Familie«

Im wahren Leben haben glückliche Familien keine Geheimnisse voreinander und teilen nahezu alles miteinander. Da das auf die Geschäftswelt nicht im Geringsten zutrifft, ist die einzige Art von Familie, der das Business ähneln kann, eine höchst gestörte.

Tatsächlich sind die miesesten Arbeitsplätze diejenigen, in denen Chefs und Arbeitnehmer das Geschrei, die Prügel, die Kritisiererei, den Betrug und die Grausamkeiten wiederholen, die eine immense Rolle in den Horrorszenarien einer schlechten Kindheit spielen.

Chefs geben diese Lüge in der Hoffnung von sich, dass Sie davon absehen, auf eine Gehaltserhöhung oder eine Beförderung zu drängen, um niemanden »in der Familie« zu verstimmen. Das Beste ist daher, sich der Prämisse dieser Lüge zu verweigern und sich in Erinnerung zu rufen, dass dies nicht Ihr Privatleben, sondern die Arbeit ist.

4. »An den Kündigungsgerüchten ist nichts dran«

Das bedeutet, dass es definitiv Entlassungen geben wird. Diese Lüge wird verbreitet, weil das Management entweder die begabten Leute davon abhalten will, das sinkende Schiff zu verlassen, oder vermeiden will, dass es zu Vandalismus seitens zorniger Angestellter kommt, ehe sie zur Tür hinauskomplimentiert werden.

Ehe Sie sich zu sehr darüber ärgern, dass Ihr Chef Ihnen

so eine Hammerlüge präsentiert, sollten Sie bedenken, dass er vermutlich selbst um seine Karriere kämpft, dass von ihm von oben verlangt wird, die Drecksarbeit zu erledigen, und er am Ende vielleicht nur der Letzte ist, der wegrationalisiert wird.

In dem Augenblick, in dem Sie hören, dass Ihr Vorgesetzter ein Gerücht bestreitet, können Sie direkt davon ausgehen, dass es zutrifft. Wenn Sie dieses hören, sollten Sie daher sofort Ihren Fluchtplan aktivieren. (Siehe »Erfolgsgeheimnis Nr. 39: Wie Sie mit Massenentlassungen umgehen«.)

5. »Mir sind die Hände gebunden«

Chefs geben Hilflosigkeit vor, wenn sie Zusagen nicht einhalten oder den Vorhaltungen wegen einer Entscheidung, die für den Mitarbeiter unvorteilhaft ist, entgehen wollen. Beispiel: »Ich habe wirklich mit allen Mitteln versucht, die Gehaltserhöhung für Sie durchzusetzen, die ich Ihnen zugesagt habe, aber da die Verkaufszahlen im Keller sind, sind mir die Hände gebunden.«

Dadurch, dass er die Entscheidung der Unternehmensstrategie oder den Gehaltsrichtlinien zuschreibt, geht Ihr Vorgesetzter nicht nur Ihrem Ärger aus dem Weg, sondern kann Ihnen außerdem auch das Gefühl vermitteln, als müssten Sie ihm schon dafür dankbar sein, dass er zumindest durchzusetzen versucht hat, was Sie wollten.

Es gibt jedoch immer Ausnahmen von Grundsatzerklärungen und Richtlinien, aber es erfordert einige Mühe seitens Ihres Chefs, um sie durchzusetzen. Daher sollten Sie, wenn Sie diese Lüge hören, noch hartnäckiger auf dem bestehen, was Sie wollen.

6. »Sie werden 40 Stunden die Woche arbeiten«

Wenn Ihr Chef Ihre Arbeit nach den Stunden bewertet, die Sie dafür aufwenden, und Sie nicht nach Stunden bezahlt werden (also fest angestellt sind), dann wird er Sie unentwegt drängen, mehr als 40 Stunden die Woche zu arbeiten.

Das hat schlicht mit Wirtschaftlichkeit zu tun. Der einzige Grund, warum ein Unternehmen aus einem nach Stunden bezahlten Job eine fest angestellte Position macht, ist der, dass es dann möglich ist, aus jedem Arbeitnehmer mehr Zeit herauszuquetschen, als die Firma bezahlt.

Wann immer Sie diese Lüge hören, können Sie davon ausgehen, dass man Sie zu unbezahlten Überstunden drängen will. Aber das ist kein Grund zur Sorge. Wenn Sie dieser Erwartung als unzumutbar begegnen (siehe »Erfolgsgeheimnis Nr. 6: Wie Sie mit unzumutbaren Anforderungen umgehen«), dann können Sie unbezahlten Überstunden entgehen. Dann werden Sie, wenn Sie Ihre Zeit richtig einteilen, mehr erledigt bekommen als die Leute, die gezwungen sind, absurd lange zu arbeiten (siehe »Erfolgsgeheimnis Nr. 23: Wie Sie sich genügend Zeit verschaffen«).

7. »Ihre Antwort wird vertraulich behandelt«

Diese Lüge wird für gewöhnlich dann aufgetischt, wenn Mitarbeiter gebeten werden, an einer Umfrage teilzunehmen, bei der Kritik an der Firma oder der Geschäftsführung geäußert werden soll. Die Hoffnung ist, dass die Beschäftigten ihre negativen Meinungen und Ansichten wahrheitsgemäß mitteilen.

In dem Augenblick, in dem Sie einen Arbeitsvertrag unterschreiben, geben Sie jedoch Ihr Recht auf Privatsphäre auf. Wenn Sie daher im Vertrauen nach Ihrer Meinung gefragt werden, ist es das Beste, Sie loben durch Scheinkritik, selbst dann, wenn Sie von angeblich unabhängiger Stelle befragt werden.

Wenn Sie also beispielsweise »vertraulich« gefragt werden, ob Ihr Chef gute Arbeit leistet, sollten Sie nicht so etwas antworten wie: »Er übernimmt sich.« Derartige Offenheit wird sich rächen. Sagen Sie also etwas Harmloses wie: »Mein Chef arbeitet zu viel.«

8. »Die Teilnahme ist freiwillig«

Diese Lüge bedeutet das Gegenteil. Die Teilnahme an einer »Brownbag-Sitzung«, also einer informellen Informationsveranstaltung während der Mittagspause, bei der die Geschäftsleitung eine Präsentation hält, ist nur dann freiwillig, wenn Sie freiwillig vorhaben, sich feuern zu lassen.

In gleicher Weise ist es eine Gratwanderung, wenn Sie

nicht »freiwillig« an der jährlichen Wohltätigkeitsveranstaltung teilnehmen. Wie der große Historiker Edward Gibbon es so schön formulierte: »Die Einladung eines Herrn ist kaum von einem Befehl zu unterscheiden.«

Im Alltag großer Unternehmen ist *freiwillig* eine andere Bezeichnung für *obligatorisch*. Wann immer man Ihnen sagt, etwas sei freiwillig, sollten Sie immer der Erste sein, der sich meldet, und der Letzte, der sich darüber beschwert.

Kurzfassung

Gängige Lügen der Chefs

- »Wir können Ihnen nicht mehr zahlen.« Die Wahrheit: Ihr Gehalt hat keine Priorität.
- »Ihre Gehaltserhöhung liegt über dem Durchschnitt.« Die Wahrheit: Man schwindelt Sie an.
- »Wir sind eine einzige große Familie.« Die Wahrheit: Der Laden hier läuft völlig gestört.
- »An den Kündigungsgerüchten ist nichts dran.« Die Wahrheit: Entlassungen stehen unmittelbar bevor.
- »Mir sind die Hände gebunden.« Die Wahrheit: Ich bin nicht bereit, mich für das einzusetzen, was Sie wollen.
- »Sie werden 40 Stunden die Woche arbeiten.« Die Wahrheit: Sie werden kein Privatleben mehr haben.

- »Ihre Antworten werden vertraulich behandelt.« Die Wahrheit: Sie werden gegen Sie verwandt.
- »Die Teilnahme ist freiwillig.« Die Wahrheit: Die Teilnahme ist obligatorisch.

Erfolgsgeheimnis Nr. 48: Bei welchen sieben Gelegenheiten Sie Ihren Vorgesetzten belügen dürfen

Auf den ersten Blick scheint dieses Kapitel dem übergeordneten Thema dieses Buches zuwiderzulaufen, denn Lügen belasten den Büroalltag nur noch mehr, statt ihn von unnötigem Bullshit zu befreien.

Es gibt unter menschlichen Wesen jedoch ein ungeschriebenes Gesetz: Lüg du mich nicht an, dann lüge ich dich nicht an. In der freien Wirtschaft scheint diese Regel jedoch nur einseitig zu gelten: Der Chef darf lügen, der Angestellte nicht. Und das ist echter Bullshit.

Wenn Vorgesetzte eigennützig Lügen über Gehälter, Gehaltserhöhungen, Kündigungen, Arbeitszeiten und dergleichen von sich geben, setzen sie sich über die Grenzen ethischen menschlichen Handelns hinweg. Ist das der Fall, haben sie nicht länger das Recht, von den Mitarbeitern absolute Aufrichtigkeit zu verlangen.

Sie können sich natürlich jederzeit dafür entscheiden, die Wahrheit zu sagen, aber unter den unten aufgeführten Umständen … könnte Lügen die bessere Wahl sein.

1. Wenn Lügen zum Job gehört

Bei manchen Jobs gehört es von vornherein dazu, die Allgemeinheit mit Halbwahrheiten zum Besten zu halten. Wenn das auf Ihren Job zutrifft, sollten Sie das auch persönlich durchziehen. Glauben Sie mir, wenn Ihr Chef Sie eingestellt hat, damit Sie lügen, ist das Letzte, was er will, dass Sie ihm die Wahrheit vorhalten.

Nehmen wir an, Sie sind für die Öffentlichkeitsarbeit eines Ölkonzerns zuständig. Wenn Sie Ihrem Vorgesetzten gegenüber bekennen, Sie wüssten, dass Sie Unsinn über die globale Erwärmung verbreiten, wird das scheinheilig wirken. Wenn das Lügen Teil Ihres Jobs ist, gehört dazu auch, dass Sie es durchweg tun.

2. Wenn Sie damit Kollegen schützen

Wenn Sie wissen, dass Ihr Kollege sich nicht ganz sauber verhält, dann schulden Sie es ihm, das für sich zu behalten, selbst wenn der Chef fragt. Wenn Sie zum Beispiel wissen, dass Peter Müller sich krankgemeldet hat, weil er bis drei Uhr früh gesoffen hat, ist es das Beste, wenn Sie sagen: »Ich hab keine Ahnung, wieso er fehlt.«

Dasselbe gilt auch, wenn etwas verbockt wurde, das Sie nicht zu verantworten haben. Selbst wenn Sie wissen, wer daran schuld ist, ist es nicht Ihre Aufgabe, die Büropetze zu spielen. Im Büroalltag ist die oberste Regel, sich um seinen eigenen Kram zu kümmern.

3. Wenn Sie gerade aktiv auf Jobsuche sind

Wenn herauskommt, dass Sie auf der Suche sind, könnten Sie entweder mit Statusverlust oder Machteinbuße gestraft werden. Sie könnten sogar entlassen werden, ehe Sie den Job gefunden haben, den Sie haben wollen.

Sie haben das Recht, sich nach einem anderen Job umzusehen, ohne deshalb unangenehme Konsequenzen fürchten zu müssen. Haben Sie also keine Hemmungen, auch mal zu lügen, wo es notwendig ist, um Ihre Jobsuche geheim zu halten. Glauben Sie mir, wenn Ihr Chef auf der Suche nach einem neuen Job wäre, würde er es genauso machen.

4. Wenn Ihr Chef lahme Witze macht

Chef zu sein bedeutet, dass die Untergebenen über Ihre Witze lachen müssen, selbst wenn sie fürchterlich sind. Wenn Sie der Untergebene sind, müssen Sie, auch wenn Sie den Witz zum zehnten Mal hören und er schon beim ersten Mal nicht witzig war, ein anerkennendes Kichern von sich geben.

Ja, das ist ein bisschen demütigend, aber sehen Sie es einmal so: Ihr Chef versucht zumindest, unterhaltsam zu sein. Es ist wahrscheinlich nicht verkehrt, seine Versuche, die Stimmung ein wenig aufzuheitern, zu unterstützen. Also lachen Sie, es wird Ihnen schon kein Zacken aus der Krone brechen.

5. Wenn Ihr Vorgesetzter den Überbringer schlechter Nachrichten lyncht

Wenn Chefs andere dafür bestrafen, dass sie unbequeme Wahrheiten sagen, dann geben sie damit zu verstehen, dass sie solche Wahrheiten nicht hören wollen. Wenn ein Geschäftsführer zum Beispiel einen Manager dafür beschimpft, dass er eine realistische Verkaufsprognose liefert, will er einfach belogen werden (»Die Verkäufe werden steigen!«).

Die einzige Gelegenheit, bei der Sie Ihrem Chef traurige Wahrheiten dieser Art mitteilen sollten, ist, nachdem Sie woanders einen Job angenommen haben. Wenn Ihr Vorgesetzter den Überbringer einer schlechten Nachricht einen Kopf kürzer macht, sollte Ihre wichtigste Aufgabe tatsächlich darin bestehen, sich einen anderen Chef zu suchen.

6. Wenn Ihr Chef triftige Gründe braucht, etwas abzustreiten

Sie helfen Ihrem Chef nicht, wenn Sie ihm Wahrheiten mitteilen, die ihn in eine Lage bringen, lügen zu müssen, um nicht gefeuert zu werden oder um zu verhindern, dass das Budget Ihres Teams gekürzt wird.

Hier lautet die Zauberformel: »Wollen Sie die Wahrheit wirklich wissen?« Wenn Ihr Chef etwas sagt wie: »Nein, eigentlich nicht«, ist das für Sie die Aufforderung, den Mund zu halten. Solange dies nicht wirklich unmoralisch ist, sollten Sie sich unbedingt daran halten.

7. Wenn es Ihren Vorgesetzten überhaupt nichts angeht

Wenn Ihr Vorgesetzter auf die Idee kommt, Sie nach Ihrer Religionszugehörigkeit, Ihrer politischen Einstellung, Ihrem Privatleben, Ihrer sexuellen Orientierung, Ihren Essgewohnheiten, Ihrem Tabakkonsum oder sonst etwas zu fragen, das nichts mit Ihrer Arbeitsleistung zu tun hat, brauchen Sie nicht zu antworten.

In solchen Situationen können Sie die Antwort nicht höflich verweigern, weil die Ablehnung als solche schon eine Antwort wäre. Stattdessen sollten Sie sich keinen Zwang antun, Ihrem Chef das zu erzählen, was er Ihrer Meinung nach hören möchte.

In den meisten Gegenden der Welt dürfen Unternehmen

fast alles, was Sie tun, überwachen. Sie können sogar die »freiwillige« Teilnahme an Bluttests verlangen, was bedeutet, dass sie sogar einen Teil Ihres Körpers »besitzen«. Also klammern Sie sich so gut Sie können an die letzten Fitzelchen Ihrer Privatsphäre ... auch wenn Sie dafür schwindeln müssen!

Kurzfassung

Sie dürfen Ihren Chef anlügen, wenn ...

- ... es zu Ihrem Job gehört, die Allgemeinheit zu belügen.
- ... er möchte, dass Sie Ihre Kollegen verpfeifen.
- ... Sie aktiv auf der Suche nach einem neuen Job sind.
- ... Ihr Chef schlechte Witze reißt (lachen Sie trotzdem!).
- ... er Sie dafür abstraft, dass Sie die Wahrheit sagen.
- ... es für Ihren Chef ganz bestimmt besser ist, die Wahrheit nicht zu kennen.
- ... er in Ihrem Privatleben herumschnüffelt.

Erfolgsgeheimnis Nr. 49: Wie Sie gefahrlos Missstände aufdecken

Und zum Schluss noch eine Situation, der Sie hoffentlich nie ausgesetzt sein werden: Was Sie tun können, wenn Sie entdecken, dass Ihre Firma etwas Unmoralisches oder Illegales getan hat. In diesem Fall haben Sie vier Möglichkeiten:

1. **Es gelassen nehmen und nicht drüber nachdenken.** Was kümmert es Sie, solange Sie selbst nicht Gefahr laufen, verhaftet zu werden?
2. **Kündigen und nicht mehr drüber nachdenken.** Sehen Sie zu, dass Sie wegkommen, ohne dass Ihre Karriere Schaden nimmt. Warum sollten Sie sich danach noch Gedanken machen?
3. **Öffentlich zum Whistleblower werden.** Sie decken das Vergehen auf, verlieren Ihren Job und zerstören mit großer Wahrscheinlichkeit Ihre Karriere.
4. **Verdeckter Whistleblower werden.** Sie decken das Vergehen auf, halten sich selbst dabei aus der Sache heraus und beschädigen Ihre Karriere nicht.

Dieses Kapitel wird sich auf die vierte Alternative konzentrieren, deshalb das Wort »gefahrlos« in der Überschrift.

1. Fragen Sie sich, ob es wirklich einen Unterschied macht

Börsennotierte Unternehmen sind von Natur aus soziopathisch veranlagt. Sie sind den Aktionären gegenüber rechtlich dazu verpflichtet, größtmöglichen Gewinn einzufahren, selbst wenn dazu Raub, Sklaverei, Umweltzerstörung und der Tod Unschuldiger, einschließlich Kinder, in Kauf genommen werden müssen.

Es gibt nur zwei Möglichkeiten, Unternehmen von solch soziopathischem Verhalten abzubringen. Die erste besteht darin, Gesetze und Verordnungen zu erlassen, durch die solches Vorgehen kostspieliger und somit weniger lukrativ wird. Die zweite besteht darin, derartige Machenschaften publik zu machen, und zwar so, dass Kunden, Investoren und Arbeitnehmer dieses Unternehmen zukünftig meiden werden, um nicht mit dem schlechten Ruf in Verbindung gebracht zu werden.

Bedauerlicherweise arbeiten viele Regierungen den Interessen der Wirtschaft durch Schaffung gewaltiger Schlupflöcher in die Hände, die es den Unternehmen ermöglichen, Geldstrafen und Verhaftungen zu entgehen, die sich negativ auf den Profit auswirken könnten.

Die Öffentlichkeit wiederum ist mittlerweile dem furchtbarsten Unternehmensgebaren gegenüber äußerst nachsichtig, solange diese Allgemeinheit nicht dessen unmittelbares Opfer ist und sie davon in Form niedriger Preise profitiert.

Ehe Sie also zum Whistleblower werden, ist die erste Frage, die Sie sich stellen sollten, die, ob es wirklich jemanden interessiert. Warum sich damit belasten, einen Skandal publik zu machen, wenn es sowieso nichts ändert?

2. Bedenken Sie Ihre Position

Wenn Sie jetzt noch daran festhalten, wäre das Dümmste, was Sie nun tun können, Ihren Chef, den Chef Ihres Chefs, andere auf der Führungsebene Ihres Chefs oder sonst eine einflussreiche Person im Unternehmen davon in Kenntnis zu setzen.

Es ist gut möglich, dass sie längst darüber Bescheid wissen. Tatsächlich wendet das Management wahrscheinlich sogar alle verfügbare geistige und emotionale Energie auf, nicht über die Situation nachdenken zu müssen, die Sie ihm nun auf den Kopf zu sagen wollen.

Jeglicher Versuch, dem unmoralischen Verhalten einer Firma durch ihre offiziellen Kanäle begegnen zu wollen, wird nur zu einem Statusverlust und möglicherweise sogar zum Verlust Ihres Jobs führen. Selbst wenn dies nicht der Fall sein sollte, sind Sie als *der* Geheimnisverräter gebrandmarkt, auch wenn am Ende jemand anderes die Sache an die Öffentlichkeit bringt.

Damit nicht genug. Jetzt, wo Sie sich als Unruhestifter erwiesen haben, werden Sie als jemand gelten, dem man nicht trauen kann. Ihre Vorgesetzten werden vielleicht sogar versuchen, Ihnen die Schuld in die Schuhe zu schieben, wenn die Sache herauskommt.

Wenn das, was Sie enthüllen wollen, verwerflich genug

ist, mag es das Opfer wert sein. Sie sollten sich jedoch überlegen, ob Sie wirklich den Märtyrer spielen wollen. In dem Fall entspricht es vielleicht mehr Ihrem eigenen Bedürfnis, einen Skandal aufzudecken, als dem derjenigen, denen damit womöglich geholfen wäre. Nur mal so als Überlegung.

3. Sammeln Sie Belege

Nehmen wir an, Sie wollen auch den nächsten Schritt noch tun. Was Sie nun brauchen, sind Belege, mit denen sich nachweisen lässt, dass es mit dem Wissen derer, die es hätten unterbinden können (also des Managements), zu unethischem Handeln gekommen ist.

Wenn Sie diese Belege zusammentragen, sollten Sie vorrangig darauf achten, dass darin weder digitale noch anderweitige Spuren zu Ihnen führen. Das ist unter Umständen schwierig, weil Ihre Firma wahrscheinlich alles, was über Ihren Computer oder Ihr Telefon abgewickelt wurde, zurückverfolgen kann.

Wenn Sie also beispielsweise eine belastende E-Mail an staatliche Stellen weiterleiten, enthält diese verborgene Informationen, die sie mit Ihnen in Verbindung bringen können. Dasselbe gilt, wenn Sie Fotos mit Ihrem Handy machen.

Und machen Sie sich nichts vor, wahrscheinlich wird irgendwer von der staatlichen Behörde Ihrer Geschäftsleitung mitteilen, dass das belastende Material von Ihnen kommt. Das hat nichts mit Paranoia zu tun, es ist die schlichte Erkenntnis, wie die Dinge in der wahren Welt laufen.

Die einzige sichere Möglichkeit, belastendes Material zusammenzutragen, besteht daher in einem analogen Zwischenschritt, der alle verborgenen digitalen Identitätsnachweise eliminiert. Das bedeutet, lediglich auf Fotokopien und Fotoabzüge zurückzugreifen.

4. Agieren Sie von sicherem Terrain aus

Sobald Sie das Beweismaterial beieinanderhaben, ist es an der Zeit, die Firma zu verlassen, ehe alles auffliegt, denn wenn Sie bleiben, kann ich Ihnen Brief und Siegel darauf geben, dass Sie derjenige sein werden, den man demontiert.

Hoffentlich haben Sie in dem Augenblick, als Ihnen klar wurde, dass Sie für Verbr…, äh, moralisch Minderbemittelte arbeiten, angefangen, nach einem neuen Job zu suchen, und zwar in einer Firma, die ein anderes Geschäftsmodell verfolgt als Ihr gegenwärtiger Arbeitgeber.

Warten Sie mindestens noch zwei Monate nach Verlassen der Firma. Senden Sie dann Kopien des Materials, das Sie zusammengetragen haben, anonym an die folgenden relevanten Stellen:

- Enthüllungsjournalisten (es gibt sie noch),
- die dafür zuständigen staatlichen Stellen,
- Ermittlungsbehörden, die mit Kriminalfällen dieser Art befasst sind.

Nehmen Sie die Sache mit der Anonymität ernst. Versenden Sie das Material von einem Postamt, das weit von Ihrem aktuellen Wohnort oder Arbeitsplatz entfernt liegt, sodass der Poststempel keinen Hinweis auf Sie liefert. Machen Sie keinerlei Angaben, wie man mit Ihnen in Kontakt treten kann.

Wenn die betreffenden Journalisten, Behördenmitarbeiter oder Ermittlungsbeamten ihr Handwerk verstehen, werden sie in der Lage sein, anhand des Materials, das Sie ihnen zur Verfügung gestellt haben, mehr herauszufinden. Doch seien Sie gewarnt: Egal, wie vorsichtig Sie sind, es besteht dennoch die Möglichkeit, dass man Sie identifiziert.

Kurzfassung

Missstände aufdecken

- Machen Sie nur dann Enthüllungen, wenn sich dadurch etwas ändert.
- Wenn Sie sich damit direkt ans Management wenden, werden Sie zu leiden haben.
- Sammeln Sie insgeheim Belege für die Vergehen.
- Verlassen Sie die Firma, bevor Sie die Beweise an die Öffentlichkeit bringen.

Dank

Dieses Buch gibt es nur dank meiner Agentin Lorin Rees, die mich ermutigt hat, das Konzept zu entwickeln, und dank der Verlagslektorin Gretchen Young sowie des Verlegers von Business Plus, Rick Wolff, und der stellvertretenden Lektorin Allyson Rudolph. Sie haben mir geholfen, dem Inhalt dieses Buches den nötigen Schliff zu geben, der ihn origineller und treffender gemacht hat.

Zu großem Dank bin ich auch den hervorragenden und talentierten Redakteuren verpflichtet, mit denen ich bei Inc.com gearbeitet habe: Nicole Carter, Rachel Elson, Nicole Richardson und Chefredakteur Eric Schurenberg, der mich bei seinem Wechsel von CBS zu Inc.com mitgenommen hat.

Einige Leute haben besondere Anerkennung verdient:

Das Kapitel über die nervigen Kollegen entstand aus einer Reihe von Blogeinträgen, die durch Sylvia Lafairs ausgezeichnetes Buch *Don't Bring It to Work: Breaking the Family Patterns That Limit Success* angeregt wurden. Die Kategorisierungen in meinem Buch gehen auf meine eigenen Erfahrungen zurück, aber die Idee, die Kollegen in dieser Weise einzuteilen, stammt von Sylvia.

In gleicher Weise basiert das Kapitel zur schmutzigen Büropolitik zwar auf meinen eigenen Erfahrungen, geht aber auf Mike Phipps und Colin Gautrey zurück, deren Buch *21 Dirty Tricks at Work: How to Beat the Game of Office Politics* mich an all die Gelegenheiten erinnerte, bei denen ich auf diese Tricks hereingefallen bin, als ich zu arbeiten anfing.

Das Kapitel zum Kontakteknüpfen auf Konferenzen basiert auf den Gedanken zum Elevator-Pitch, die Barry Rhein mit mir ausgetauscht hat. Meine Gedanken zum Coaching sind stark von Linda Richardson beeinflusst. Art Mortell brachte mir bei, wie man mit Zurückweisung umgeht, denn diese Lebensweisheit durchzieht sein ganzes Buch (*Thriving on Stress*).

Beim Kapitel zu den Managementmarotten verdanke ich vieles meinem Kumpel Jeff Pratt, der mich regelmäßig über die Managementaktivitäten in dem Unternehmen ins Bild setzt, in dem er die letzten 25 Jahre gearbeitet hat (was seinerseits eine beachtliche Leistung ist).

Wie immer hat mir meine persönliche Lektorin Lauren Ruiz von Pure-text.net mit Anregungen und Korrekturen am Manuskriptentwurf geholfen.

Meine Freunde Larry Jacobs, David Rotman und Gerhard Gschwandtner waren wie meine wundervolle Ehefrau Natalie eine stete Quelle der Ermutigung und Inspiration, desgleichen meine ebenso wundervollen Kinder Alexander und Cordelia.

Die folgenden Empfänger meines Newsletters waren so freundlich, die Entwürfe in der Phase des Entstehens gegenzulesen: Katja Ahokas, Ann-Marie Antic, John Banks, Cat Barnard, Iain M. Bates, Kim Blair, Kevin Boswell, Gustavo Brum, Paul Burkhardt, Yvonne Burns, Sara Byfield, Vito Carrozoo, Bernard Chege, Leslie Clements, Larry Coppenrath, Michelle Craft, Nathan Craven, Lori Crider, Tim Cromwell, Otmara Diaz-Cooper, Troy Draper, Laura Carrington Duckett, Ahma Duranai, Stephen Eltze, Jonathan Fearon,

Kirstie Fiora, Olivier Fontana, Sue Garvan, Henry Gertcher, John Giartonia, Nicole Green, Steve Hamburg, Paul Herring, Rob Hill, Peg Hosky, Mary Hume, Lori Humphrey, Kathi Hunt, Franklyn R. Jarine, Tanya Jovan, Brian Keller, Wayne Killns, Pat Kinnison, Professor Linda Maria Koldau, Kevin Land, Lorelie Lewis, Lorenzo Martelletti, Dale Martin, Ryan McCartney, Bob McIntyre, Grant McNulty, Srinath Mitragotri, James Napier, Samuel Nebel, Jim Newkirk, Eric Noack, Tom Nosal, Ivo Oltmans, Dawen Peng, Christer Pyyhtia, Stephanie Quaile, Stephen Revel, Tony Roach, Ray Roberts, Lanny Rootenberg, John Rowe, George Scherma, David Schmidt, Lauren Selikoff, Eric Shefferman, Dan Spacek, Alex Spletter, Confidence Stimpson, Andrei Stoica, Jakub Szrodt, Tim Taggart, Lauren Talbot, Adam Tillman, Paul Troisi, Lee Tucker, Susan Tyson, Lahat Tzvi, Rick Valdeserri, James Vos, Ryan Waterstradt, Troy Williams, Steve Windham und Tad Woolley.

Schließlich ist dieses Buch den Millionen von Lesern gewidmet, deren gezielte Weiterverbreitung meiner Blog-Posts mir dabei geholfen hat, meine Gedanken zu überarbeiten und zu erkennen, welches Wissen die Leute wirklich brauchen, um erfolgreich zu sein.

Geoffrey James

Register

Angst 20, 138, 312–316
Arbeitsqualität siehe Leistung

Beurteilung 47–49, 53, 57–60
Bewerbung siehe Selbstvermarktung/Bewerbung und Vorstellungsgespräch
Beziehungen siehe Kontaktpflege
Boni und Prämien 53–54, 56, 58, 60, 74–75, 177 siehe auch Gehaltsverhandlungen
Büropolitik siehe Kollegen/ Büropolitik

Cheftypen 27–39, 136–141, 148
Courtney, Leonard Henry 361

E-Mail 17–19, 31, 55, 57, 109, 149, 186, 207, 222–223, 225, 235–240, 268–274, 288–289, 332–333, 382 siehe auch Gesprächsnotiz
Entlassungen 169–172, 296–303, 368–369
  Abfindung 301–303
Erfolgsmethoden siehe Managementstrategien

Freelancer 14–17
Führungsstil 27–29, 33–35, 38, 45–46, 77–78, 137–138, 142, 148

Gefälligkeiten siehe Kontaktpflege
Gehaltsverhandlungen 26–27, 60–72, 261, 348, 367, 369 siehe auch Boni und Prämien
Gesprächsnotiz 55, 59, 128 siehe auch E-Mail
Gibbon, Edward 372

Jobgarantie 14, 176
Jobs, Steve 29

Karriereplanung 15, 26–27, 33, 45, 53, 74, 92, 97, 116–119, 174–181, 298–303 siehe auch Selbstvermarktung, siehe auch Sonderqualifikation
  Mitarbeitergespräch 27, 53–59, 348
  Notfallplan 81, 179–181, 298
Kernaussage siehe Beurteilung
Kernkompetenz siehe Managementstrategien
Kollegen 84–85, 101–110 siehe auch Kontaktpflege, siehe auch Mentor
  Büropolitik 91–96, 292, 324–340, 375
Kommunikation 17–19, 31, 43, 47, 222–235
Kompetenz 26, 47 siehe auch Sonderqualifikation

Konsensmanagement siehe Managementstrategien
Kontaktpflege 35, 48, 93–96, 136, 179–181, 252–260, 292
Kreativität 31, 139, 145
Krisenmanagement 276–321
  persönliche Krise 290–295
  Schadensanalyse 284–289
  Stressreduzierung 304–311
Kritik 157–162 siehe auch Problemlösungen

Lebenslauf siehe Selbstvermarktung/Lebenslauf
Leistungsbeurteilung siehe Beurteilung
LinkedIn siehe Soziale Netzwerke/LinkedIn
Lösungsvorschlag siehe Problemlösung
Loyalität 30, 146, 347
Lügen siehe Missstände/Lügen

Machtmissbrauch siehe Respekt
Management by Objectives siehe Managementstrategien/Management durch Zielvereinbarungen
Management durch Zielvereinbarungen siehe Managementstrategien
Managementstrategien 134–141, 340–353
  Six Sigma 341–342
  Reengineering 342–344
  Matrixorganisation 344–345
  Konsensmanagement 346
  Kernkompetenz 347
  Management durch Zielvereinbarungen (Management by Objectives) 348
  Erfolgsmethoden 349
  Stack Ranking 350–351
  Umstrukturierung 351–352
Manipulationen siehe Missstände/Manipulationen
Matrixorganisation siehe Managementstrategien
Meeting 31, 34, 46–47, 85, 105, 122–131, 153–157, 334–337
  Tagesordnung 127, 129, 153–157, 335–336
  Präsentationen 105, 154, 241–252
  Sitzungsprotokoll 155–157
Mentor 32, 85, 97–100 siehe auch Kollegen
Missstände 324–384 siehe auch Problemlösungen
  Manipulationen 326–340
  Lügen 354–373, 379–384
  Manipulierte Statistiken 361–366
Mitarbeiterführung 134–148
  Prioritätensetzung 143
  Mitarbeitersuche 148–152
  Motivation 138, 151–152

Mitarbeitergespräch siehe Karriereplanung/Mitarbeitergespräch
Motivation siehe Mitarbeiterführung/Motivation, siehe auch Selbstvermarktung/Eigenotivation

Notfallplan siehe Karriereplanung/Notfallplan

Pareto-Prinzip 183–185
Peters, Tom 349
Powerpoint-Präsentation siehe Meeting/Präsentationen
Präsentationen siehe Meeting/Präsentationen
Prioritäten 76, 184–185, 262, 265–266
Problemlösungen 14, 35, 40, 42, 157–168, 324–384 siehe auch Kritik, siehe auch Missstände

Reality Distortion Field 29
Reengineering siehe Managementstrategien
Referenzen 65, 119, 152, 196 siehe auch Selbstvermarktung
Respekt 77– 82, 84, 86–91, 136, 145, 164, 168, 277, 299 siehe auch Führungsstil

Selbstdarstellung siehe Selbstvermarktung
Selbstmanagement 16, 174–219
Selbstvermarktung 16, 89–90, 116–121, 152, 188–207
  Bewerbung und Vorstellungsgespräch 118–119, 175, 195–208
  Eigenmotivation 208–213
  Lebenslauf 117–119, 197, 200, 250, 254
Six Sigma siehe Managementstrategien
Sonderqualifikation 63–64, 177–179 siehe auch Karriereplanung
Soziale Netzwerke 19, 85, 88, 115–121, 149
  LinkedIn 117, 119, 203
  Xing 203
Stack Ranking siehe Managementstrategien
Statistiken siehe Missstände/Manipulierte Statistiken
Stress siehe Krisenmanagement/Stressreduzierung

Traumjob siehe Selbstvermarktung

Überstunden 73, 304, 370 siehe auch Zeitmanagement
Umstrukturierung siehe Managementstrategien

Verhandlungsführung 260–267
Verkaufen s. Selbstvermarktung
Vorstellungsgespräch siehe Selbstvermarktung/Bewerbung und Vorstellungsgespräch
Zeitmanagement 182–187, 370
siehe auch Selbstmanagement,
siehe auch Zeitmanagement
Zuverlässigkeit 39–41

Unsere Leseempfehlung

128 Seiten
Auch als E-Book erhältlich

Erfolgreiche Kommunikation ist verständlich, nachvollziehbar und überzeugend. Der Top-Trainer Dr. Karsten Bredemeier zeigt, wie es geht: Mit den zehn Grundregeln der Rhetorik fasst er kurz und prägnant die wichtigsten Prinzipien des Formulierens und Sprechens zusammen. Anhand zahlreicher Beispiele erläutert er, wie man mit seiner Rede Fakten schafft, dem Zuhörer Orientierung bietet und so wirkungsvoll seine Botschaft verankert.

Unsere Leseempfehlung

160 Seiten
Auch als E-Book erhältlich

„Fish!™" verrät das Erfolgsgeheimnis des weltberühmten Pike Place Fischmarkts in Seattle. Die Geschichte zeigt, wie unglaublich wichtig es ist, eine positive Lebenseinstellung zu haben. Das Autorenteam gibt dem Leser vier schlichte Handlungsmaximen mit auf den Weg, die seine Arbeits- und Lebenseinstellung revolutionieren werden. Denn wer beschließt, alles, was er ohnehin tun muss, mit Freude zu tun, motiviert sich selbst und kann ein ganzes Team erfolgreich zu Spitzenleistungen bringen.